Zusammenarbeit von Klinik
und Klinischer Chemie

Pathobiochemie der Entzündung

Herausgeber
H. Lang · H. Greiling

Mit 107 Abbildungen und 24 Tabellen

Deutsche Gesellschaft für Klinische Chemie
Merck-Symposium 1983

Springer-Verlag Berlin · Heidelberg · New York · Tokyo · 1984

Dr. Hermann Lang, Biochemische Forschung E. Merck, Darmstadt

Prof. Dr. Dr. Helmut Greiling
Lehrstuhl für Klinische Chemie und Pathobiochemie
Klinisch-Chemisches Zentrallaboratorium, Medizinische Fakultät der RWTH, Aachen

Merck-Symposium
der Deutschen Gesellschaft für Klinische Chemie
Bonn, 5.–7. Mai 1983
Leitung: H. Greiling

ISBN-13:978-3-540-13533-3   e-ISBN-13:978-3-642-69826-2
DOI: 10.1007/978-3-642-69826-2

CIP-Kurztitelaufnahme der Deutschen Bibliothek
Pathobiochemie der Entzündung : [Bonn, 5. – 7. Mai 1983] / Dt. Ges. für Klin. Chemie.
Hrsg. H. Lang ; H. Greiling. [Leitung: H. Greiling]. – Berlin ; Heidelberg ; New York ; Tokyo :
Springer, 1984. (Merck-Symposium ; 7) (Zusammenarbeit von Klinik und klinischer Chemie)
ISBN-13:978-3-540-13533-3 (Berlin…)
NE: Lang, Hermann [Hrsg.]; Deutsche Gesell-

2127/3130-543210

Nachruf

Dem Andenken von IVAR TRAUTSCHOLD gewidmet

Wir trauern um Professor Dr. Dr. IVAR TRAUTSCHOLD, der unsere
Symposien mit Leben und wissenschaftlichem Glanz erfüllt hat.
Seit der ersten Veranstaltung im Jahre 1970 hat er an allen
Symposien als Referent, Moderator oder Diskussionspartner teil-
genommen.

Sein überlegenes Wissen trug dazu bei, unsere Gespräche auf ein
hohes wissenschaftliches Niveau zu heben; die Klarheit seines
Denkens half uns, die Diskussion auf das Wesentliche zu lenken.
In der Funktion als Moderator - um die wir ihn immer wieder ge-
gebeten haben - konnte er seine Brillanz am sichtbarsten entfalten: einen lebendigen Dialog zu entfachen, auseinander-
strebende Diskussionslinien zusammenzuhalten und Streitgespräche
in freundschaftlicher Form zu sachlichem und menschlichem Verständnis zu führen.

Bei zukünftigen Symposien werden wir seine Anwesenheit und seinen
Beitrag stets vermissen.

H. LANG   H. GREILING

Begrüßung

Verehrte Gäste, liebe Kolleginnen, liebe Kollegen,

im Namen des Vorstandes und der Mitglieder der Deutschen
Gesellschaft für Klinische Chemie möchte ich Sie herzlich
zum 7. Merck-Symposium begrüßen.

Das diesjährige Symposium "Pathobiochemie der Entzündung" ist
besonders geeignet, eines Mannes zu gedenken, der hier der
genius loci unseres Faches war. Unser verstorbener Kollege
HEINZ BREUER war in seiner wissenschaftlichen Ausprägung der
typische klinische Biochemiker bzw. pathologische Biochemiker,
der nicht nur die Analytik der Körperflüssigkeiten im Auge
hatte, sondern auch die pathobiochemischen Grundlagen erforschte.
Der wirkungsvolle Einsatz klinisch-chemischer Analysenverfahren
erfordert die exakte Kenntnis der pathobiochemischen Veränderungen im menschlichen Organismus. Die genaue Kenntnis klinisch-
chemischer Befunde und ihrer pathobiochemischen Abläufe ist
die Grundlage für eine wirkungsvolle ökonomische Anwendung von
klinisch-chemischen Untersuchungen, die zu einem optimalen
Kosten-Nutzeneffekt in der Krankenversorgung führt.

Das heutige Thema "Pathobiochemie der Entzündung" ist besonders
geeignet, die Zusammenarbeit von Klinikern und Klinischen
Chemikern zu fördern. In der Vergangenheit haben uns spezifische
Entzündungsparameter gefehlt. Ich hoffe, daß es im Verlaufe
dieses Symposiums deutlich wird, daß Entwicklungen vorhanden
sind, die uns berechtigen, in Zukunft auch von Entzündungsmarkern zu sprechen.

In den letzten Jahren sind eine Fülle von neuen klinisch-
biochemischen, pharmakologischen, immunologischen, morphologischen und klinischen Ergebnissen zur Entzündung und ihrem
Mechanismus erarbeitet worden. Ich hoffe, daß die Vorträge und
Diskussionen dazu dienen werden, die Diagnostik und schließlich
auch die Therapie entzündlicher Erkrankungen besser zu beurteilen.

In Erinnerung an das 5. Merck-Symposium "Validität klinisch-
chemischer Befunde" müssen wir uns jedoch immer wieder vor
Augen halten, daß es ein klinisch-chemisches Anliegen sein
sollte, die Spezifität auch der neuen Entzündungsparameter sorg-
fältig zu überprüfen und ihren Voraussagewerte zu bestimmen.
Es ist verständlich, daß wir bei der Vielzahl der Probleme zur

Pathobiochemie der Entzündung hier nur eine Auswahl treffen konnten. So werden in diesem Symposium nicht alle Organe angesprochen; ich glaube aber, es wird auch notwendig sein, die Organspezifität der Entzündungsreaktion herauszuarbeiten.

Ich danke allen, die dieses Symposium mit vorbereitet haben und hoffe, daß wir ganz im Geiste von HEINZ BREUER ein ideen- und diskussionsreiches Symposium erleben werden. Ich eröffne hiermit die Tagung.

H. GREILING

Inhaltsverzeichnis

X

BARTHELS, M., Frau Prof. Dr., Abteilung Hämatologie, Zentrum für Innere Medizin, Medizinische Hochschule, Hannover

BOHNER, J., Dr., Abteilung Innere Medizin IV, Universitätskliniken, Tübingen

BRUNE, K., Prof. Dr., Institut für Pharmakologie und Toxikologie, Universität, Erlangen

BÜTTNER, H., Professor Dr. Dr., Institut für Klinische Chemie, Medizinische Hochschule, Hannover

DELBRÜCK, A., Prof. Dr., Institut für Klinische Chemie, Zentrallabor Krankenhaus Ostadt, Medizinische Hochschule, Hannover

DENGLER, H.J., Prof. Dr., Medizinische Klinik, Universität, Bonn

DIERICH, M., Prof. Dr., Institut für Hygiene, Universität, Innsbruck

DOSS, M., Prof. Dr., Abteilung Klinische Biochemie, Fachbereich Humanmedizin, Universität, Marburg

FELGENHAUER, K., Prof. Dr., Neurologische Klinik und Poliklinik, Universität, Göttingen

FRITZ, H., Prof. Dr., Abteilung für Klinische Chemie und Klinische Biochemie, Chirurgische Klinik Innenstadt, Universität, München

GASSEN, H.G., Prof. Dr., Fachgebiet Biochemie, Institut für Organische Chemie und Biochemie, Technische Hochschule, Darmstadt

GEMSA, D., Prof. Dr., Abteilung Molekularpharmakologie, Zentrum für Pharmakologie und Toxikologie, Medizinische Hochschule, Hannover

GERBITZ, K., PD Dr., Institut für Klinische Chemie, Städtisches Krankenhaus Schwabing, München

GREILING, H., Prof. Dr. Dr., Lehrstuhl für Klinische Chemie und Pathobiochemie, Klinisch-Chemisches Zentrallaboratorium, Medizinische Fakultät, Technische Hochschule, Aachen

GUDER, W.G., Prof. Dr., Institut für Klinische Chemie, Städtisches Krankenhaus Schwabing, München

JOCHUM, M., Frau Dr., Abteilung für Klinische Chemie und
   Klinische Biochemie, Chirurgische Klinik Innenstadt, Universität, München

KAISER, E., Prof. Dr., Institut für Medizinische Chemie,
   Universität, Wien

KALDEN, J.R., Prof. Dr., Institut und Poliklinik für Klinische
   Immunologie und Rheumatologie, Universität, Erlangen

KELLER, H., Prof. Dr. Dr., Klinisch-Chemisches Zentrallaboratorium des Kantons, St. Gallen

KEPPLER, D., Prof. Dr., Biochemisches Institut, Universität,
   Freiburg

KLEESIEK, K., Dr., Lehrstuhl für Klinische Chemie und Pathobiochemie, Klinisch-Chemisches Zentrallaboratorium, Medizinische Fakultät, Technische Hochschule, Aachen

KLEINE, T.O., Prof. Dr., Funktionsbereich Neurochemie, Nerven-
   klinik, Universität, Marburg

KNEDEL, M., Prof. Dr., Institut für Klinische Chemie, Klinikum
   Großhadern, Universität, München

KREYSEL, H.W., Prof. Dr., Hautklinik und Poliklinik, Universität, Bonn

LANG, H., Dr., Biochemische Forschung, E. Merck, Darmstadt

LAUE, D., Dr., Institut für Klinische Chemie und Nuklearmedi-
   zin, Köln

LORENTZ, K., Prof. Dr., Institut für Klinische Chemie, Medizinische Hochschule, Lübeck

MATTENHEIMER, H., Prof. Dr., Department of Biochemistry, Rush
   Medical College, Chicago

NEUHOF, H., Prof. Dr., Klinische Pathophysiologie und Experimentelle Medizin, Zentrum für Innere Medizin, Universität, Gießen

NEUMANN, S., Dr., Biochemische Forschung, E. Merck, Darmstadt

NEUMEIER, D., PD Dr., Institut für Klinische Chemie, Klinikum
   Großhadern, Universität, München

PERSIJN, J.P., Dr., Zentrallaboratorium, Krankenhaus Noord,
   Amsterdam

REIBER, H., Dr., Neurochemisches Laboratorium, Neurologische
   Klinik und Poliklinik, Universität, Göttingen

RICK, W., Prof. Dr., Institut für Klinische Chemie und Labo-
   ratoriumsdiagnostik, Universität, Düsseldorf

RIEDE, U.N., Prof. Dr., Pathologisches Institut, Universität,
    Freiburg

RÓKA, L., Prof. Dr., Institut für Klinische Chemie und Patho-
    biochemie, Universität, Gießen

ROTHER, U., Frau Prof. Dr., Institut für Immunologie und Sero-
    logie, Universität, Heidelberg

SCHLEBUSCH, H., Dr., Abteilung für Klinische Chemie, Frauen-
    klinik, Universität, Bonn

SCHÖNDORF, T.H., Prof. Dr., Zentrum für Innere Medizin, Uni-
    versität, Gießen

STAMM, D., Prof. Dr. Dr., Klinisch-Chemische Abteilung, Max-
    Planck-Institut für Psychiatrie, München

TRAUTSCHOLD, I. (verstorben), Prof. Dr. Dr. Abteilung für
    Klinische Biochemie, Zentrum Biochemie, Medizinische
    Hochschule, Hannover

VONDERSCHMITT, D.J., Prof. Dr., Medizinisch-Chemisches Zentral-
    laboratorium, Universitätsspital, Zürich

WISSER, H., Prof. Dr. Dr., Abteilung für Klinische Chemie,
    Robert-Bosch-Krankenhaus, Stuttgart

WITT, I., Frau Prof. Dr., Klinisch-Chemisches und Biochemisches
    Labor, Kinderklinik, Universität, Freiburg

WÜRZBURG, U., Dr., Biochemische Forschung, E. Merck, Darmstadt

Einführung

H. Lang

Sehr verehrte Gäste,
liebe Kolleginnen und Kollegen!

Auch von meiner Seite ein herzliches Willkommen in Bonn. Wir
haben zum 7. Symposium der Reihe "Zusammenarbeit von Klinik und
Klinischer Chemie" eingeladen, um für unser Fach im Bereich der
experimentellen Medizin neue Fäden zu knüpfen.

Es war mir ein Vergnügen, diese Tagung zusammen mit Herrn GREI-
LING zu organisieren; ich möchte es aber auch nicht versäumen,
mich bei allen Mitgliedern unserer Gesellschaft zu bedanken, die
uns bei der thematischen Planung beraten und unterstützt haben.
Hierbei haben sich vor allem jüngere Kolleginnen und Kollegen
engagiert. Dies ist ganz im Sinne meiner Konzeption dieser
Symposienreihe, nämlich die Nachwuchs-Generation in die Diskussion über Selbstverständnis und Zukunft der Klinischen Chemie
verantwortlich mit einzubeziehen.

Zur Einleitung in die Thematik des Symposiums möchte ich kurz
erläutern, *warum* wir hier zusammengekommen sind und *worüber* wir
gemeinsam diskutieren wollen.

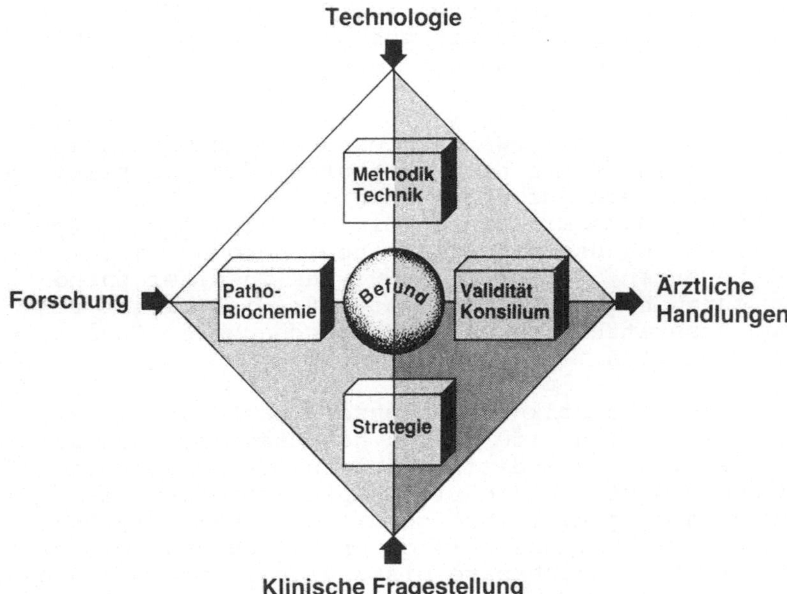

<u>Abb. 1.</u> Die Welt der klinischen Chemie

Zuerst zum *Warum*: Abb. 1 zeigt Ihnen in einer schematischen Darstellung die Welt der Klinischen Chemie, wie sie heute nach unserem Selbstverständnis aussieht. Dieser etwas kantige Globus wurde gemeinsam mit Herrn STAMM entworfen, was ich hier dankbar vermerken möchte. Das Zentrum unserer Welt ist der klinisch-chemische Befund, die Pole - die das Zentrum von allen Seiten beeinflussen, - sind Forschung, Technologie und die verschiedenen Wechselwirkungen mit der Klinik.

Nach seiner Verselbstständigung hat sich unser Fach zuerst vor allem mit dem methodisch-technischen Sektor beschäftigt, was sich auch in der Thematik der ersten Symposien dieser Reihe widerspiegelt. Zwangsläufig mußten wir zur Erkenntnis kommen, daß auch eine perfekte Analytik dem Patienten wenig nützt, wenn sie nicht in eine sinnvolle ärztliche Strategie eingebunden ist, und ihre Ergebnisse richtig bewertet und ausgewertet werden.

Entsprechend diesem veränderten Schwerpunkt klinisch-chemischen Bewußtseins haben wir uns in den beiden vorangegangenen Symposien mit den Problemen "Validität" und "Strategie" - die dem medizinischen Sektor zugehören - auseinandergesetzt. Vor wenigen Wochen hat Herr Laue schließlich eine Konferenz abgehalten, die dem Konsilium, das heißt dem direkten Dialog des Klinischen Chemikers mit den Klinikern, gewidmet war.

Bewußt wenden wir uns nun dem Sektor "Forschung" unseres Territoriums zu. Mit Hilfe unserer Gäste wollen wir in den folgenden drei Sitzungen der Frage nachgehen, wie die Klinische Chemie zur experimentellen Medizin - charakterisiert durch den uns am nächsten liegenden Begriff "Pathobiochemie" - steht. Auch dieses Verhältnis kann nur ein zweiseitiges sein: Wir empfangen Hinweise für neue klinisch-chemische Kenngrößen aus den Ergebnissen der pathobiochemischen Forschung, und wir geben der Pathobiochemie neue Erkenntnisse für ihr Wissensgebiet aus unserer eigenen Arbeit.

Zu dieser Aussage scheinen mir zwei Abgrenzungen notwendig zu sein: Einmal sollen meine Worte nicht bedeuten, daß die Klinische Chemie irgendeinen Anspruch auf die Pathobiochemie erhebt; die Pathobiochemie ist ein Haus mit vielen Zimmern, in welchen verschiedene Disziplinen zuhause sind. Zum anderen können meine Worte auch nicht bedeuten, daß jeder Klinische Chemiker pathobiochemische Forschung betreiben kann und muß; dies bleibt von der Kapazität und Ausstattung her einer überschaubaren Anzahl von Instituten vorbehalten.

Entsprechend der neuen Thematik kommen unsere Gäste und Diskussionspartner diesmal nicht wie üblich hauptsächlich aus der Klinik, speziell der Inneren Medizin, sondern aus dem Bereich der experimentellen Medizin. Wir dürfen heute zum Beispiel Biochemiker, Hämostaseologen, Immunologen, Neurochemiker, Pharmakologen und Pathologen bei uns willkommen heißen und hoffen, daß wir gemeinsam in eine fruchtbare Diskussion eintreten können.

Nun zum *Worüber*: Aus dem Vorhergehenden mußte bereits klar werden, daß es nicht Zweck dieser Veranstaltung ist, die Phänomene der Entzündung erschöpfend zu behandeln, sondern daß wir

an Teilaspekten der Entzündung exemplarisch die eben genannte
duale Rolle der Klinischen Chemie in der Pathobiochemie sichtbar
machen und diskutieren wollen.

Die Potenz der Klinischen Chemie zur pathobiochemischen Forschung
wird aus den Referaten unserer Kollegen, z.B. der Herren FRITZ
und KLEESIEK, ersichtlich werden. Zur Gewinnung neuer klinisch-
chemischer Kenngrößen aus den Ergebnissen der pathobiochemischen
Forschung hoffen wir mit unserem eigenen Beitrag ein Beispiel
liefern zu können.

Um die zur Diskussion stehenden Teilaspekte der Entzündung in
einen Zusammenhang zu bringen, darf ich in Abb. 2 ein verein-
fachtes Schema bringen, welches aber hoffentlich die wesentlichen Teile des Geschehens enthält. Selbstverständlich ist es
möglich, in einem solchen Schema die verschiedenen, am Entzündungsprozeß beteiligten Stoffe, Mechanismen und Wirkungen sehr
unterschiedlich zu gewichten und zu verknüpfen. Im Dialog mit
den Moderatoren und Referenten unserer Tagung wurde das Schema
mehrfach umgestaltet.

- Sie erinnern sich, daß der Entwurf noch "Entzündung Over-
simplified" hieß. Schließlich habe ich eine Darstellung gewählt,
die erstens die biochemischen Aspekte der Entzündung hervorhebt,
und zweitens nach meiner Meinung die beste Einordnung der Refe-
rate in den Gesamtrahmen der Entzündung erlaubt: Dargestellt
sind senkrecht von links nach rechts die Achse der Effektor-
Organe und Systeme, die Achse der Mediator-Systeme, die Achse

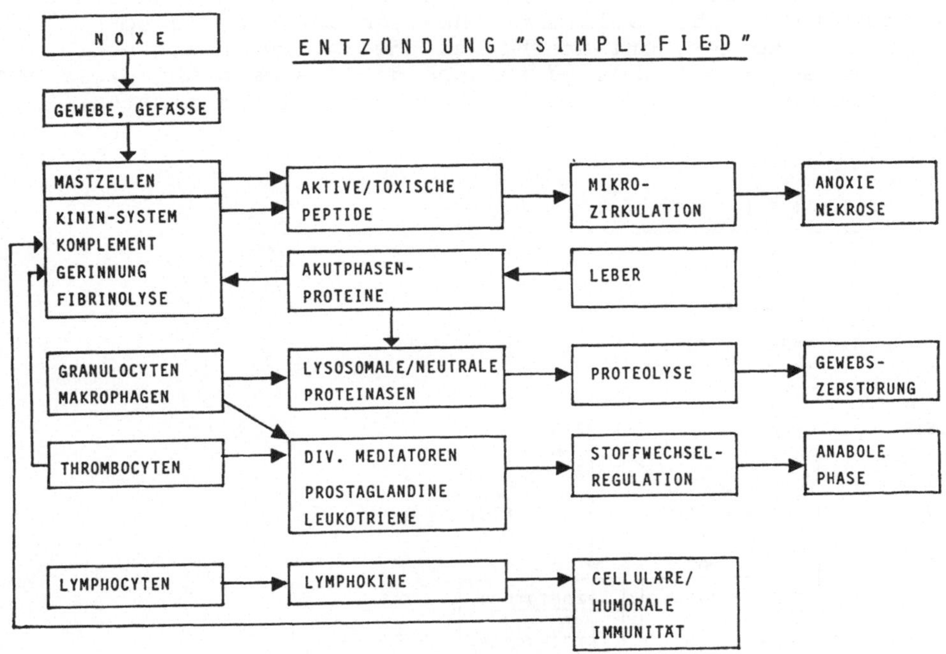

Abb. 2. Schematische Darstellung der Entzündungsprozesse

der molekularen und cellulären Wirkung und die Achse der Folgen
im Organismus. Waagerecht habe ich versucht, von oben nach unten
die Gefäß-Ebene, die Organ-Ebene, die Proteolyse-Ebene und die
Immun-Ebene zu charakterisieren.

Die Einführung in das Entzündungsgeschehen aus der Sicht des
Klinikers und Forschers gibt uns Herr KALDEN, der seinem Arbeit-
gebiet entsprechend besonders auf die Vorgänge der Immun-Ebene
eingeht. Anschließend wird Frau ROTHER die Interaktion von Komplement mit Zellen anhand des Phänomens der cellulären Infiltration, d.h. vor allem Vorgänge auf der Effektor-Achse besprechen. Die durch Prostaglandine ausgelösten Vorgänge auf der
Stoffwechsel-Ebene und die Möglichkeiten ihrer Beeinflussung
wird Herr BRUNE diskutieren. Danach wird Herr FRITZ, ergänzt
durch ein Koreferat von Herrn NEUMANN, die Wirkungen der unspezifischen Proteasen als pathogenetisches Prinzip, d.h. die Vorgänge auf der Proteolyse-Ebene, aufzeigen. Schließlich wird Frau
WITT die Rolle der Gerinnung im Rahmen der Entzündung auf Gefäß-
und Organ-Ebene darstellen.

Der Tradition dieser Symposien entsprechend werden die aus der
Theorie erarbeiteten Erkenntnisse abschließend an einigen Modellen praxisnah besprochen. Für unsere Thematik bedeutet das
die Darstellung des Entzündungsgeschehens in diskreten Organ-
systemen. In diesem Sinne wird Herr RIEDE die Pathogenese von
Lungenfibrosen darstellen, wobei auch der Brückenschlag zum
morphologischen Geschehen versucht werden soll. Die Herren REIBER
und KLEINE werden über die Vorgänge bei chronischer und akuter
Entzündung im Zentralnervensystem inclusive der differential-
diagnostischen Möglichkeiten der Liquor-Analyse sprechen. Herr
KLEESIEK wird abschließend die Pathobiochemie der entzündlichen
Gelenkerkrankungen, ebenfalls mit Hinweisen auf die diagnostischen Möglichkeiten, erläutern. Bei diesen organbezogenen
Darstellungen sollten insbesondere auch die Zusammenhänge zwischen
den Teilaspekten des entzündlichen Geschehens wieder sichtbar
werden.

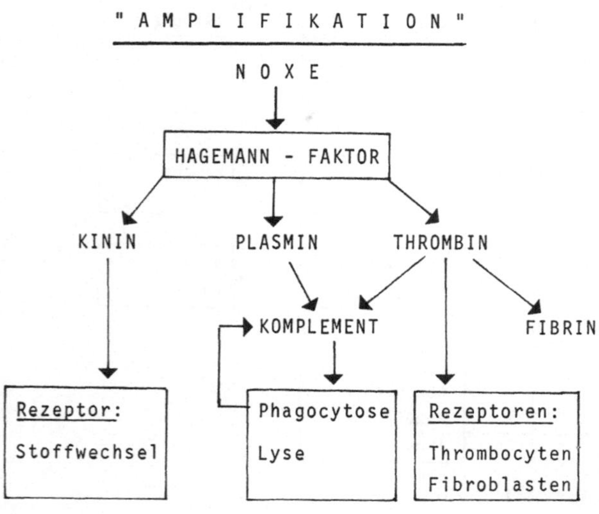

Abb. 3. Verstärkereffekte im
Entzündungsgeschehen durch
Amplifikation und Rückkopplung

Um diese Zusammenhänge schon vorab zu betonen, erlaube ich mir, auf zwei Phänomene hinzuweisen, die für die Interaktion der Einzelmechanismen im Ablauf der Entzündung von besonderer Bedeutung sind:

Dies ist einmal die *Amplifikation*, s. Abb. 3. Am Beispiel der Effekte, die durch Aktivierung des Hagemann-Faktors ausgelöst werden, ist beispielhaft dargestellt, wie ein Schlüsselereignis eine Lawine von Reaktionen in Gang setzt und wie sich die Reaktionen gegenseitig durch Rückkopplung noch weiter verstärken können. Diese Effekte erklären den außerordentlichen raschen Verlauf der Ereignisse bei akut entzündlichen Prozessen.

Das andere Phänomen ist die *Regulation* der Wirkungen im Entzündungsgeschehen, s. Abb. 4. Durch Aktivierung von Mediatoren wird die Synthese von noch inaktiven Profaktoren und von Aktivatoren abgeschaltet, welche dann sehr rasch unter Bildung der aktiven Faktoren miteinander reagieren. Es ist aber auch bereits wieder die Synthese von Inhibitoren und Inaktivatoren induziert worden, welche die Wirkung der aktiven Faktoren begrenzen und eine überschießende Reaktion des Systems verhindern. Dieser Typ von Regulation gilt - mit Abwandlungen - für viele Mechanismen im Entzündungsgeschehen.

Nachdem es mir hoffentlich gelungen ist, mit den Stichworten "Warum und Worüber", den Sinn unserer Zusammenkunft einigermaßen klar zu machen, bleibt mir noch übrig, den Kollegen zu danken, die sich als Moderatoren zur Verfügung gestellt haben.

" R E G U L A T I O N "

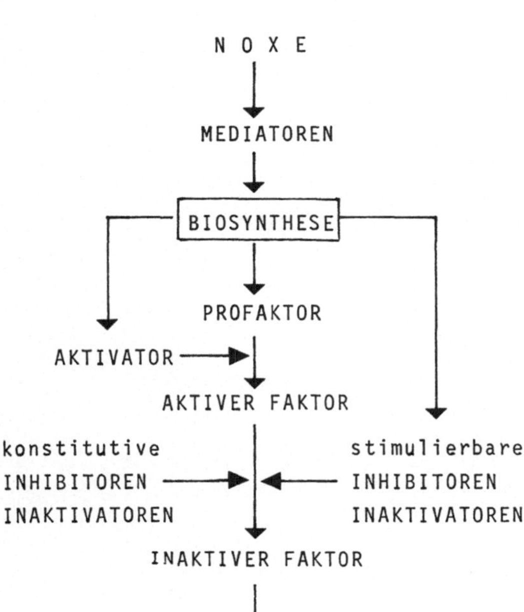

Abb. 4. Positive und negative Regulation der Wirkungen bei Entzündungsprozessen

Die Herren GUDER, TRAUTSCHOLD und MATTENHEIMER haben es über-
nommen, die Diskussion zu steuern, daß wir den roten Faden nicht
verlieren. Es wäre mir eine besondere Bestätigung für Sinn und
Nutzeffekt dieser Symposien, wenn es gelänge, unsere Veranstaltung so zu lenken, daß nicht nur wir Klinische Chemiker mit neuen
Erkenntnissen und Ideen in unsere Labors zurückkehren, sondern
daß auch unsere Gäste aus Klinik und Forschung die Gewißheit
mit nach Hause nehmen: Es lohnt sich, mit der Klinischen Chemie
zu reden!

Erste Sitzung

Moderator: W. G. Guder

Klinische Befunde und klinisch-experimentelle Untersuchungen zur Pathogenese entzündlicher Erkrankungen*

J.R.Kalden

<u>Einleitung</u>

Die Entzündungsreaktion setzt sich aus einer Reihe interagierender und kooperierender zellulärer und humoraler Komponenten zusammen (Abb. 1), die in ihrem Reaktionsmechanismus spezifisch für ein Fremd- (Allo-) oder Selbst- (Auto-)Antigen, oder antigenunspezifisch aktiv werden. Zu den spezifisch agierenden Zellkompartimenten sind die Thymuslymphozyten und antikörperproduzierenden B-Zellen zu zählen, die zum Teil direkt oder durch die Produktion und Sekretion von Mediatorenstoffen oder Antikörpern wirksam werden. Von den antigenunspezifisch wirkenden Zellpopulationen sind vor allem Zellen der Makrophagen-Monozyten-Reihe zu nennen, Phagozytose-aktive Zellen, die im Rahmen einer Phagozytose-Reaktion ebenfalls Mediatorenstoffe freisetzen mit einer unterschiedlichen entzündungsmodulierenden Wirkung. Zu dieser Zellgruppe sind zusätzlich die Thrombozyten, Mastzellen und basophilen Granulozyten zu zählen, die ebenso vorwiegend über die Produktion von Mediatorenstoffen eine entzündungsinitiierende oder unterhaltende Aktivität haben. Makrophagen haben weiterhin als antigenmodulierende und für T-Lymphozyten antigenpräsentierende Zellen eine zentrale Funktion in der Initiierung einer spezifischen Immunreaktion.

Die Kooperation und Interaktion der in Abb. 1 aufgeführten unterschiedlichen Komponenten mit dem Resultat einer Entzündungsreaktion ist physiologischerweise reparativ, d.h. die Entzündungsreaktion endet in einem Heilungsprozeß. Führt jedoch der Entzündungsmechanismus nicht in einen Heilungsprozeß, so können chronisch perpetuierende Mechanismen aktiv werden mit der Etablierung von Krankheitsbildern, zu denen auch Autoaggressionserkrankungen zu zählen sind.

Eine chronisch perpetuierende Entzündungsreaktion kann lokalisiert auf eine Situation im Körper beschränkt ablaufen, wie z.B. bei einer Monarthritis im Rahmen einer HLA-B27 assoziierten entzündlichen Gelenkerkrankung; eine Entzündung kann jedoch ebenfalls systemisch manifest werden, wie z.B. bei der chronischen Polyarthritis oder anderer Erkrankungen aus dem Formenkreis rheumatischer Krankheitsbilder.

---

*Unterstützt durch die Deutsche Forschungsgemeinschaft KA 325/5

Faktoren der Entzündungsreaktion
Gewebsverletzung
Lokale anatomische Veränderung
Aktivierung
Zelluläre Komponenten
T-Lymphozyten ——— Lymphokine
B-Lymphozyten ——— Antikörper
Granulozyten ——— Lysosomale
——— Enzyme
Monozyten und Makrophagen
——— Neutrale Proteasen
——— Säure-Hydrolasen
——— Komplement Komp.
——— Enzym-Inhibitoren
——— Prostaglandine
——— Pyrogene
——— Reaktive
——— Metaboliten
——— Oxygen
——— Leukotriene
——— Interferon
——— Monokine
Thrombozyten ——— Thromboxane
——— Prostaglandine
——— Serotonin
——— Fibrinogen
Mastzellen, Basophile Granulozyten
——— Histamin
——— Raf
——— Ecf
——— Srs
Plasma-Komponenten
Komplement-System
- Klass. Aktivierungsweg
- Alternativer Aktivierungsweg
Hageman-Faktor
- Intrinsic Koagulation
- Fibrinolytisches System
- Kinin-System
Akute Entzündung
Heilung
Chronische Entzündung

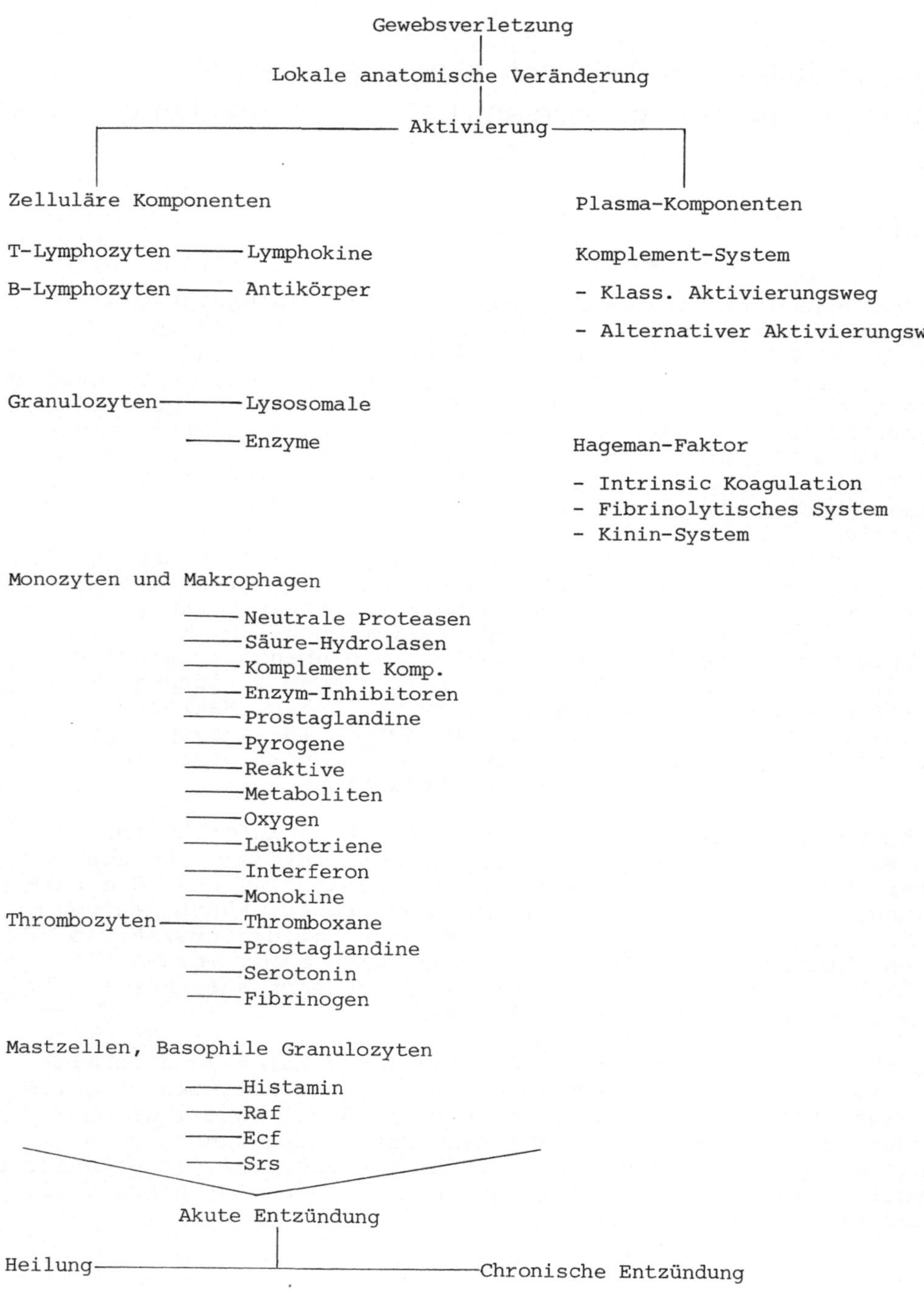

Abb. 1.

Fragt man, welche Faktoren für eine lokal oder systemisch ablaufende Entzündungsreaktion selektionieren bzw. verantwortlich
sind, läßt sich feststellen, daß unsere Kenntnisse über relevante Selektionierungsmechanismen sehr gering sind. Für lokal
oder systemisch manifest werdende Entzündungsreaktionen werden
neben einer genetischen Prädisposition, ein Organ- oder Zell-
tropismus entzündungsinduzierender Erreger diskutiert. Beispiele,
die im Sinne dieser Arbeitshypothese sprechen, sind die Röteln-
induzierte Arthritis bzw. symptomatische Arthritiden bei in-
fektiösen Darmerkrankungen mit Shigellen-, Salmonellen oder
Yersinien. Als weitere Faktoren, die für die Selektion einer
Entzündungsreaktion von Bedeutung sein können, sind anatomische
Unterschiede im Bereich des Arteriolen- und Venolen-Systems
zu vermuten. So wird die hohe Durchblutungsrate für Haut und
Nieren für die Initiierung Immunkomplex-induzierter Vaskulitiden in diesen Bereichen als ein wichtiger Co-Faktor angenommen. Auch scheint der Ort der Antigenpenetration sowie
Antigenverarbeitung und damit die Präsentation des Antigens für
den spezifisch arbeitenden Immunapparat mit für den Ort einer
perpetuierenden Entzündungsreaktion zu selektionieren, z.B.
bei dem Krankheitsbild der allergischen Alveolitis. Letztlich
scheinen Affinitäten unterschiedlicher Antigene aufgrund unterschiedlicher Oberflächenladungen für bestimmte Körperstrukturen
zu bestehen; so stellt die native DNS ein negativ geladenes
Molekül mit einer hohen Affinität für Kollagenstrukturen der
Basalmembran der Niere dar und ist damit ein potentieller
Ausgangspunkt einer lokal induzierten Immunkomplex-Glomerulo-
nephritis, wie die Arbeitsgruppe von Miescher zeigen konnte.
Neben den aufgeführten Selektionsfaktoren sind zusätzlich immunologische Reaktionen zu diskutieren, die ebenfalls für die Lokalisation einer Entzündungsreaktion spezifizieren können. Dazu
sind vor allem sessile Antikörper zu nennen, die im Rahmen
allergischer Reaktionen zu einer organbegrenzten Entzündung
führen können.

Fragt man weiter, welche Faktoren bekannt sind, die für den
Übergang einer akuten Entzündungsreaktion in einem chronisch
perpetuierenden Entzündungsmechanismus zu diskutieren sind, läßt
sich gleiches feststellen wie für die Selektionsmechanismen.
Zum einen ist wiederum eine genetische Prädisposition zu nennen,
wobei diese Hypothese auf Befunden beruht, die eine hohe Asso-
ziation von Histokompatibilitätsantigenen mit unterschiedlichen
chronisch entzündlichen Krankheitsbildern zeigen. Einen Überblick über heute bekannte signifikante Assoziationen gibt
Tabelle 1. Wie aus der Tabelle zu entnehmen ist, werden besonders hohe Korrelationen bei Erkrankungen aus dem rheumatischen Formenkreis zwischen dem HLA-B27 und dem Morbus Bechterew, dem Reitersyndrom oder reaktiven Arthritiden nach Darm-
infektionen festgestellt. Ebenfalls auffallend ist die Assozia-
tion von HLA-DR4 bzw. HLA-DR3 mit dem Krankheitsbild des
systemischen Lupus erythematodes und der chronischen Polyarthritis.

Basierend auf den gefundenen Assoziationen zwischen entzündlichen
Krankheitsbildern und Histokompathibilitätsantigenen wird einmal
ein genetisch determinierter Defekt in der Antigenelimination

Tabelle 1. HLA-Assoziationen mit Autoimmunopathien[a]

Erkrankung	HLA-Antigen	Relatives Risiko
Systematischer lupus erythematodes	DR 3	5.6
Rheumatoide Arthritis	DR 4	4.2
Juvenile Arthritis	DR 5	4.2
	B 27	4.7
Psoriasis Arthritis	B 27	2.5
	B 13	2.3
	Bw 17	5.8
	Bw 38	4.2
Parainfektiöse Arthritiden		
Post-Yersinia-Infektion	B 27	14 - 40[b]
Post-Salmonellen-Infektion	B 27	16 - 19[b]
Dermatitis herpetiformis	Dk 3	10.8
Multiple Sklerose	Dk 3	4.1

[a]Eine Auswahl

[b]Je nach Untersucher schwankend nach DAUSSET u. COUTU (1980); BRAUN (1979)

mit der Folge einer Antigenpersistenz als Grundlage für die Entwicklung eines Entzündungsmechanismus diskutiert. Alternativ oder ergänzend könnte bei den gezeigten Patientenpopulationen eine genetisch prädisponierte Störung der Immunregulation vorliegen, der eine gesteigerte Synthese *organspezifischer* Autoantikörper wie z.B. bei der Hashimoto-Thyreoditis oder von *systemisch* wirkenden Autoantikörpern wie dem ds-DNS Auto-Antikörper bei Patienten mit einem systemischen Lupus erythematodes verursacht. Im Rahmen einer gestörten Immunregulation ist zusätzlich die Wirkung zellulärer autodestruktiver Mechanismen möglich, die infolge ihrer Antigenspezifität die Organselektion einer autoaggressiven perpetuierenden Entzündung mit festlegen.

Nach diesen zusammengefaßten Anmerkungen zum Phänomen der Entzündung wird im folgenden das klinische Bild einer chronisch perpetuierenden Entzündungsreaktion an zwei Beispielen, dem systemischen Lupus erythematodes und der chronischen Polyarthritis dargestellt.

Systemischer Lupus Erythematodes

Bei dem systemischen Lupus erythematodes wie bei der chronischen Polyarthritis wird als ein entscheidender pathogenetischer Mecha-

nismus eine möglicherweise genetisch determinierte gestörte
Immunmodulation diskutiert. Um die Dysregulation des Immunsystems bei diesen Krankheitsbildern verständlich zu machen,
erscheint es notwendig, kurz die Physiologie der bekannten Regulationsmechanismen zwischen Thymuszellsubpopulationen und
B-Zellen darzustellen. Thymuszellen können aufgrund unterschiedlicher Oberflächenmarker, die vorwiegend durch Untersuchungen
der Arbeitsgruppe von Reinherz erarbeitet worden sind, phäno-
typisch sowie hinsichtlich ihrer biologischen Funktionen in
Subpopulationen unterteilt werden. Mit der Gewinnung antigen-
spezifischer sogenannter monoklonaler Antikörper wurde es möglich,
die Thymuszellen in eine Gruppe von Thymushelferzellen mit dem
Oberflächenmerkmal T4 zu unterteilen, denen eine zweite Thymus-
zellgruppe mit dem Oberflächenantigen T8 und der biologischen
Aktivität der Suppression und Zytotoxizität gegenübergestellt
wird. Über die Interaktion einer hormonähnlichen Substanz, dem
Interleukin 2, sind Helferzellen nicht nur in der Lage, Antikörper produzierenden B-Lymphozyten ein Initiierungssignal zur
Antikörperproduktion zu geben, sondern gleichzeitig Thymuszellen
mit dem Phänotyp T8 zu stimulieren. Im Zentrum der physiologischen Zellkooperation einer Immunreaktion stehen daher nach
dem heutigen Kenntnisstand Thymushelferzellen (Abb. 2).

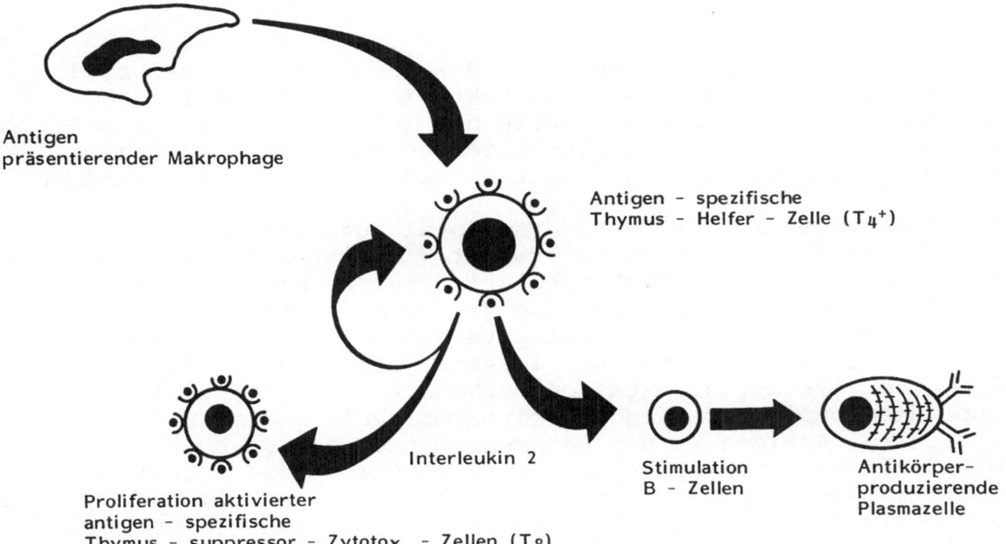

Abb. 2. Die zentrale Funktion von Thymus-Helfer-(T4$^+$)-Zellen im Rahmen einer
sich entwickelnden Immunreaktion.
Der Antigen-präsentierende Makrophage korrespondiert mit einer Thymus-
Helfer-Zelle mit antigen-spezifischen Rezeptoren über ein immun-regulierendes
Hormon, Interleukin 1. Die Proliferation der Thymus-Helfer-Zellen durch Inter-
leukin 1 bewirkt die Produktion von Interleukin 2, wobei dieses Hormon nicht
nur eine proliferations-perpetuierende Wirkung für die Thymus-Helfer-Zell-
population bestitzt, sondern ebenfalls die Proliferation antigen-spezifischer
Thymus-Suppressor- zytotoxisch-aktiver Zellen bewirkt. Ebenso ist Interleu-
kin 2 mit beteiligt bei einer Stimulation von antikörper-produzierenden
B-Zellen in Antikörper-produzierenden Plasmazellen, wobei die produzierenden
Antikörper wiederum eine Antigen-Spezifität tragen.

14

Da dem immunologischen Labor Testsysteme zur Verfügung stehen,
die immunregulierende Eigenschaft von Thymushelfer- und Thymussuppressorzellen zu testen, war es möglich, Krankheitsbilder
wie den systemischen Lupus erythematodes und die chronische Polyarthritis auf eine Dysregulation des Immunsystems hin zu untersuchen. So konnte bei Patienten mit einem Lupus erythematodes
durch Anwendung eines vitro-Systems zur Modulation der Antikörperproduktion, unter Verwendung von polyklonalen B-Lympho-
zyten-Aktivatoren, gezeigt werden, daß einmal die Thymussuppressorzellen im Vergleich zu Kontrollen in ihrer Aktivität
vermindert sind, und daß zum anderen bei einem Teil der Patienten
zusätzlich ein Thymus-Helferzell-Defekt vorliegt. Da der normale
menschliche Organismus potentiell Autoantikörper bildende B-
Lymphozyten besitzt, ist es denkbar, daß eine Störung von Thymussuppressorzellen bei einer gleichzeitigen Stimulation von
Antikörper produzierenden B-Lymphozyten in der Bildung unterschiedlicher Autoantikörper resultiert, wie sie im Serum von
Patienten mit einem systemischen Lupus erythematodes tatsächlich
nachgewiesen werden. Wie Tabelle 2 verdeutlicht, können im
Rahmen einer polyklonalen B-Zell-Aktivierung neben Autoanti-
körperphänomenen ohne gewebszerstörende Wirkung autoagressive
Antikörper gebildet werden, die wie im Falle des systemischen
Lupus erythematodes über die Komplexierung mit dem korrespon-
dierenden Antigen ds-DNS eine Immunkomplex-induzierte Gewebs-
schädigung hervorrufen.

In vivo aktiv werdende polyklonale B-Zellen-Stimulatoren sind
bekannt. Neben unterschiedlichen Bakterien und Bakterienwand-
antigenen sind auch FC-Bruchstücke des Antikörpermoleküls auf-
zuführen, die im Serum von SLE-Patienten sowie bei anderen
Autoimmunerkrankungen signifikant vermehrt nachgewiesen wurden.

Antikörper gegen native DNS führen lokal aufgrund der Affinität
dieses Moleküls - wie bereits erwähnt - im Bereich der Niere,
oder systemisch in der Blutzirkulation zur Formierung von
Antigen-Antikörper-Komplexen, die dem Syndrom der Vaskulitis
zugrundeliegen und die sich mit unterschiedlichen Techniken
lokal bzw. im Serum nachweisen lassen. Unter Verwendung einer
Polyethylenglykol-Präzipitationsmethode konnte unsere Arbeitsgruppe die komplexierenden Antikörpermoleküle analysieren und
kürzlich als Antigen in den Serum-Komplexen das ds-DNS-Molekül
identifizieren. Diese DNS-Antikörper-Immunkomplexe mit einer
Größe zwischen 7 und 15 s induzieren über die Aktivierung
des Komplementsystems eine lokale oder systemische Vaskulitis,
die sich unter anderem in 30% der Patienten in Form von Haut-
veränderungen wie dem typischen Schmetterlingserythem darstellt.
Im Bereich der Niere führen lokal gebildete Antikörperkomplexe,
aber auch der Niederschlag in der Blutzirkulation formierter
DNS-Antikörperkomplexe zu dem Bild der Immunkomplex-Glomerulo-
nephritis. Unter Verwendung von Immunfluoreszenz-Techniken können
in Haut- und Nierenbiopsien Antikörper, Komplementkomponenten
sowie native DNS nachgewiesen werden.

Daß zirkulierende Antikörper wahrscheinlich das immunpathogenetische Prinzip des systemischen Lupus erythematodes darstellen, wird nicht zuletzt durch den Behandlungserfolg durch

Tabelle 2. SLE – assoziierte Serum-Autoantikörper-Phänomene

1. Anti-nukleäre-Antikörper (ANA)

   Native DNS

   Einzelstrang DNS

   Histone

   'Non'-Histone (SM)

   Nukleoproteine

2. Anti-zytoplasmatische Antikörper

   RNS

   Ribosomen

   Zytoplasmatische Proteine

3. Anti-Lymphozyten (Thymus-) Antikörper

4. Anti-Thrombozyten-Antikörper

5. Anti-Erythrozyten-Antikörper

6. Rheuma-Faktoren

7. Antikörper gegen Gerinnungsfaktoren

8. Autoantikörper-Phänomene
   (z.B. Schilddrüsen-, Magen-,
   glatte Muskulatur-Antikörper)

9. Virusantikörper

10. Falsch pos. Syphilis-Reaktionen
    (Anti-Cardiolipin)

die Plasmapherese bei akuten Krankheitssituationen belegt.
Neben einem Entzug der komplexierenden Antikörper wird als
ein weiterer Wirkungsmechanismus dieses Therapieprinzips bei
SLE-Patienten eine Deblockade des RES diskutiert, wie Ergebnisse
unserer Arbeitsgruppe nahelegen. Faßt man den Pathomechanismus
der chronisch perpetuierenden Entzündungsreaktion mit ihrer
klinischen Symptomatik bei Patienten mit einem SLE zusammen,
ist festzustellen, daß zwar die Initiierung der Autoaggressivi-
tät bei diesem Krankheitsbild noch unbekannt bleibt, daß jedoch
ein zentraler Faktor in einem Verlust immunregulatorischer
Mechanismen besteht, mit dem Resultat einer vermehrten Auto-
antikörperproduktion und subsequenter Immunkomplexbildung
von Antikörpern mit Zellkernantigenen. Durch die Aktivierung
des Komplementsystems über den klassischen Aktivierungsweg

Tabelle 3. Erkrankungen mit Immunkomplexnachweis

Auto-Antigene

- Immunglobuline	Rheumatoide Arthritis Essentielle Kryoglobulinämie
- Nukleinsäuren	Lupus erythematodes visceralis
- Zelluläre Antigene bei Autoimmunerkrankungen	Hashimoto-Thyreoiditis Juveniler Diabetes mellitus Immunhämolytische Anämie
- Zelluläre Antigene bei Neoplasien	Lungenkarzinom Mammakarzinom Kolonkarzinom Malignes Melanom Morbus Hodgkin Akute lymphoblastische Leukämie Chron. lymphozytische Leukämie

---

Allo-Antigene

- Bakterien	Akute Poststreptokokkenglomerulo- nephritis Syphilis Lepra Endokarditis lenta
- Viren	Akute Virushepatitis HB_S-Ag Trägerstatus Infekt. Mononukleose Dengue-Fieber
- Parasiten	Malaria Trypanosomiasis Schistosomiasis Leishmaniose

- Unbelebte Antigene
  (iatrogen)
	Serumkrankheit
	C-Penicillaminnephropathie
	Goldnephropathie
	medikamenteninduzierte
	    Hypersensitivitätsangiitis

- Sonstige bzw. nicht identifizierte Antigene	Allergische Alveolitis Nahrungsmittelallergie Morbus Crohn Colitis ulcerosa Morbus Bechet Dermatitis Herpetiformis Leberzirrhose

---

Nach NYDEGGER u. LAMBERT (1980). ROTHER (1981)

wird das klinisch faßbare Bild der Immunkomplex-induzierten
Vaskulitis induziert. Weitgehend ungelöst ist die Frage von
Selektionsmechanismen, die für unterschiedliche Erscheinungs-
formen des SLE, einer vorwiegend lokalen oder systemischen
Krankheitsmanifestation, verantwortlich sind.

Der Lupus erythematodes ist als eine Modellerkrankung für Immunkomplex-induzierte Vaskulitiden anzusehen. Wie Tabelle 3 exemplarisch darstellt, sind eine Reihe von Immunkomplexerkrankungen
bekannt, die durch ein Vaskulitis-Syndrom charakterisiert sind,
wobei die Vaskulitis-induzierenden Immunkomplexe durch eine
Antikörperreaktion mit Auto- und Alloantigenen formiert werden.
Die für Immunkomplex-induzierten Vaskulitiden typischen allgemeinen und organspezifischen Symptome sind in Tabelle 4 dargestellt.

<u>Tabelle 4.</u> Klinische Befunde bei Vaskulitiden

<u>Allgemein</u>

> "Rheumatische Beschwerden"
>
> Hauteffloreszenzen
>
> sensible und sensorische Störungen
>
> Kopfschmerzen
>
> Durchblutungsstörungen

<u>Organspezifisch</u>

> Glomerulonephritis
>
> Myositis - Myokarditis
>
> Mononeuritis multiplex
>
> Sinusitiden
>
> granulomatöse Penumonien

<u>Rheumatoide Arthritis</u>

Im Vordergrund der klinischen Symptomatik der chronischen Poly-
arthrits stehen entzündliche Gelenkveränderungen, wobei ebenfalls die Haut und viszerale Organe erkranken können. Auch bei
diesem Krankheitsbild konnten in den letzten Jahren gestörte
immunregulatorische Mechanismen definiert werden, die sich im
peripheren Blut, der Synovia, und im Bereich der entzündlich
veränderten Synovialis nachweisen lassen. Analog zum systemischen
Lupus erythematodes wurde unter Verwendung von peripheren Blutzellen eine verminderte Suppressorzellaktivität mit einer gesteigerten Funktion der Antikörper-produzierenden B-Zellen
nachgewiesen. Analysen von Zell-Eluaten aus der Synovia und

Synovialis zeigten, daß analog zum peripheren Bereich der gelenkbegrenzten Entzündungsreaktion eine verminderte Thymussuppressorzellaktivität zugrunde liegt, bei gleichzeitig gesteigerter B-Zell-Aktivität. Dieser zweite Befund ist umso mehr von Bedeutung, da unter Verwendung immunhistochemischer Methoden und monoklonaler Antikörper mehrere Arbeitsgruppen im Gegensatz zu Untersuchungsergebnissen an peripheren Blutlymphozyten eine Vermehrung von T8-positiven Suppressorzellen in der Synovialis von RA-Patienten fanden. Dieser Befund eines signifikant erhöhten Prozentsatzes von OKT8 positiven T-Lymphozyten in der Synovialis, bei gestörter biologischer Aktivität, spricht für eine lokale Dysregulation der Immunreaktivität im Gelenkbereich.

Faßt man die Entzündungsreaktion im Bereich der Synovialis bei Patienten mit einer chronischen Polyarthritis zusammen, so sind Thymushelferzellen und Thymussuppressorzellen vorhanden, wobei Thymussuppressorzellen einen Defekt aufwiesen. Zusätzlich wurde gezeigt, daß die in der Synovialis vorhandenen B-Lymphozyten vermehrt Immunglobuline produzieren - wahrscheinlich aufgrund des Suppressorzellverlustes - mit einer gesteigerten Synthese von Antiglobulinen, sogenannter Rheumafaktoren. Die lokal produzierten Rheumafaktoren führen zu einer Komplexierung mit Antikörpermolekülen, wobei der dann entstehende Immunkomplex lokal in ähnlicher Weise wie bei dem systematischen Lupus erythematodes eine Entzündungsreaktion in der Synovialis induziert. Die lokal produzierten Rheumafaktoren sowie Aggregate von Rheumafaktoren und Immunglobulinmolekülen, die in den Gelenkinnenraum gelangen, werden dort phagozytiert, wobei im Rahmen der Phagozytose wiederum entzündungsperpetuierende Faktoren freigesetzt werden (Abb. 3).

Kommt es bei Patienten mit einer chronischen Polyarthritis zu einer Miterkrankung viszeraler Organe oder der Haut, so ist dafür wiederum eine Immunkomplex-induzierte Vaskulitis als histopathologisches Substrat zu nennen, wie in Tabelle 3 aufgeführt wurde. Als auslösende Faktoren der generalisierten Vaskulitis sind neben Rheumafaktor-Immunglobulin-Komplexen zirkulierende Immunkomplexe nachgewiesen worden, deren antigener Bestandteil bislang nicht identifiziert werden konnte.

Zusammenfassend ist zu sagen, daß zwar innerhalb der letzten Jahre ein erheblicher Kenntniszuwachs über immunregulatorische Mechanismen bei Autoimmunopathien gewonnen werden konnte, auch im Bereich zellulärdestruktiver Reaktionsmechanismen, die in der vorliegenden Arbeit nicht besprochen wurden, daß aber die Initiierung der autoaggressiven Reaktion bislang nicht geklärt werden konnte. Daraus resultiert für den Kliniker, daß bei dieser Erkrankungsgruppe bislang in der Regel nur eine symptomatische und keine ursächliche Therapie zur Anwendung kommen kann.

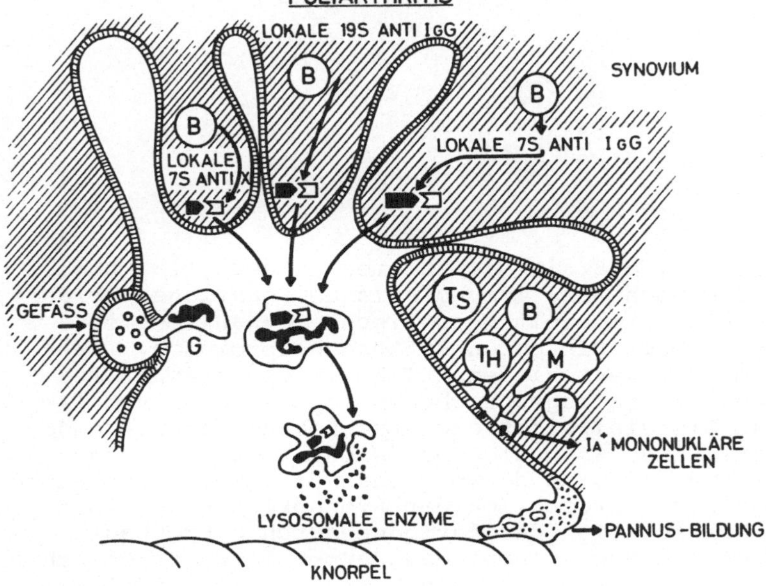

Abb. 3. Im Bereich der Synovialis ablaufende Immunreaktionen bei einer
chronischen Polyarthritis.
Wie Untersuchungen mit monoklonalen Antikörpern zeigen konnten, befinden
sich im Bereich einer entzündlich veränderten Synovialis Thymus-Suppressor-
Zellen, antikörperproduzierende B-Zellen und antigen-präsentierende Makrophagen. Dabei ist von Interesse, daß die Thymus-Suppressor-Zellen nach
Untersuchungen von Natvig vorhanden aber nicht biologisch aktiv sind. Dies
bedeutet, daß Antikörper-produzierende B-Zellen lokales 7-S-anti-IgG sowie
lokales 19-S-anti-IgG, sogenannte Rheumafaktoren, bilden können, die sich
mit normalen Antikörper-Molekülen - in der Synovialis von B-Lymphozyten
produziert - zu Komplexen formieren. Nach Diffusion dieser Komplexe in den
Gelenk-Innenraum werden sie von Makrophagen phagozytiert, wobei im Rahmen
des Phagozytose-Prozesses einmal lysosonale Enzyme, die eine Knorpel-
Destruktion initiieren können, sowie Komplement-Faktoren, die per se für
eine Perpetuierung einer chronischen Entzündungsreaktion mit verantwortlich
sind, freigesetzt werden. Zusätzlich ist die Bildung von lokalen 7-S-anti-
X-Antikörpern im Bereich der Synovialis beschrieben. Das anti-X bedeutet,
daß die Antikörper-Spezifität nicht festliegt, daß jedoch sich bildende
Immunkomplexe, möglicherweise mit einem Virus-Antigen, ebenso wie Rheuma-
faktor-Immunglobulin-Aggregate über die Phagozytose einen entzündungs-
perpetuierenden Effekt auslösen

TRAUTSCHOLD:
Sie haben uns gezeigt, daß die Mechanismen in der Primärphase
der Entzündung, die noch ohne immunologische Reaktionen abläuft,
völlig identisch sind. Immunpathogenetische Mechanismen ermöglichen dann die perpetuierenden Entzündungsprozesse. Sie
zeigten, daß dabei die verschiedenen T-Zell-Populationen fehl-
reguliert sind. Unter den angesprochenen Populationen vom T4-
bzw. T8-Typ haben Sie vielleicht auch Lymphokin-produzierende
Zellen subsummiert, Sie haben sie aber nicht speziell herausgestellt. Es ist nun durchaus denkbar, daß die Immunpathogenese
über die fehlregulierte Produktion der Lymphokine sowie über
die stimulierte Präsentation der Antigene durch Makrophagen
abläuft und daß dieser Mechanismus das Perpetuieren ermöglicht.
Lymphokine haben ja eine Vielzahl von Wirkungen. Daher stammt
meine Frage, ob dieser Weg gegenwärtig völlig ausgeschlossen
erscheint. Vielleicht ist das heute im Experiment noch nicht
zu klären, aber ein solcher Mechanismus erscheint möglich.

KALDEN:
Zu Ihren Bemerkungen, Herr TRAUTSCHOLD, zwei Dinge. Als erstes
ist zu sagen, daß die von mir gezeigte Abbildung zur Immunpathogenese der chronischen Polyarthritis nicht alle möglichen
immunpathogenetischen Reaktionen beinhaltet. Das Gesamtbild
erscheint noch wesentlich komplizierter. Man kann davon ausgehen, daß neben den gezeigten, vorwiegend Antikörper-ver-
mittelten perpetuierenden immunpathogenetischen Mechanismen
auch direkt wirksam werdende zelluläre gewebszerstörende Reaktionen durch zytotoxische T-Zellen in der Pathogenese der
chronischen Polyarthritis involviert sind, ebenso sogenannte
natürliche Killerzellen, eine heterogene Zellpopulation,
die sich zum Teil aus Thymuszellen sowie aus monozytoiden Zell-
elementen zusammensetzt. Daß zusätzlich zelluläre Reaktions-
formen in der Pathogenese von Bedeutung sind, hat man bislang
zwar nicht überzeugend in vitro nachvollziehen können, doch
gibt es klinische Befunde, die diese Hypothese sehr nahelegen.
Dazu gehört eine Arthritisform, die der chronischen Polyarthritis sehr ähnlich ist, und die bei Kindern mit einer Agamma-
globulinämie manifest werden kann. Dieser klinische Befund
unterstreicht, daß neben im Gelenk lokal ablaufenden vorwiegend Antigen-Antikörperkomplex-induzierten Entzündungsreaktion zusätzlich Thymuszellreaktionen in die Pathogenese
von Arthritiden eingreifen.

Zusätzlich partizipieren Thymuszell-Subsets durch die Sekretion
von Lymphokinen, wobei es Hinweise gibt, daß bei Patienten mit

einer chronischen Polyarthritis das von Thymushelferzellen
gebildete Interleukin 2 nicht in gleicher Weise synthestisiert
wird wie bei gesunden Personen. Dieses Interleukin 2, um es
kurz zu bemerken, ist eine wichtige immunregulatorische Substanz
für die Kooperation von Thymushelferzellen und Thymuszellen
mit einem zytotoxischen bzw. supprimierenden Potential. In
Analogie zu Patienten mit einer chronischen Polyarthritis
scheinen auch Patienten mit einem systemischen Lupus erythematodes einen Defekt der Interleukin 2-Produktion zu zeigen.

Zusammenfassend ist festzustellen, daß der Gesamtablauf von
immunologisch gewebszerstörenden Mechanismen bei der chronischen
Polyarthritis komplizierter ist als das auf meinem zusammen-
fassenden Diapositiv gezeigt wurde.

GERBITZ:
Ich habe eine Frage zu einem speziellen Befund Ihres Berichtes:
Sie zeigten, daß die Differenzierung der Lymphozytenpopula-
tionen mit den monoklonalen Antikörpern OKT 4 bzw. OKT 8 in
der Periphere möglicherweise ein ganz anderes Verteilungsbild
als im Gewebe ergibt. Bekommt man in der Periphere immer ein
anderes Bild oder besteht eine Korrelation zwischen der Verteilung in der Peripherie, im engeren Sinne im Blut, und im
Gewebe?

KALDEN:
Zu Ihrer Frage über die Bedeutung des Verhältnisses von Thymushelferzellen (OKT4 positiv) und Thymussuppressorzellen (OKT8-
positiv) ist zu bemerken, daß die Analyse der peripheren OKT4
und OKT8 positiven Lymphozyten-Subpopulationen in keiner Weise
die Verhältnisse widerspiegeln muß, die am Ort der Entzündung,
ob im Gelenk bei einem Patienten mit einer chronischen Polyarthritis oder in einem peritumorösen Entzündungsinfiltrat,
vorhanden sind.

GUDER:
Darf ich hierzu eine methodische Frage stellen: Wie macht man
diese Differenzierung, im Ausstrich oder im Zellsorter?

KALDEN:
Am technisch vollkommensten und unter Verwendung von monoklonalen Antikörpern unter Zuhilfenahme eines Zellsorters. Es
besteht jedoch auch die Möglichkeit, an einem Gefrierschnitt,
wobei der Gefrierschnitt lyophilisiert und anschließend aceton-
fixiert wird, durch die Aufbringung von monoklonalen Antikörpern oder ganz allgemein von Zellmarkern, unterschiedliche
Zellpopulationen zu identifizieren. In ähnlicher Weise können
Sie Zellen aus Gewebe eluieren und anschließend in der Suspen-
sion mit spezifischen monoklonalen Antikörpern darstellen.
Dabei wird in beiden Techniken zur Darstellung einer monoklonalen Antikörperbindung an spezifische Zellpopulationen
eine Peroxidase- oder Fluoreszenz-Reaktion verwandt.

Sie können weiterhin unter Verwendung eines Sorters im Phänotyp
unterschiedliche Zellpopulationen isolieren und diese Zellen in
vitro-Systemen hinsichtlich ihrer biologischen Funktion testen.

22

GASSEN:
Wie weisen Sie nach, daß Sie beim Lupus im Serum wirklich DNS
haben. Können Sie ausschließen, daß es sich im Komplexe aus
Nucleoproteinen und Antikörper handelt?

KALDEN:
Zu Ihrer Frage ist festzustellen, daß ich nur preliminäre Untersuchungsergebnisse aufgeführt habe, die von meinem Mitarbeiter
KRAPF erhalten wurden, der zeigen konnte, daß unterschiedliche
Antikörperklassen mit dem DNS-Molekül komplexieren. Daß zusätzlich ein DNS-Protein-Komplex im Serum von LE-Patienten vorliegt, ist nicht ausgeschlossen.

GASSEN:
Haben Sie wirklich freie DNS im Serum gefunden?

KALDEN:
Diese Untersuchungen haben wir nicht gemacht. Das Auftreten
von freier DNS ist von der Arbeitsgruppe von MIESCHER mitgeteilt
worden, die ebenfalls die Affinität von DNS zu Kollagen nachgewiesen hat. Eine exakte Darstellung der Methodik kann ich
Ihnen im Moment leider nicht geben.

KNEDEL:
Ich möchte an die Frage von Herrn GERBITZ anknüpfen. Bei Untersuchungen am peripheren Blut wird ja verschiedentlich gesagt,
daß die quantitative Bestimmung des Verhältnisses von OKT4-
bzw. OKT8-positiven Zellen im Rahmen von Verlaufsstudien ein
Ungleichgewicht des immunologischen Geschehens klarlegt. So
soll man aus der Verlaufsbeobachtung auch den Ablauf der Repa-
ration eines immunologischen Prozesses erkennen können. Einige
Untersucher meinen sogar, aus dem Verhältnis der beiden Zellpopulationen diagnostische Schlüsse, z.B. bei der Multiplen
Sklerose, ziehen zu können. Ist die Aussage über das Vorhandensein und das Verhältnis der Lymphozyten abhängig von der verwendeten Methode, wie z.B. Bestimmung mit dem Zellsorter, dem
Rosettentest oder mit der Immunfluoreszenzmikroskopie, ganz abgesehen davon, ob eine quantitative Aussage überhaupt möglich ist?

KALDEN:
Die von Ihnen angesprochenen vergleichenden Untersuchungen sind
meines Wissens nach noch nicht durchgeführt worden. Hinsichtlich
der Auswertung immunfluoreszenz-serologischer Verfahren, so auch
dem Aufzeigen von Lymphozytensubpopulationen unter Verwendung
von mononukleären Antikörpern, ist festzustellen, daß in der
Auswertung eine erhebliche subjektive Beurteilung liegt, was
noch für die gesamte Fluoreszenztechnologie im Labor zutrifft.
Der Versuch, die Fluoreszenzserologie durch die Einrichtung von
Intensiometern zu objektivieren, hat bislang keine entscheidende
Fortschritte gemacht.

Zu den unterschiedlichen Verhältnissen von OKT4 und OKT8- positiven Zellen ist festzustellen, daß Untersuchungen, die vorwiegend von der Arbeitsgruppe von STEINBERG durchgeführt wurden,
eine Korrelation zwischen den Verhältnissen von OKT4- und OKT8-
Zellen zum klinischen Verlauf herzustellen war. Diese publi-
zierten Ergebnisse sind jedoch nach neueren Untersuchungen in

der Literatur sowie aus eigenen Experimenten in der dargestellten Form nicht mehr haltbar. Eine Krankheitsgruppe, wo nach meinem Wissen eine Konstanz in einer veränderten OKT4/8-Ratio besteht, ist das im Moment aktuelle AIDS-Syndrom. Wir haben zu diesem Problemkreis etwa 30 Personen mit einer generalisierten Lymphadenopathie, d.h. mit einem sogenannten Pre-AIDS-Sydrom untersucht, wobei die Mehrzahl dieser Patienten eine Hepatitis-Zytomegalieinfektion sowie andere bakterielle virale und Pilzinfektionen durchgemacht hatten. Bei dieser Patientengruppe sowie bekannterweise bei Patienten mit einer Hepatitis ist ein verändertes OKT4/8-Verhältnis in der Tat zum klinischen Verlauf zu korrelieren. Gleiches gilt für transplantierte Patienten mit einer Zytomegalie-Infektion.

Frau ROTHER:
Wie gut korreliert die Immunkomplexkonzentration mit dem Schweregrad bei Ihren Patienten? Welche Methode verwenden Sie?

KALDEN:
Herr KRAPF, der in unserem Labor den Nachweis von Immunkomplexen durchführt, benutzt die gezeigte PEG-Präzipitationsmethode, ergänzt durch eine C1q-Präzipitation. In Übereinstimmung mit der Erfahrung nahezu aller Gruppen, die sich mit dem Immunkomplexnachweis befassen, ist keine auffallende signifikante Korrelation zwischen Serumimmunkomplexen und dem Schweregrad der Erkrankung herzustellen. Das mag zum Teil wiederum darin liegen, daß wir mit den zur Verfügung stehenden Methoden die "falschen" Immunkomplexe im Serum nachweisen, daß wir letztlich nicht die Komplexe definieren, die tatsächlich gewebeschädigend tätig werden.

Frau ROTHER:
Wir weisen mit unserem Test C3b, also den wirklich aktivierenden Immunkomplex, nach. Wir haben aber noch nicht genügend Daten zur Frage, ob seine Konzentration mit der klinischen Situation korreliert.

KALDEN:
Zusammen mit Frau KRAULEDAT von den Behring-Werken haben wir versucht, den C3d-Serumspiegel mit der klinischen Aktivität von SLE-Patienten zu korrelieren. Gleiches wurde bei der chronischen Polyarthritis durchgeführt. Bei Patienten mit einem systemischen Lupus erythematodes scheinen nach präliminären Ergebnissen die C3d-Serumspiegel besser zur Krankheitsaktivität zu korrelieren als der Nachweis von Serumimmunkomplexen. Demnach ist nach unseren präliminären Daten das C3d im Serum ein besserer Parameter zur Analyse der Krankheitsaktivität von Immunkomplexerkrankungen.

FELGENHAUER:
Mich interessiert die Natur von infiltrierenden Plasmazellen im Synovium. Weiß man etwas über die Spezifität der gebildeten Antikörper? Haben sie eine limitierte Heterogenität oder sind es ausschließlich DNS-Antikörper?

KALDEN:
Die Spezifität der von Plasmazellen in der Synovialis gebildeten Antikörper ist zum großen Teil nicht bekannt. Daher wurden die

Immunglobuline auf dem gezeigten Diapositiv als Anti-X beschrieben. In bislang zur Verfügung stehenden Testmethoden werden die Immunglobuline, die im Gewebe produziert werden, an eluierten Zellen überprüft in der Form, daß man diese Zellen kultiviert und mit einem polyklonalen B-Zell-Aktivator stimuliert.

Die produzierten Immunglobuline werden unter Verwendung eines Radioimmuno- oder Enzymimmuno-Assays im Überstand der Kulturen analysiert, ohne bislang einen Spezifitätennachweis zu führen. Lediglich Rheumafaktoren sind in Überständen dieser Kulturen zu analysieren.

NEUMANN:
Meine Frage bezieht sich auf die polymorphkernigen Leukozyten als die Effektorzellen der Entzündung. Sie besitzen Rezeptoren für Fc und Komplement C3b. Es ist bekannt, daß Immunkomplexe Leukozyten in situ aktivieren. Weiß man etwas über die Reaktion von Leukozyten mit Immunkomplexen im zirkulierenden Blut? Gibt es Befunde, die auf eine Aktivierung der Leukozyten hinweisen?

GEMSA:
Über Neutrophile weiß man sehr wenig. Von Monozyten ist bekannt, daß sie sich bei Rheumapatienten anders verhalten. Sie bilden schon in der Periphere mehr Prostaglandine. Sie scheinen in einem gewissen Maß aktiviert zu sein. Man weiß außerdem, daß sie schlechte Antigenpräsentatoren sind und kann dies als ein Zeichen von Aktivierung deuten.

DIERICH:
Neuere Befunde zeigen auch, daß die Zellen in Patienten mit Lupus erythematodes eine geringere Dichte der Komplement-Rezeptoren auf der Oberfläche haben. Komplement-Rezeptoren sind wahrscheinlich wichtig für die Verarbeitung von Immunkomplexen. Man spekuliert neuerdings über einen Zusammenhang zwischen dem Mangel an Komplement-Rezeptoren auf Phagozyten und der veränderten Bewältigung der Immunkomplexe.

Vielleicht darf ich noch einen anderen Punkt ansprechen: Herr KALDEN hat in seinem Vortrag den spezifischen Immunmechanismen besondere Aufmerksamkeit gewidmet. Ich möchte hier herausstellen, daß möglicherweise die unspezifischen Mechanismen, im engeren Sinn Komplementaktivierung, über die Frau ROTHER gleich sprechen wird, und Phagozytose essentiell für den Vollzug von Reaktionen sind, die durch die spezifische Immunität ausgelöst wurden.

KALDEN:
Deiner Bemerkung ist absolut zuzustimmen. Ich habe in meinem Vortrag immer wieder den Makrophagen als Antigen verarbeitende und präsentierende Zelle und nicht als reine Abwehrzelle dargestellt. Ich kann zusätzlich nur erneut Ergebnisse von Herrn GEMSA zitieren, der nachweisen konnte, daß auch periphere Blutmonozyten bei der chronischen Polyarthritis als Produktionsstätte von Mediatoren von pathogenetischer Relevanz sind.

GEMSA:
Obwohl jetzt so interessante monoklonale Antikörper wie OKT4
oder OKT8 und viele andere verfügbar sind, muß man sich doch vor
der Annahme hüten, daß sie ganz spezifische pathogenetische
oder pathomorphologische Veränderungen erfassen können. Nach
den ersten Arbeiten mit OKT4 zeigten sich klare Unterschiede,
z.B. auch bei rheumatoider Arthritis. Nach Vertiefung der
Arbeiten und durch Untersuchungen anderer Gruppen ist es aber
nun nicht mehr klar, ob die anfänglich beschriebenen Relationen
von Helfer- und Suppressorzellen (OKT4+ / OKT8+) tatsächlich
stimmen. Die gleiche Situation gilt für das entzündete Gewebe:
Einzelne Autoren finden sehr viele Helferzellen, andere wiederum viele Suppressorzellen. Ich meine, man sollte in der Interpretation der Daten, die man mit den OKT-Antikörpern erhält,
zurückhaltend sein.

KALDEN:
In meiner Antwort auf die Frage von Herrn KNEDEL bin ich im
Rahmen der Diskussion bereits darauf eingegangen, daß die
Analyse des OKT4/OKT8-Verhältnisses im peripheren Blut nichts
über immunpathogenetische Mechanismen aussagt. Wichtiger -
und das wurde bereits ebenfalls betont, ist, daß die phäno-
typisch analysierten Zellen hinsichtlich ihrer Funktion analysiert werden, um Einblicke in pathogenetische Mechanismen zu
erhalten. Wie wichtig neben der Phänotypisierung die biologische Analyse der Lymphozytensubpopulationen ist, zeigt eine
Untersuchung von MORETTA, der an klonierten OKT4- und OKT8-
positiven Thymuszellen zeigen konnte, daß diese Zellen bei
Beibehaltung ihrer biologischen Aktivität ihren Phänotyp unter
Kulturbedingungen ändern können. Diese Befunde legen nahe, daß
die mit monoklonalen Antikörpern definierten Zellmembranantigene
möglicherweise nur einen bestimmten Differenzierungsgrad von
Thymuszellen nachweisen, der nicht unbedingt gekoppelt sein
muß mit der biologischen Aktivität. Man darf also nicht bei der
Frage nach immunpathogenetischen Mechanismen sich mit einer
Phänotypisierung von in der Entzündungsreaktion involvierten
Zellpopulationen zufriedenstellen, sondern ihre biologische
Aktivität in vitro analysieren.

KAISER:
Was weiß man von den biochemischen Eigenschaften der Entzündungsmediatoren? Lymphokine wurden erwähnt, welche anderen Substanzen
sind bekannt?

GEMSA:
Was die Lymphokine angeht: Sie sind chemisch noch wenig definiert, ihre biologische Funktion ist zum Teil beschrieben. Es
sind Produkte mit einem Molekulargewicht ab 15 000 aufwärts.
In naher Zukunft wird es sicher einen erheblichen Zuwachs an
Erkenntnissen geben. Es wird in den nächsten Jahren wahrscheinlich möglich sein, Produkte wie MIF ("Macrophage Inhibitory
Factor") oder MAF ("Macrophage Activating Factor"), Interleukin 1 und Interleukin 2 über "Genetic Engineering" so zu
definieren, daß man auch Antikörper gewinnen und dann Testsysteme entwickeln kann. Im Augenblick beruhen unsere Aussagen
noch auf funktionellen Nachweisen.

Komplement und zelluläre Interaktion

U. Rother und K. Rother

Der Beginn einer Entzündungsreaktion ist gekennzeichnet durch
Gefäßerweiterung, erhöhte Gefäßpermeabilität und schließlich
Auswandern von Zellen ins Gewebe. Im Anfang sind die einwandern-
den Zellen meist Granulozyten, die später durch monocytäre Zelltypen ersetzt werden.

Im Folgenden möchte ich zunächst die Reaktionen vor der Zell-
infiltration behandeln und dabei vor allem auf das Komplement
(C)-System eingehen. Die Einwirkung von C auf verschiedene Zell-
typen und umgekehrt ist ein in letzter Zeit viel bearbeitetes
Thema. Im Anschluß möchte ich dann die Funktionen der einzelnen
Zellen im Entzündungsgebiet besprechen.

Eine Entzündungsreaktion, auf welchem Weg auch immer ausgelöst,
wird die im Gewebe vorhandenen Enzymsysteme aktivieren. Dazu
rechne ich als wichtigste das Gerinnungs-, das Kinin- und das
C-System, die miteinander verbunden sind und sich gegenseitig
beinflussen. Über die beiden ersteren hören wir später noch.
Ich will mich auf C beschränken.

Abbildung 1 soll Ihnen die Reaktionsweise ins Gedächtnis zurückrufen
Im Prinzip handelt es sich um eine Kaskade von Enzymen, wobei
jeweils ein Reaktionsschritt den nächsten aus einem nativen Molekül durch Abspaltung eines Bruchstückes in ein aktives Enzym
überführt. Den Bruchstücken kommen wichtige biologische Funktionen zu. Die erste C-Komponente C1 besteht aus 5 Unterein-
heiten, 1 C1q- und je 2 C1r- und C1s-Molekülen. Die klassische
Aktivierung beginnt mit der Bindung von C1q. Sie läuft an
Antigen-Antikörper-Komplexen ab, aber auch z.B. an C-reaktivem
Protein nach Reaktion mit Pneumokokkenpolysaccharid (CLAUS et
al. 1977). Das C1q ändert hierbei seine Struktur. Durch die
Konformationsänderung am C1q scheint es zur Autoaktivierung
eines der beiden C1r-Moleküle zu kommen. Dieses aktiviert das
2. und danach die beiden C1s zur C1-Esterase ($\overline{C1}$).

Außer durch Antikörper kann dieser Reaktionsweg auch auf andere
Weise angestoßen werden. Ein Bruchstück des aktivierten Hagemann-Faktors kann dies tun (GHEBREHIWET et al. 1981) und auch
andere Enzyme können C1 auf verschiedene Weise beeinflussen. So
führt Plasmin über eine C1r-Aktivierung zur Entstehung der C1-
Esterase, während Kallikrein C1s spaltet und damit zu dessen
Inaktivierung führt (COOPER et al. 1980).

Substrate für die C1-Esterase sind C4 und C2. Sie werden in
größere und kleinere Bruchstücke gespalten. Die größeren Spalt-

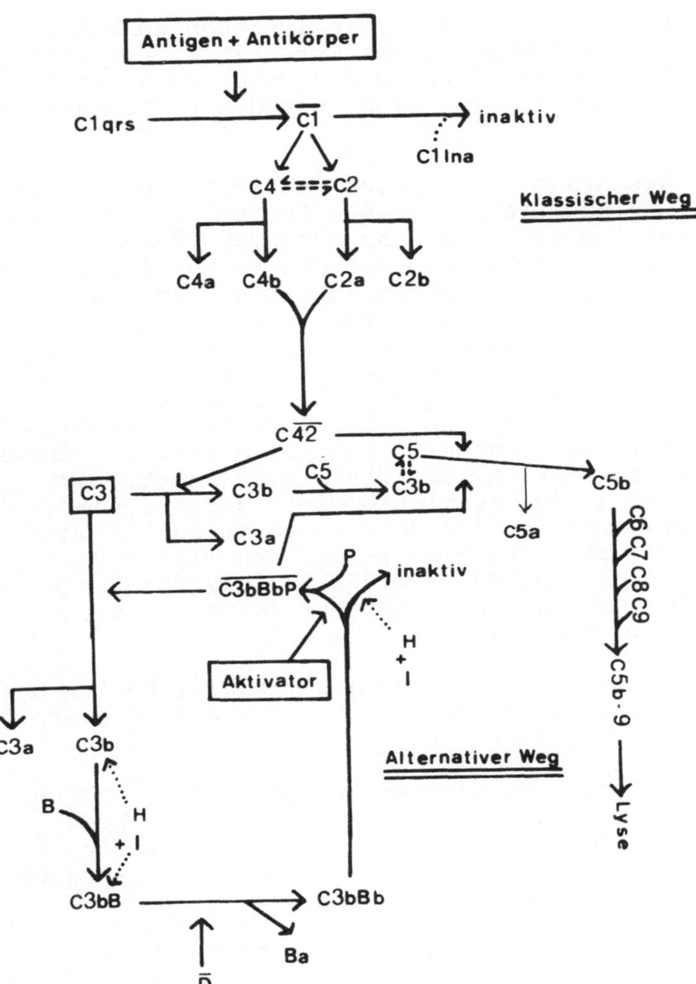

Abb. 1. Klassischer und alternativer Aktivierungsweg des Komplementsystems. Einzelheiten s. Text

stücke binden an den Antikörper bzw. an die Zellmembran und führen dort die Reaktion weiter. Sie bilden als C4b und C2a zusammen die klassische C3-Convertase. Diese spaltet das als Massenprotein im Serum vorliegende C3, wobei C3a, eines der Anaphylatoxine, frei wird. Durch das Hinzukommen des größeren Spaltstücks C3b wird aus der C3-Convertase eine C5-Convertase. C5 wird gespalten, wobei C5a, das klassische Anaphylatoxin, frei wird. Aus C5b und den folgenden Faktoren bildet sich ein Komplex, der mit Hilfe neu entstandener hydrophober Gruppen in die Lipid-Doppelschicht von Zellmembranen eindringen kann. Es kann sich dabei um die gleichen Zellen handeln, an deren Oberfläche das System in Gang gesetzt wurde, wie beispielsweise bei der hämolytischen Anämie mit Autoantikörpern. Ist dagegen die Reaktion durch die Vereinigung eines löslichen Antigens mit dem Antikörper angestoßen worden, so kann die Lyse sog. "innocent bystander"-Zellen in der Umgebung treffen. In beiden Fällen bilden sich wasserdurchlässige Poren in der Membran, und schließ-

lich erfolgt osmotische Lyse. Wieweit diese lytische Funktion
auch an der Entzündungsreaktion beteiligt ist, ist z. Zt. noch
ungeklärt. Dagegen zählen die kleinen in die Umgebung abwandern-
den Bruchstücke aus C3 und C5 zu den wichtigsten Entzündungsmediatoren.

Vermutlich wichtiger als diese "klassische" Aktivierung ist die
alternative. Aktivierung bedeutet in diesem System tatsächlich
Verstärkung eines physiologischerweise ablaufenden Prozesses
durch bestimmte Oberflächenstrukturen, z.B. an Bakterien,
bestimmten Viren, an Lipopolysacchariden. Geringe Mengen an
zirkulierendem C3b bilden mit Faktor B einen Komplex. Die
Folge ist eine Konformationsänderung von B, welche dieses für
das als aktives Enzym im Serum vorhandene D angreifbar macht.
Es entsteht C3bBb, seinerseits ein Enzym, das weiteres C3
spaltet und durch das entstehende C3b neue Convertase bilden
kann. Normalerweise, besonders in der flüssigen Phase, ist diese
alternative C3-Convertase sehr instabil. Sie wird inaktiviert
durch die Faktoren I und H. Nur bestimmte Oberflächen bieten
Schutz vor den Inaktivatoren, so daß dort große Mengen C3 umgesetzt werden können. Analog zum klassischen Weg wird in der
Folge durch Anlagerung von mehr C3b aus der C3-Convertase die
C5-Convertase, und die Reaktion läuft nunmehr weiter, wie
oben dargestellt, bis hin zur Lyse.

Auch hier können andere Enzyme, wie z.B. das Trypsin, Faktor B
und auch C3 direkt spalten und so Nachschub für die C3-Conver-
tase liefern (BRADE et al. 1974).

Manche Faktoren, wie z.B. das in unserem Zusammenhang wichtige
C5, können ferner auch unter Umgehung der verschiedenen Wege
der C-Aktivierung direkt zerlegt werden. Enzyme aus Granulozyten können unmittelbar das hochaktive C5a, das Anaphylatoxin,
aus C5 freisetzen (ORR et al. 1979).

C5a ist ein wichtiger Stimulator verschiedener Zellen. Ich
möchte daher für das Folgende beispielhaft und vereinfachend
von diesem Peptid ausgehen. Die betreffenden Zellen haben spezifische Rezeptoren, mit denen die Anaphylatoxine, vor allem
C5a, reagieren. In Abb. 2 sind die Wirkungen der Anaphylatoxine
C5a, C3a und C4a auf verschiedenen Zellen schematisch dargestellt. C3a und C4a sind dabei um einige Zehnerpotenzen weniger
wirksam, und einige zusätzliche Funktionen wie Chemotaxis sind
überhaupt auf C5a beschränkt.

Eine wichtige und lange bekannte Aktivität ist die Degranulierung von Mastzellen und von Basophilen. Abbildung 3 zeigt
oben eine normale, unten eine degranulierte Mastzelle. Abbildung 4 gibt eine Darstellung der aus Mastzellen stammenden
Entzündungs-Mediatoren. Ich bitte Sie, besonders das Histamin,
die chemotaktischen Faktoren, vor allem für eosinophile Granulozyten (ECF), den Plättchenaktivierenden Faktor (PAF) und die
Arachidonsäureabkömmlinge (z.B. die "slow reacting substance
of anaphylaxis" (SRSA) zu beachten. Das Histamin wurde lange
Zeit als Mediator der analphylatoxin-vermittelten Gefäßpermea-
bilitätssteigerung angesehen. Man weiß aber heute, daß die

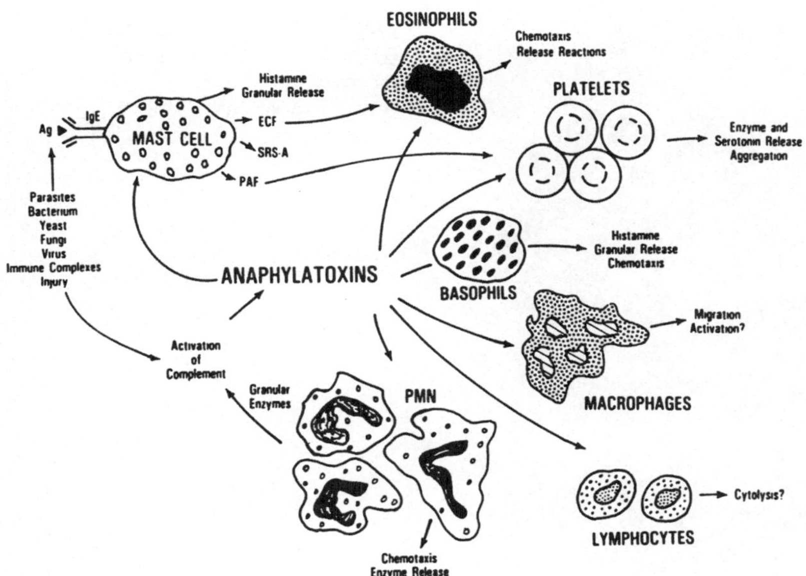

Abb. 2. Interaktion von Anaphylatoxin mit verschiedenen Zellen. Eine komplexe Reaktionskette wird angestoßen und viele der zellulären Reaktionen rufen sekundäre Effekte an anderen Zellen hervor. Anaphylatoxine können zelluläre Reaktionen verstärken oder synergistische Effekte mit einzelnen zellulären Mediatoren verursachen. Aus HUGLI (1981)

Steigerung der Gefäßpermeabilität durch C5a im wesentlichen Histamin-unabhängig ist. Die Wirkung geht vielmehr vom C5a selbst aus, wobei es aber der Mitwirkung im einzelnen noch unbekannter Funktionen der Granulozyten bedarf. Zusammen mit der gefäßerweiternden Aktivität des Prostaglandins führt dies zur Exsudation ins Gewebe, zum Ödem (WEDMORE u. WILLIAMS 1981). Während die Mastzell-degranulierende Aktivität von C5a sehr schnell durch die Serumcarboxypeptidase N abgebaut wird, ist die Steigerung der Gefäßpermeabilität auch mit dem desarginierten Molekül kaum vermindert, ebenso wenig wie die chemotaktische Aktivität auf neutrophile und eosinophile Granulozyten.

Damit komme ich auf die Beeinflussung von Granulozyten durch C5a (Abb. 2). Die Granulozyten werden durch Kontakt mit C5a bereits in der Zirkulation "klebrig", was zu Aggregaten mit oder ohne Einschluß von Thrombozyten sowie zum Haftenbleiben am Endothel der Kapillaren des Entzündungsgebiets führt (CRADDOCK et al. 1979). Die Haftfähigkeit scheint jedoch reversibel zu sein, so daß die Zellen zwischen den Endothelzellen durch die Gefäßwand auf einen Gradienten chemotaktischer Faktoren zuwandern können. Zu diesen Faktoren zählt wiederum vor allem das C5a. Außer dem C5a gibt es noch chemotaktische Faktoren aus den Zellen selbst, aus Lymphozyten, Granulozyten, Makrophagen. Auch einige der Arachidonsäureabkömmlinge sind chemotaktisch, ebenso wie Faktoren aus dem Fibrinolyse- und dem Kininsystem. Die Abb. 5 gibt einen Überblick über die Fülle der Faktoren mit

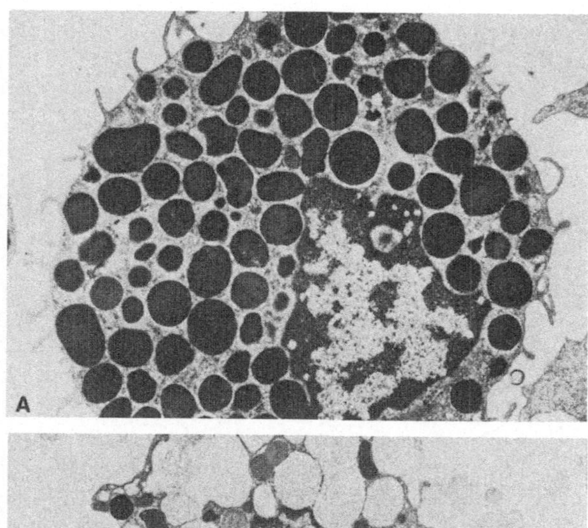

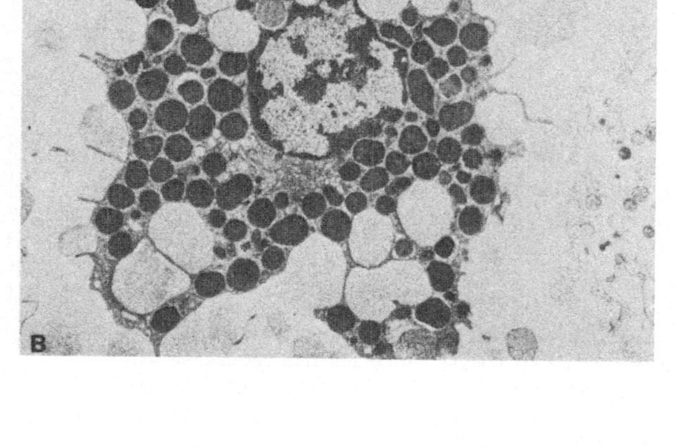

Abb. 3 A, B. Ratten-Mastzelle,
A) mit vielen Granula,
B) degranuliert.
Aus SIRAGANIAN (1982)

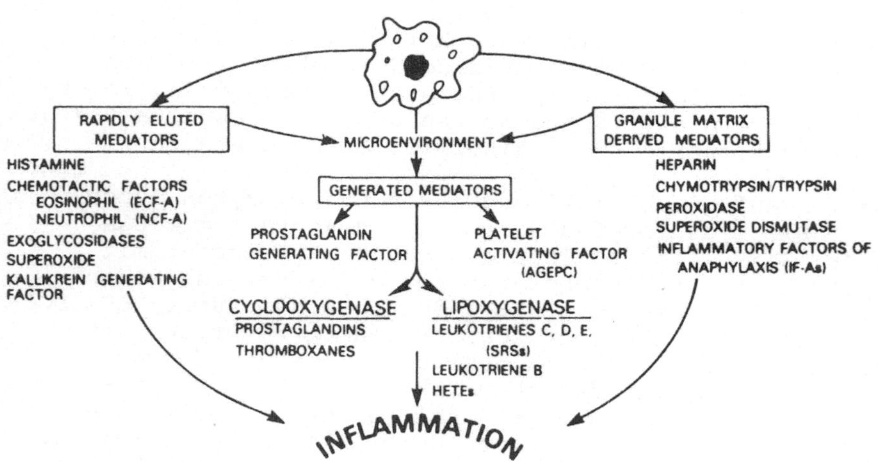

Abb. 4. Mediatoren, die bei der Degranulation von Mastzellen freigesetzt
oder gebildet werden, können eine Reihe von Gewebsreaktionen auslösen. Aus
LEMANSKE u. KALINER (1982)

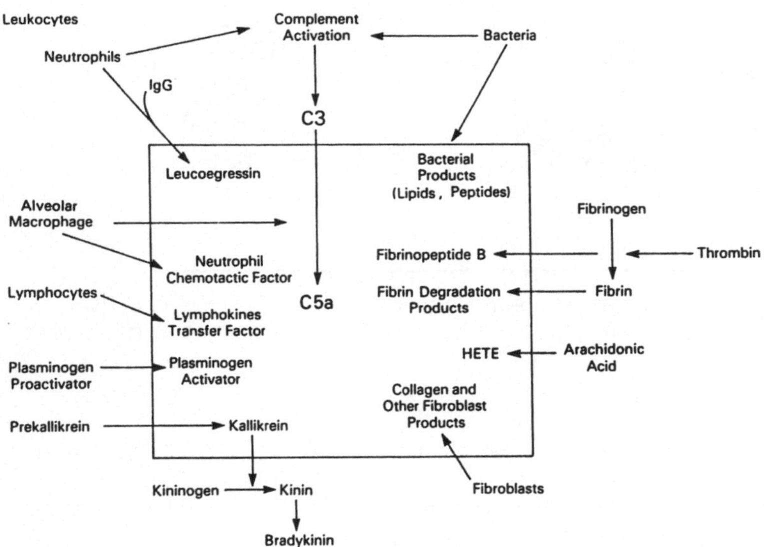

Abb. 5. Natürlich vorkommende chemotaktische Faktoren. Aus DAVIS u. GALLIN (1982)

chemotaktischer Aktivität. Die Faktoren wirken im allgemeinen unspezifisch auf neutrophile, eosinophile oder basophile Granulozyten und auch auf Makrophagen. Es gibt jedoch spezifische chemotaktische Aktivitäten, z.B. für Eosinophile den oben erwähnten ECF aus Mastzellen. Wie die Rezeptor-Ligand-Bindung in der Zelle in gerichtete Bewegung umgesetzt wird, ist noch nicht geklärt, Ladungsänderungen oder Veränderungen im Kationenverhältnis werden diskutiert.

Das C5a ist ferner auch ein potenter Aktivator der angelockten Zelle. Es aktiviert die Granulozyten zum sog. "oxidative burst", d.h. zur Produktion toxischer Sauerstoff-Metaboliten wie Superoxydanion (O_2^-), singlet oxygen ($^1O_2$) Hydroxylradikal (OH^-) und H_2O_2 (BADWEY u. KARNOWSKY 1980). Die Sauerstoff-Radikale töten Bakterien und andere Zellen und werden als wesentliche Ursache für die lokale Gewebseinschmelzung bei der Entzündung angesehen. Ihre toxische Wirkung ist begrenzt durch Enzyme wie Katalase und Superoxyddismutase. Auch Caeruloplasmin, das während einer Entzündungsreaktion vermehrt gebildet wird, ist ein Radikalfänger. Die Radikalbildung kann man mittels Chemilumineszenz oder Cytochrom-C-Reduktion nachweisen.

Gewebsschädigend wirkt auch die Freisetzung des Inhaltes der Granula. Aus Untersuchungen über die Bakterienphagozytose war bekannt, daß nach Phagozytose Phagosom und Lysosom intrazellulär verschmelzen und daß der Inhalt der Lysosomen phagozytierte Bakterien töten konnte, ohne daß normalerweise Enzyme aus der Zelle austreten. Unter bestimmten Umständen aber kommt es doch

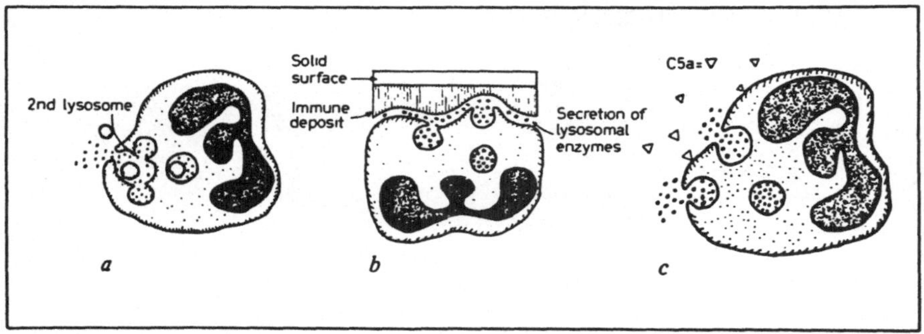

Abb. 6 a-c. Die verschiedenen Mechanismen, die zum Austreten von Granula-Inhalt aus lebenden Granulozyten führen. Einzelheiten s. Text. Aus GOLDSTEIN (1976)

Tabelle 1. Granula-Inhalt in neutrophilen Granulozyten. Aus DAVIS u. GALLIN (1982)

Azurophile	Spezifische
Lysozym	Lysozym
saure Hydrolasen	Lactoferrin
neutrale Proteasen (Elastase)	B12 bindendes Protein
Kationische Proteine	neutrale Proteasen (Kollagenase)
Myeloperoxidase	
saure Mucopolysaccharide	
β-Glucuronidase	

Zur Ausschüttung des Granula-Inhaltes in die Umgebung. Abbildung 6 zeigt 3 Mechanismen, die Granulozyten zur Ausschüttung des Granula-Inhalts stimulieren können ohne daß die Zelle selbst dabei geschädigt wird. Links das sog. "regurgitation during feeding", bei dem nach Phagozytose das Phagosom nicht völlig verschlossen wird. Daneben die sog. "frustrated phagocytosis" an opsonisierten, nicht freßbaren Oberflächen. Neben diese beiden Reaktionswege tritt eine weitere Funktion, die wiederum auf C5a zurückgehrt. Wir sehen rechts in Abb. 6 die unmittelbare Enzymfreisetzung durch Einwirken von C5a. Tabelle 1 zeigt eine Zusammenstellung einiger freigesetzter Substanzen, wobei ich auf die Wirkung der einzelnen Enzyme hier nicht eingehen will.

Sauerstoff-Radikale und Enzyme schädigen umgebendes Gewebe. Intravaskulär werden vor allem auch die Spalten zwischen den Endothelzellen gelockert, was das Auswandern der Granulozyten aus den Gefäßen erleichtert. Die infiltrierenden Zellen beseitigen Fremdmaterial wie z.B. Bakterien. Vorherige Opsonisierung der Partikel erleichtert die Phagozytose. Hierbei sind

Antikörper und C beteiligt. Die Antikörper binden über die Fc-
Rezeptoren an die Granulozyten, und C3b-Beladung führt über
die C3b-Rezeptoren zu noch engerem Kontakt. Das Material wird
internalisiert, gefolgt von intrazellulärer Verdauung durch die
ins Phagosom ausgeschütteten Enzyme und Sauerstoffprodukte.
Unter bestimmten Bedingungen (s. oben) werden diese Produkte
auch in die Umgebung entlassen. Sie werden zu einer der wesentlichen Ursachen der Gewebszerstörung. Abbildung 7 stellt den
Lebenslauf eines Granulozyten dar vom Knochenmark über den
Aufenthalt in der Zirkulation bis ins Gewebe. Die Lebensdauer
ist mit maximal 6 Stunden relativ kurz.

Zu erwähnen ist noch, daß das C-System schon bei der Mobilisierung der Granulozyten beteiligt ist. Ein Bruchstück aus C3
bewirkt ein Ausschwemmen reifer Zellen aus dem Knochenmark
und sorgt so für den nötigen Nachschub (ROTHER 1972).

In Abb. 2 sehen wir als nächste wichtige Zelle, die durch C5a
angelockt und stimuliert wird, den eosinophilen Granulozyten.
Die Funktion der Eosinophilen ist nach wie vor nicht ganz klar.
Sie tauchen bei bestimmten Entzündungsformen, wie allergischen
oder parasitären auf und sprechen besonders auf Produkte aus
Mastzellen an. In vitro sind sie cytotoxisch gegenüber ver-
verschiedenen Parasiten. Ob diese Funktion jedoch in vivo
eine Rolle spielt, ist zweifelhaft. Eine modulierende Rolle,
wie sie in Abb. 8 dargestellt ist, scheint den spät oder an
den Rändern von Entzündungsgebieten sichtbaren Eosinophilen
zuzukommen. Sie können die verschiedenen Mastzellmediatoren
inaktivieren oder ganze Mastzellgranula fressen. Lysosomale
Enzyme aus Eosinophilen bauen auch C5a ab. Als Regulatoren
könnten die Eosinophilen also das Abklingen der entzündlichen
Erscheinungen einleiten.

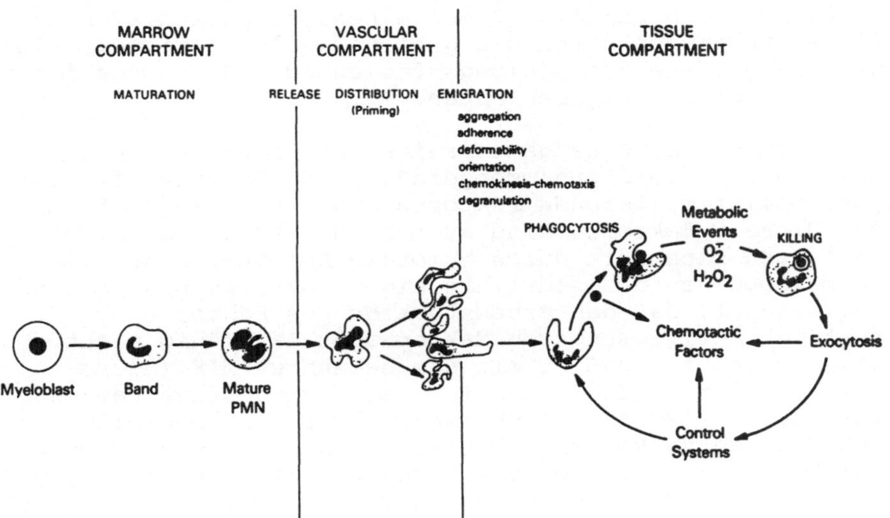

<u>Abb. 7.</u> Wanderung eines Granulozyten vom Knochenmark bis ins Gewebe.
Aus DAVIS u. GALLIN (1982)

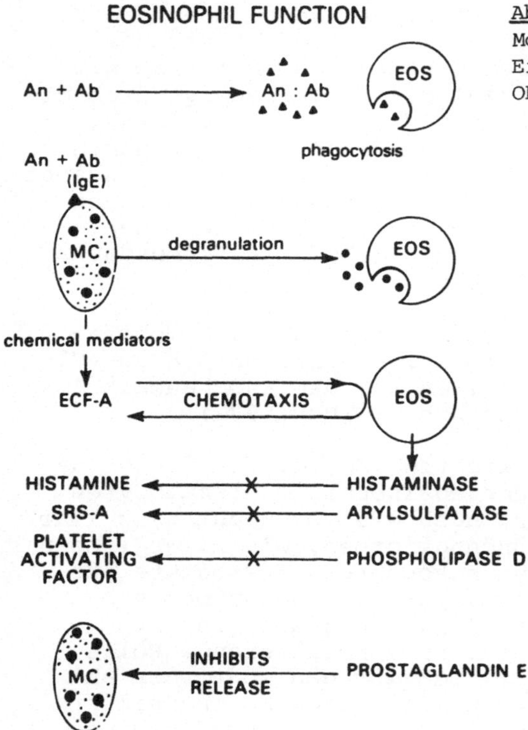

Abb. 8. Funktionen der Eosinophilen: Modulation einer Entzündungsreaktion. Einzelheiten s. Text. Aus COHEN u. OETTESEN (1982)

Gehen wir zurück zu Abb. 2. Aus Makrophagen werden u.a. durch die die Analphylatoxine aktiviert. Im folgenden sollen von der fast unübersehbaren Zahl der beschriebenen Funktionen dieser Zellen nur einige in unserem Zusammenhang wichtige erörtert werden. Zunächst sei bemerkt, daß es keineswegs entschieden ist, ob alle diese Funktionen durch die gleiche Zelle vermittelt sind, oder ob es verschiedene Entwicklungsstadien oder Subpopulationen sind, die verschiedene Aufgaben haben.

Makrophagen sezernieren eine ganze Reihe von Produkten, von denen einige in Tabelle 2 zusammengefaßt sind. Darunter finden sich Enzyme, zellstimulierende Faktoren und u.a. fast sämtliche C-Faktoren. Diese C-Faktoren sind auch an der Zellmembran vorhanden und lassen sich dort durch humorale Mediatoren aktivieren, so daß die Makrophagen u.U. für ihre eigene Aktivierung sorgen. Es ist z.B. bekannt, daß das Bruchstück Bb des Faktor B aus dem alternativen Aktivierungsweg Makrophagen haftfähig macht. Es wird sogar vermutet, daß Bb mit dem bekannten MIF (Macrophagen inhibierender Faktor) identisch sei. Mindestens hat es die gleiche Wirkung (ROSENSTREICH 1982). Über den ebenfalls von Makrophagen gebildeten Plasminaktivator könnte Plasmin aktiviert werden, welches seinerseits wieder B spaltet mit dem oben beschriebenen Erfolg der lokalen Haftung.

Makrophagen haben Rezeptoren nicht nur für IgG und C3b, sondern u.a. auch für IgM, können also auch IgM beladene Partikel

<u>Tabelle 2.</u> Biologisch aktive Sekretionsprodukte von Makrophagen. Aus ROSENSTREICH (1980)

Hydrolytische Enzyme

Lysomale Hydrolasen   (Cathepsin B, Hyaluronidase,
  saure Phosphatase, β-Glucuronidase)

neutrale Proteinasen (Collagenase, Elastase, Plasminogenaktivator

Lysozym

Arginase

Zellstimulierende Proteine

"Colony stimulating factor" (CSF)

Interferon

Immunstimulatorische Faktoren

   B-Zell-aktivierender Faktor (BAF)

   Lymphozytenstimulierender Faktor (LAF)

   T-Zell-aktivierender Faktor (TAF)

   Transferrin

Inhibierende Faktoren

   Tumor-Nekrose-Faktor (TNF)

   Arginase

Endogenes Pyrogen (= LAF?)

Verschiedene Produkte

Prostaglandine

Complement-Komponenten C2, C3, C4, C5, B

Sauerstoffprodukte: H_2O_2, OH^-, O_2^-

Nucleoside (Thymidin)

α_2 Macroglobulin

---

phagozytieren. Aktivierte Makrophagen phagozytieren auch manche nicht opsonisierte Partikel.

Aktivierte Makrophagen töten Tumorzellen. Wie sie dabei Tumor
 - von anderen Zellen unterscheiden, ist unklar. Für die unspezifische Cytotoxizität scheint außer einem von Lymphozyten produzierten Makrophagen aktivierenden Faktor (MAF) auch Endotoxin nötig zu sein. Für die spezifische Abtötung wird ein von immunisierten T-Zellen produzierter Makrophagen armierender Faktor (SMAF) diskutiert. Es spricht manches dafür, daß der

gleiche Aktivierungsmechanismus auch für das Abtöten von intrazellulären Keimen, wie z.B. Mycobakterien verantwortlich ist.
Auch hierzu scheint ein T-Zellen produziertes Lymphokin nötig
zu sein, das MAF-ähnliche Eigenschaften hat.

Anders als bei den Mycobakterien erfordert die Abtötung anderer
Bakterien, wie Rickettsien oder Salmonellen, die Mitwirkung
von Antikörpern. Sie läuft nach dem Mechanismus der sog. ADCC
(antikörpervermittelte Cytotoxizität) ab. Das pathologisch-
anatomische Substrat der Ansammlung aktivierter Makrophagen
im Entzündungsgebiet ist die Granulombildung.

Der Makrophage hat ferner wesentliche Funktionen in der Heilungs-
phase. Mittels Collagenase löst er zerstörte Gewebeteile auf,
um sie durch Anlockung von Collagen-aufbauenden Fibroblasten
wieder zu ersetzen (FAF = fibroblastenaktivierender Faktor.
(s. Abb. 9).

Als letzte wichtige Zelle, die ich hier besprechen möchte,
bleibt uns der Thrombozyt (Abb. 2). Thrombozyten aggregieren
unter dem Einfluß von C5a und schütten Serotonin aus, was
auch zum Nachweis von C5a-Aktivität vielfach benutzt wird.
Die Aggregation führt zur Verstopfung kleiner Gefäße mit
Hypoxie im abhängigen Gewebe, und zu einem weiten komplexen
Vorgang, die Fibringerinnung.

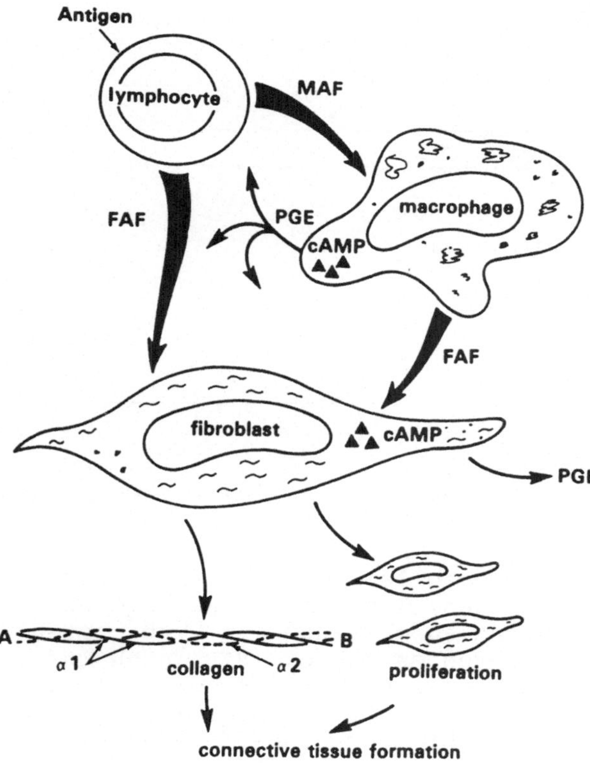

Abb. 9. Stimulation
sensibilisierter Lympho-
zyten durch Antigen führt
zur Produktion von fibro-
blasten-aktivierendem
Faktor (FAF), worauf Fibroblasten mit Proliferation
und vermehrter Produktion
von Kollagen und anderen
Proteinen antworten. Ein
anderes Lymphokin ist der
Makrophagen-aktivierende
Faktor (MAF), der Makro-
phagen zur Produktion von
mehr FAF und zur PGE-
Synthese stimuliert.
Aus WAHL (1982)

Ich hoffe, Ihnen einen, wenn auch sehr gedrängten Überblick und einen Eindruck von dem komplizierten Zusammenspiel humoraler und zellulärer Mechanismen in einer Entzündungsreaktion gegeben zu haben und hoffe ferner, daß ich diejenigen unter Ihnen, denen das Gebiet ferner steht, nicht allzu sehr strapaziert habe.

<u>Literatur</u>

BADWAY JA, KARNOVSKI ML (1980) Active oxygen species and the functions of phyagocytic leukocytes. Ann Rev Biochem 49:695-726

BRADE V, NICHOLSON A, BITTER-SUERMANN D, HADDING U (1974) Formation of the C3 cleaving propertinenzyme on zymosan. Demonstration that factor D is replacable by proteolytic enzymes. J Immunol 113:1735-1743

CLAUS DR, SIEGEL J, PETRAS K, OSMAND AP, GEWURZ H (1977) Interactions of C-reactive protein with the first component of human complement. J Immunol 119:187-192

COHEN S, OTTESEN EA (1981) Eosinophils in immune function. In: Cellular Functions in Immunity and Inflammation. OPPENHEIM JJ et al. (Eds) Elsevier North Holland Inc

COOPER NR, MILES LA, GRIFFIN JH (1980) Effects of plasma kallikrein and plasmin on the first complement component. J Immunol 124:1517

CRADDOCK PR, HAMMERSCHMIDT DE, MOLDOW CF, YAMADA O, JACOB HS (1979) Granulocyte aggregation as a manifestation of membrane interactions with complement. Seminars in Hematology 16:140

DAVIS JM, GALLIN JI (1981) The Neutrophil. In: Cellular Functions in Immunity and Inflammation. OPPENHEIM JJ et al. (Eds) Elsevier North Holland Inc

GHEBREHIWET B, SILVERBERG M, KAPLAN AP (1981) Activation of the classical pathway of complement by Hagemann Factor fragment. J Exp Med 153:665

GOLDSTEIN IM (1976) Polymorphonuclear leucocyte lysosomes and immune tissue injury. Prog Allergy 20:301

HUGLI TE (1981) The structural basis for anaphylatoxin and chemotactic functions of C3a, C4a and C5a. CRC Critical Reviews in Immunology 1:321

LEMANSKE RF, KALNIER M (1981-82) Mast cell dependent late phase reactions. Clinical Immunology Reviews 1:547-580

ORR FW, VARANI J, KREUTZER DL, SENIOR RM, WARD PA (1979) Digestion of the fifth component of complement by leukocyte enzymes: Sequential generation of chemotactic activities for leukocytes and for tumor cells. American J of Pathol 94:75

ROSENSTREICH DL (1981) The macrophage. In: Cellular Functions in Immunity and Inflammation. OPPENHEIM JJ et al. (Eds) Elsevier North Holland Inc

ROSSI F, ROMEO D, PATRIARCA P (1972) Mechanism of phagocytosis associated with oxydative metabolism in PMN and macrophages. J Reticuloendothel Soc 12:127-149

ROTHER K (1972) Leucocyte mobilizing factor: a new biological activity derived from the third component of complement. Eur J Immunol 2:550-558

SIRAGANIAN RP (1981) Immediate hypersensitivity reactions. In: Cellular Functions in Immunity and Inflammation. OPPENHEIM JJ et al. (Eds) Elsevier North Holland Inc

WAHL SM (1981) Inflammation and Wound Healing. In: Cellular Functions in Immunity and Inflammation. OPPENHEIM JJ et al. (Eds) Elsevier North Holland Inc

WEDMORE CV, WILLIAMS TJ (1981) Control of vascular permeability by polymorphonuclear leukocytes in inflammation. Nature 289:646-650

TRAUTSCHOLD:
Ich glaube, wir sollten uns noch etwas intensiver über die Frage
der Funktion von Makrophagen und Polymorphkernigen unterhalten,
denn die Qualitäten der Phagozytose und der Freisetzung von
deletären Enzymen sind sehr unterschiedlich. Ich glaube nicht,
daß es die Halbwertszeit alleine ist, die dafür verantwortlich
ist. Sie haben ja angesprochen, daß es für die Eosinophilen
einen spezifischen chemotaktischen Faktor gibt. Ist Ihnen be-
bekannt, ob das auch für die polymorphkernigen leukocytären
Reihen (PMN) der Fall ist?

Frau ROTHER:
Spezifische Faktoren für PMN gibt es wohl nicht. Es gibt solche,
die eine Zellart bevorzugt anlocken, aber spezifisch nur eine
Zellart, das gibt es nicht.

KLEINE:
Ich habe noch eine Frage zum C5a. Sie sagten, daß die Granulozyten mit Hilfe von Thrombocyten zur Aggregation am Gefäßendothel führen.

Frau ROTHER:
Nicht unbedingt mit Hilfe von Thrombocyten.

KLEINE:
Normalerweise sind die zirkulierenden Granzlozyten doch zum
überwiegenden Teil marginiert. Ist das der gleiche Mechanismus
oder sind es unterschiedliche?

Frau ROTHER:
Das ist der gleiche Mechanismus. Es ist ja nicht etwa so, daß
das C5a mit einem Arm an der Gefäßwand sitzt, am Endothel, und
mit dem anderen den Granulozyten greift. Die Oberfläche des
Granulozyten ist durch das C5a so verändert, daß sie am Endothel
hängenbleibt. Was das im einzelnen ist, ob es Ladungsverände-
rungen oder Kationenverschiebungen sind, ist noch unklar. Jedenfalls ist es reversibel. Wenn man das in vitro macht und an
einem Endothel-Monolayer Granulozyten unter Wirkung von C5a
festhaften läßt, dann kann man durch Verdünnung die Zellen
auch wieder zum Loslassen bringen.

KEPPLER:
Ist die chemotaktische Wirkung von C5a vermittelt durch Leukotrien B4; oder anders gefragt, ist die chemotaktische Wirkung
von C5a zu hemmen durch Lipoxygenaseinhibitoren?

Frau ROTHER:
Es ist mir nicht bekannt, daß sie es wäre. Ich glaube, es ist
das C5a selbst, das die Zelle stimuliert und die Oberfläche der
Zelle so verändert.

GEMSA:
Ich möchte noch einmal auf die Frage von Herrn TRAUTSCHOLD zu-
rückkommen, was die unterschiedliche Qualität von Neutrophilen
und Makrophagen angeht. Es ist ohne Zweifel so, daß der neutrophile Granulozyt ein guter Schütze ist, er hat aber sehr
wenig Patronen mitbekommen und eine kurze Lebenszeit. Er hat
zwar sehr viel Enzyme, die sind aber schnell verausgabt. Er
geht auch überwiegend dann ins Gewebe, wenn mikrobielle Infektionen vorliegen. Ein Makrophage, den Sie in der Zirkulation
als Monozyten, vielleicht noch als Vorläufer erfassen, hat
vergleichweise wenig lysosomale Enzyme. Aber der Makrophage
im Gewebe hat doch eine ganz erhebliche Ausstattung von lysosomalen Enzymen, die weitgehend denen der neutrophilen Granulozyten ähnlich sind, bloß können Sie ihn nicht so schnell
erfassen. Außerdem läßt er die lysosomalen Enzyme nicht so
schnell frei. Er hat es vielleicht auch nicht nötig, denn er
ist eine sehr langlebige Zelle und kann im Gegensatz zum Neutrophilen alles wieder resynthetisieren. Insbesondere, wenn Sie
an Virusinfektionen denken, wo sich ein neutrophiler Granulozyt im allgemeinen ja nicht sehen läßt, oder bei Transplantat-
abstoßungen, da kommt der Makrophage mit einem hohen Einsatz
von lysosomalen Enzymen und Sauerstoffradikalen. Er hat ja viel
Zeit, er kann ja langsam arbeiten und langsam schädigen. Ich
glaube, da liegt ein deutlicher Unterschied. Bei akuten,
schnellen Entzündungen wirkt der Neutrophile, er marschiert
hin und läßt alles frei. Der Makrophage ist eine langfristig
arbeitende Zelle und dadurch letztlich wahrscheinlich effi-
zienter.

KLEINE:
Zur Freisetzung von Enzymen durch Makrophagen: Es gibt Daten,
daß die Makrophagen kontinulierlich Lysozym freisetzen; weiß
man warum?

GEMSA:
Der Makrophage macht das konstitutiv. Wozu, ist eine Frage,
die bis jetzt noch nicht beantwortet worden ist. Lysozym ist
zwar nötig für die Verdauung von einigen mucopolysaccharid-
haltigen Schichten und es ist deshalb sinnvoll, wenn Granulozyten auf Phagozytose-Reiz Lysozym ausschütten. Aber ein
Makrophage macht das konstant. Vielleicht gibt es eine zweite
Funktion für Lysozym, die wir im Augenblick noch nicht kennen.

GREILING:
Sie haben bei Ihren chemotaktischen Faktoren das Fibronektin
nicht erwähnt. Es sind in der letzten Zeit auch noch andere
Komponenten in verschiedenen Organen gefunden worden, das
Hyalurononektin im ZNS oder das Chondronektin in den Chondrocyten. Meine Frage: Fibronektin ist ja ein Parameter geworden,
den man quantitativ messen kann und man hat viel Hoffnung auf
diesen Parameter gesetzt, aber eigentlich nicht viel diagnos-

tische Signifikanz gefunden. Meine Frage: Sehen Sie in diesen
Substanzen eventuell Zwischenfaktoren oder Interaktionen zur
C5a-Komponente?

Frau ROTHER:
Ich weiß leider nicht, ob da Verbindungen bestehen.

GREILING:
Sie hatten in der Tabelle zu den azurophilen Granula der polymorphkernigen Leukozyten die bekannten Enzyme dargestellt,
z.B. β-Glucuronidase. Wir haben darin auch das gesamte System
der Proteoglycan-abbauenden Enzyme gefunden. Sie hatten in der
Tabelle auch Substrate aufgeführt. Meine Frage: Ist es gesichert,
daß man in den azurophilen Granula solche Substrate feststellen
kann? Sie hatten z.B. die sauren Mucopolysaccharide genannt. Da
die Granula so potente Enzymsysteme enthalten, halte ich es
persönlich für unwahrscheinlich, daß daneben die Substrate noch
in intakter Form vorhanden sind.

NEUMANN:
Ist C5a ein Nahbereichs-Mediator oder hat es eine Fernwirkung,
mit anderen Worten: Macht es klinischen Sinn, C5a in der Zirkulation zu messen?

Frau ROTHER:
Ja, es macht schon Sinn, nämlich dann, wenn die Regulation ver-
sagt. Bei normaler Regulation werden Sie es nicht finden, weil
es sofort an die Granulozyten gebunden wird und auch von den
Granulozyten in ganz kurzer Zeit internalisiert wird. Aber bei
schweren Entzündungsreaktionen, wie z.B. beim Polytrauma, wo
massenhaft aktiviert wird, könnte die Regulation nicht aus-
reichen. Es wären nicht genügend Granulozyten da, jedenfalls
nicht intakte, um das entstehende C5a zu binden und auch die
Carboxypeptidase wäre möglicherweise nicht in der Lage, abzubauen.
In solchen Situationen, glaube ich, macht es Sinn, danach zu
suchen.

DIERICH:
Frau ROTHER hat über einige biologische aktive Fragmente gesprochen. Mir ist aufgefallen, daß im klinisch-chemischen
Labor gerne immunchemische Methoden gemacht werden, um sich
einen Eindruck über den Komplement-Status zu verschaffen. Da
wird z.B. mit Anti-C3 oder Anti-C4 die Menge der Komplement-
Faktoren gemessen. Die Aussage, die man damit bekommt, ist
sehr begrenzt und ergibt wenig Information darüber, welche
biologische Aktivität tatsächlich vorhanden ist. Ausgehend von
dem, was Frau ROTHER gesagt hat, müßte man versuchen, über die
biologisch aktiven Fragmente Tests in die Hand zu bekommen, die
Informationen geben.

Frau ROTHER:
Die Komplement-Proteine sind ja Akutphasen-Proteine und man
findet bei Entzündungsreaktionen, wo man eigentlich Komplement-
Verbrauch erwarten würde, im allgemeinen besonders hohe Werte.
Überhaupt mißt man bei den immunchemischen Nachweisen von C3
oder C4 sehr viel öfter erhöhte Werte als erniedrigte; sogar

beim CH50, also beim funktionellen Gesamtnachweis, bekommt man meistens erhöhte Werte. Deshalb ist es wesentlich, die Bruchstücke nachzuweisen, um festzustellen, ob das Komplement aktiviert ist. Man kann die Aktivierung sowohl beim C1 elektrophoretisch nachweisen als auch natürlich beim C3; aber auch solche Spaltprodukte wie C5a oder C3a mittels Serotonin-Freisetzungs-Tests oder ähnlichen Methoden.

DELBRÜCK:
Darf ich noch einmal fragen, ob Sie der Bestimmung der Komplementfaktoren oder der Messung der biologischen Aktivität den Vorrang geben? Kann man eventuell beide Größen miteinander korrelieren?

Frau ROTHER:
Man kann beispielsweise Schlüsse ziehen aus dem Verhältnis von anderen Akutphasen-Proteinen zu den Komplement-Proteinen. Man kann Haptoglobin bestimmen und den Quotienten bilden aus Haptoglobin und C3 oder C4, und z.B daraus schließen, das C3 oder das C4 ist nicht so erhöht wie das Haptoglobin.

NEUMANN:
Es ist gezeigt worden, daß Komplement γ-Globulin spalten kann. Ebenso gibt es Arbeiten, daß Komplement, klassisch oder alternativ, Immunkomplexe solubilisieren kann. Hat diese Funktion eine klinische Bedeutung, z.B. in der Pathogenese oder Diagnose der Glomerulonephritis?

Frau ROTHER:
Die Auflösung von Immunkomplexen ist ja eine der wesentlichen Funktionen von C3b, und Immunkomplex-Krankheiten kommen gehäuft bei Defekten der ersten Komplement-Komponenten vor. C4- und C2-Defekte sind häufig vergesellschaftet mit LE. Es wird diskutiert, daß durch die mangelnde Auflösung von Immunkomplexen bzw. auch die mangelnde Opsonisierung von Immunkomplexen, diese länger in der Zirkulation verweilen und damit die Komplexerkrankung auslösen.

TRAUTSCHOLD:
Darf ich noch einmal zur Regulation des Systems über die Inaktivatoren und die abbauenden Enzyme kommen? Der C1-Inaktivator ist ein Inhibitor, während die C4b und C3b- abbauenden Systeme Enzyme sind. Wie spezifisch sind diese abbauenden Aktivitäten und welche Lebensdauer haben sie? Sind sie im strömenden Blut nachweisbar oder nur ganz lokal kurzlebig wirksam?

Frau ROTHER:
Sie sind im Blut nachweisbar. Sie sind relativ spezifisch, wenn auch C3b und C4b durch dasselbe Enzym an verschiedenen Stellen gespalten werden. Sie sind sehr effektiv, was schon daraus hervorgeht, daß ihr Fehlen erhebliche Störungen verursacht. Aber wie lange die Lebensdauer ist, kann ich im Augenblick nicht sagen.

TRAUTSCHOLD:
Noch eine Frage zum C1-Inhibitor: Gibt es eigentlich das früher
diskutierte C2-Kinin?

Frau ROTHER:
Bei hereditärem angioneurotischem Oedem. Da gehen die Meinungen
alle drei bis vier Jahre wieder in eine andere Richtung. Vor
zwei Jahren hätte ich noch gesagt: Ja, das gibt es bestimmt,
aber jetzt gibt es wieder neue Arbeiten, die das Gegenteil
nachweisen.

TRAUTSCHOLD:
Wer vermittelt denn diese Symptomatik, die so Kinin-ähnlich ist?

Frau ROTHER:
Wenn es das C2-Kinin nicht gibt, muß es wohl Bradykinin sein.

TRAUTSCHOLD:
Ja, denn die C1-Esterase-Inhibitoren hemmen ja auch Kallikrein.
Insofern könnte man annehmen, daß es ein echtes Kinin ist.

DIERICH:
Zum Nachweis der Inhibitoren im Serum: Faktor H ist reichlich
im Serum vorhanden, in der Größenordnung von 250 µg/ml, es ist
kein Problem, ihn nachzuweisen. Wenn er fehlt, dann wird es
wirklich problematisch, dann wird das Komplement-System nicht
kontrolliert. Aber der C3b-Inaktivator ist in sehr niedrigen
Konzentrationen vorhanden, etwa 20 µg/ml, er ist ein Spuren-
protein.

Frau ROTHER:
Die Bedeutung kann man an den wenigen Patienten sehen, die man
gefunden hat, die keinen C3b-Inaktivator haben. Das ist genauso
schlimm, als wenn sie kein C3 hätten: Sie sind nur mit hohen
Dosen Antibiotika kurze Zeit am Leben zu erhalten.

DIERICH:
Diese Inhibitoren scheinen spezifisch zu sein für C3b und für
C4b. Wobei nun der C3b-Rezeptor als ein wichtiges Regulativ
mit ins Spiel kommt, möglicherweise von überragender Bedeutung.

TRAUTSCHOLD:
Beim Faktor H weiß man noch nicht, wie er wirkt. Es scheint so
zu sein, daß er sich einfach an C3b anlagert und sterische Um-
formungen bewirkt. Der Inaktivator selber ist dann eine Protease.

GREILING:
Es gibt neuere Arbeiten, daß diese Substanzen eventuell Proteo-
glycan-Charakter haben; dann wären sie aufgrund ihres poly-
anionischen Charakters Inhibitoren des Enzymmoleküls.

FRITZ:
Wenn man bei einem entzündlichen Geschehen die Beteiligung des
klassischen Weges und des alternativen Weges der Komplement-
Aktivierung abschätzen will, was muß man für Bestimmungen machen?

Frau ROTHER:
Die klassische Aktivierung drückt sich aus im Verlust von C2-
und C4-Titern und in einer Umwaldnung von C1 in den C1-Inakti-
vator-Komplex, der immunelektrophoretisch ein α-Globulin ist,
während das gesamte Makromolekül ein γ-Globulin ist, bzw. in
der γ-Globulin-Region läuft.

FRITZ:
Sind die Reagenzien dafür verfügbar?

Frau ROTHER:
Anti-C1 können Sie kaufen, den Test kann jeder machen. Die
funktionelle Titration von C2 und C4 ist ein bißchen knifflig,
wenn man es nicht routinemäßig durchführt. Für den alternativen
Weg kann man einen funktionellen Test mit Kaninchen- oder mit
Hühner-Erythrocyten machen. Diese haben die Eigenschaft, den
alternativen Weg zu aktivieren; man muß einfach das Serum mit
diesen Zellen in EGTA (zur Bockierung des klassischen Weges)
zusammen inkubieren und kann dann die Lyse messen. Das ergibt
den funktionellen CH50-Titer des alternativen Weges.

FRITZ:
Braucht man dazu Frischplasma oder kann man tiefgefrorenes
Plasma verwenden?

Frau ROTHER:
Man kann tiefgefrorenes verwenden.

REIBER:
Wenn ich Sie recht verstanden habe, haben Sie die cytotoxische
Aktivität der Makrophagen gegen Tumorzellen erwähnt. Welche
biologische Relevanz hat dieser Mechanismus im Vergleich zu
den von den T-Zellen, also z.B. NK-Zellen, beschriebenen direkten Cytotox-Reaktionen?

GEMSA:
Das ist eine im Augenblick sehr schwierig zu beantwortende Frage.
Es gibt Natural-Killer-Zellen (NK-Zellen) in der Peripherie,
die gewisse Eigenschaften mit T-Zellen gemeinsam haben, andere
aber auch wieder nicht. Diese NK-Zellen können ohne eine spezifische Antigen-Erkennung Tumorzellen in realtiv kurzer Zeit,
z.B. 4 bis 6 Stunden, lysieren. Tests dafür sind in vielen
Kliniken etabliert und auch durchführbar. Man braucht die
richtigen Tumorzellen dafür, die empfindlich genug sind, das
schränkt die Sache etwas ein. Makrophagen können nicht so
schnell töten wie NK-Zellen, sie brauchen länger dafür. Sie
werden aktiviert durch Lymphokine, wie die Makrophagen aktivierenden Faktoren. Es gibt keine Spezifität, d.h. ein aktivierter Makrophage tötet oder lysiert oder ist toxisch gegen
eine Tumorzelle, ohne daß Antigen oder ein Antikörper dabei
eine Rolle spielt. Eine tumorcytotoxisch wirksame T-Zelle
wird ganz spezifisch das Antigen über einen spezifischen Rezeptor erkennen, also eine hohe Spezifität gegenüber der Tumorzelle haben. Sie ist also - wenn es sie tatsächlich so spontan
gibt - eine spezifisch immunologisch erkennende Zelle, um

Tumorzellen abzuwehren. Nur ist der Nachweis von spezifisch
sensibilisierten T-Zellen gegen Tumorzellen in spontan auftretenden Tumoren schwierig.

Ich hatte noch eine Frage, Frau ROTHER: Gibt es die Möglichkeit
die neutrophilen Granulozyten, die ja gut zu erfassen sind
in der Zirkulation, so zu charakterisieren, daß man erkennen
kann, ob sie bereits durch Komplement aktiviert oder stimuliert
sind oder nicht? Sie haben ja in Ihrem Vortrag erwähnt, daß
der neutrophile Granulozyt durch Komplement-Produkte aktiviert
werden kann.

Frau ROTHER:
Man kann stimulierte Leukozyten in der Zirkulation durch Chemi-
lumineszenz nachweisen. Das soll nach den Daten der Freiburger
Gruppe sogar im Vollblut gehen.

TRAUTSCHOLD:
Den Nachweis im Vollblut können wir leider nicht nachvollziehen.
Aber sonst ist es richtig, die Chemilumineszenz ist ein sehr
sensitives Signal für aktivierte Granulozyten. Man mißt eine
Stimulierung der Chemilumineszenz um das 5 bis 10fache gegenüber
normalen Granulozyten und das ist ein ziemlich sicheres Zeichen.
Nur die Frage, ob sie durch das Komplementsystem oder ein
anderes aktiviert wurden, wie wäre nach nachzuweisen?

Frau ROTHER:
Das ist nicht zu entscheiden. Ich gab nur die Antwort auf die
Frage: Kann man stimulierte Leukozyten nachweisen?

GREILING:
Läßt sich die Chemilumineszenz wirklich quantitativ messen?
Die Luminol-Lumineszenz ist sicherlich ein quantitativer Para-
meter für die Zukunft. Standardisieren kann man die Chemilu-
mineszenz aber nur mit definierten Partikeln, z.B. Zymosan usw.
Sie sprachen meistens von löslichen Produkten, oder gibt es
Hinweise, daß diese unlöslich werden, z.B. opsoniert werden
müssen?

Frau ROTHER:
Nein, das C5a geht ja nach Aktivierung von C5 in die flüssige
Phase. Es wird von der α-Kette des C5 abgespalten, es ist ein
lösliches Produkt. Man kann die Chemilumineszenz auch standardisieren mit löslichem, gereinigtem C5a. Damit wäre eine quantitative Messung über die Chemilumineszenz möglich.

TRAUTSCHOLD:
Ich glaube, die Messung ist sehr schwierig, was die Reproduzierbarkeit angeht; da haben Sie wahrscheinlich die gleichen
Erfahrungen gemacht. Auch wenn Sie standardisierte Präparate
nehmen zur Aktivierung, ist es sehr schwierig, die Werte zu
reproduzieren. Sie können entweder den Zuwachs pro Zeiteinheit
oder die Gipfelhöhe als Meßgröße nehmen oder Sie können das
Ganze integrieren. Das sind die drei Meßgrößen, die Sie zur
Verfügung haben. Nach unserer Erfahrung sind die Gipfelhöhe
und der Zeitpunkt, wann das Maximum der Lumineszenz erreicht

wird, die besten Parameter. Sie können mit Luciferin anstelle
des Luminols einen Ausschnitt der Funktion erfassen. Sie erfassen damit nur ganz bestimmte Formen der Sauerstoffradikal-
bildung und vor allem die sehr früh eintretenden. Das sind etwa
nur 10% der Gesamtlumineszenz, es ist also ein sehr viel detail-
lierterer, aber wesentlich unempfindlicherer Signalgeber. Es
gibt auch noch andere elektronenübertragende Systeme, die verwendet werden, aber schwieriger zu messen sind.

GREILING:
Wünschenswert wäre eine Standardisierung.

TRAUTSCHOLD:
Das versuchen wir gerade und es macht große Schwierigkeiten.
Ist wirklich garantiert. daß ein C5a-Präparat über längere Zeit
identische Wirkungen zeigt im tiefgefrorenen Zustand oder wie
sollte man da vorgehen?

Frau ROTHER:
Soweit ich weiß, werden diese Präparate tiefgefroren aufbewahrt.

TRAUTSCHOLD:
Das haben wir versucht, aber wir haben von Tag zu Tag ganz erhebliche Unterschiede bekommen.

REIBER:
Bei der Standardisierung der Chemielumineszenz gibt es zwei
meßmethodische Probleme: Es wäre idealerweise natürlich eine
Vollblut-Methode zu wünschen, aber da muß - und das wird praktisch nie gemacht - der innere Filtereffekt, d.h. die optische
Dichte, die zur Absorption der Protonen führt, berücksichtigt
werden. Der Quench-Effekt, der die Fluoreszenz durch das
Medium reduziert, ist meistens auch nicht meßbar. Wenn Zellen,
z.B. Monozyten, über Percoll- oder Ficoll-Gradienten isoliert
werden, dann hat man nämlich das Problem zu entscheiden, was
ist in der Zwischenzeit durch diese Substanzen mit den Monozyten oder den Granulozyten passiert? Sind sie noch die Zellen,
die im Blut kreisten, oder haben wir es inzwischen mit vorakti-
vierten Zellen zu tun?

GASSEN:
Wie groß ist das Molekulargewicht des Makrophagen aktivierenden
Faktors (MAF)?

GEMSA:
Der MAF ist zwischen 20 und 60 000 Daltons groß, das kann ein
Monomer, ein Dimer oder ein Trimer sein, es ist nicht so ganz
klar definiert. Bei diesen Substanzen, die von Lymphozyten und
anderen Zellen sezerniert werden, muß man auch davon ausgehen,
daß man sie nicht ohne weiteres in stabilen Konzentrationen im
Plasma erfassen kann, sie werden sehr rasch inaktiviert. Das
ist wahrscheinlich ähnlich wie bei den Prostaglandinen. Da müßte
man, wenn man Meßparameter haben will, Zellen isolieren und
diese auf ihre Produktionsleistung untersuchen.

DIERICH:
Was mir sehr vielversprechend scheint im Augenblick ist, daß es
Langzeit-Zellinien gibt, die präferentiell den einen oder anderen

Faktor bilden, so daß ich denke, aus diesen Zellkulturen wird
man schon die notwendigen Quantitäten bekommen.

GASSEN:
Frau ROTHER, wie groß ist die Konzentration der einzelnen
Faktoren im Serum? Ich frage deshalb, ob es möglich wäre, diese
außer über den genetischen Code auch proteinchemisch zu charakterisieren. Wie gut sind die Chancen sie zu klonieren?

Frau ROTHER:
Die Faktoren wirken im Serum in Konzentrationen von 10^{-10} bis
10^{-12} molar. Die Konzentrationen sind etwa im pg/ml-Bereich.

DIERICH:
Herr GASSEN, da braucht man gar nicht so pessimistisch sein.
Interleukin II ist jetzt von den Japanern kloniert worden, das
ist auch in sehr niedrigen Konzentrationen vorhanden. Ich bin
sicher, es wird mit den anderen auch gelingen. An den Komplement-Komponenten wird auch schon gearbeitet, ich glaube, da
wird sehr viel passieren in den nächsten zwei Jahren.

Prostaglandine, Entzündungen und die Wirkung antiphlogistischer Analgetika

K. Brune

Zusammenfassung

In den vergangenen Jahren hat die Konzeption, daß antiphlogistische Analgetika aufgrund der Hemmung der Prostaglandinsynthese wirken, eine zentrale Rolle gespielt. Dieses Konzept hat
nicht in jeder Beziehung befriedigen können; denn die "stabilen"
Prostaglandine sind keine entscheidenden Entzündungsmediatoren,
und die Hemmung ihrer Synthese allein erklärt die Wirksamkeit
und die Nebenwirkungen der nichtsteroidalen antiphlogistischen
Analgetika nicht. Alternative und ergänzende Konzepte müssen
daher in Betracht gezogen werden.

Einleitung

Chronisch entzündliche Erkrankungen des menschlichen Bindegewebes und Skelettsystems gehören zu den häufigsten Ursachen
für die Konsultation des Arztes. Diese Erkrankungen können nur
selten medikamentös geheilt werden. Sie führen aber häufig zu
lebenslanger Invalidität. Die persönlichen Leiden der Patienten,
aber auch die Kosten dieser Krankheiten für die Allgemeinheit,
sind beträchtlich. Es wäre daher besonders wünschenswert, die
Pharmakotherapie dieser Erkrankungen zu bessern; denn die Medikamente, die uns heute zur Verfügung stehen (Tabelle 1) heilen
chronische Entzündungen nicht, sondern führen bestenfalls zu
einer Linderung der akuten Beschwerden oder zu einer Verlangsamung des chronisch progredienten Prozesses (z.B. der chronischen Polyarthritis). Aber auch diese Wirkungen werden häufig
mit erheblichen Nebenwirkungen erkauft. Neue, wirksamere und
nebenwirksamärmere Pharmaka sind aber erst dann zu erwarten, wenn
die Ursachen dieser Erkrankungen z.B. durch die immunologische
Forschung aufgedeckt werden oder wenn die Ursachen der Wirkungen
und Nebenwirkungen der bekannten antiphlogistischen Pharmaka
zweifelsfrei aufgeklät sind. Das ist aber bis heute nicht der
Fall.

I. Die Rolle der Prostaglandine bei Entzündungen

Eine Erklärungshypothese hat in den vergangenen Jahren besonders
viel Beachtung gefunden. Sie ist intensiv untersucht worden,
und es scheint an der Zeit, einmal kritisch Bilanz zu ziehen,
um festzustellen, ob sie zur Erklärung der Wirksamkeit von anti-

Tabelle 1. Pharmaka mit gesicherter therapeutischer Wirkung bei chronischen Entzündungen.(BRUNE K. u. RAINSFORD D. New trends in the understanding and development of anti-inflammatory drugs. In: Trends in Pharmacological Sciences-December 1979, Elsevier/North-Holland Biomedical Press,1979)

	I.	II.	III.	
Pharmakongruppe	Nichtsteroidale Antiphlogistika (Säuren)	Glukokortikoide	Zytostatika,gefunden durch klinische Beobachtungen	bei der Tumortherapie
Beispiele	Azetylsalizylsäure Phenylbutazon Indometacin	Hydrokortisone Prednisolon Dexamethason	Goldverbindungen D-Penizillamin	Azathioperin Cyclophosphamid Chlorambuzil
Therapeutische Wirkung	Schmerzhemmung Anschwellung	Verminderung oder Hemmung bestimmter Komponenten der Bindegewebe-reaktion		
Nebenwirkungen	Schäden:des Magen-Darm-Traktes, der Niere, der Leber, des Knochenmarks	Cushing-Syndrom Infektionen, Psychosen	Schäden:des Knochenmarks,Niere, Leber der Haut, des Nervensystems	Schäden an allen proliferierenden Zellsystemen;Tumoren, Infektionen
Wirkungsmechanismus (bei allen multifaktoriell)	Hemmung der:Prostaglandinsynthese, Leukozyteninvasion, Schmerzwahrnehmung und des Bindegewebsstoffwechsels	Hemmung der: Prostaglandinfreisetzung, Leukozytenfunktion und des Bindegewebsstoffwechsels	Hemmung d. Bindegewebsreaktion (?)	Hemmung der Bindegewebsproliferation, Immunosuppression (?)

Diese Tabelle enthält nur die allerwichtigsten pharmakologischen Informationen. Sie enthält keine Angaben über Pharmakotherapeutika mit unbewiesener Wirkung wie z.B. Levamisol, Kupferverbindungen, Superoxyddismutasen usw.

phlogistischen Säuren ausreicht. Diese Hypothese besagt, daß bei jeder Form von Entzündung in entzündetem Gewebe Prostaglandine freigesetzt werden, daß diese Substanzen als Entzündungsmediatoren zur Ausbildung von Entzündungssymptomen führen und daß antiphlogistische Säuren, wie z.B. Acetylsalicylsäure, aber auch Gluccorticoide, die Bildung dieser Substanzen hemmen (Abb. 1). Diese Hypothese besagt außerdem, daß Prostaglandine physiologische Regulatoren der Magen- und Nierenfunktion sind. Die Blockierung ihrer Bildung in den genannten Organen kann daher zu Funktionsstörungen, wie z.B. Magenulzera aber auch Wasser- und Elektrolytretention, führen, d.h. zu den klassischen Nebenwirkungen aller antiphlogistischen Säuren und gelegentlich auch der Glucocorticoide.

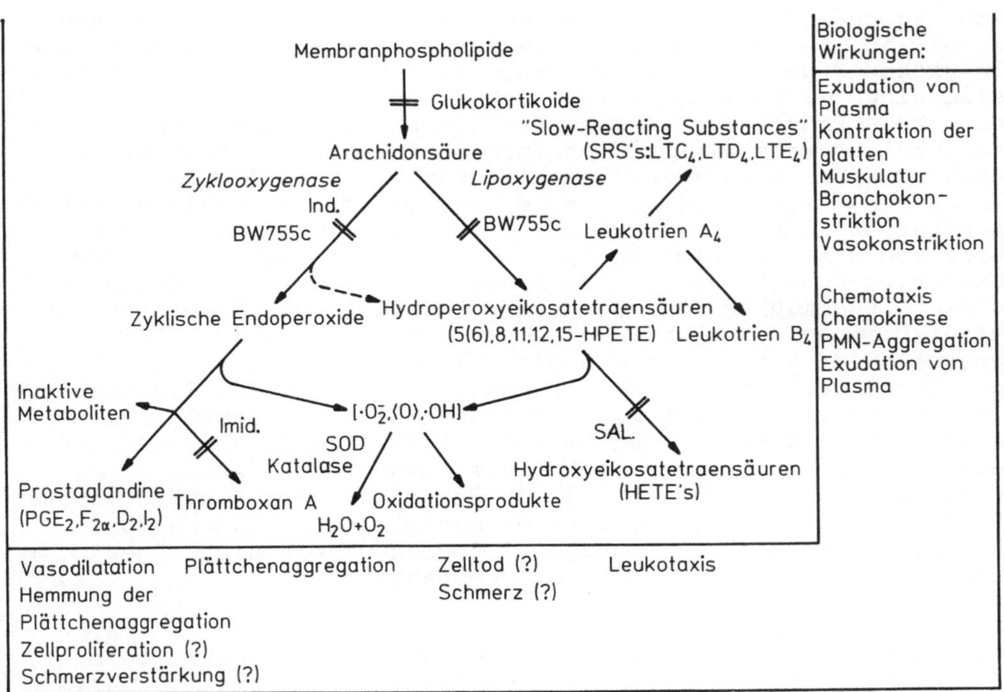

Abb. 1. Neuere Vorstellungen über die biologischen Wirkungen von Arachidonsäuremetaboliten und die Wirkung von Antiphlogistika [16, 17, 18, 19]. Man weiß heute, daß neben den Prostaglandinen auch die "Slow Reacting Substance (s) of Anaphylaxis (SRS-A)" und Thromboxane gebildet werden. Ihre Bildung kann durch Imidazolderivate (Imid.) und durch experimentelle Pharmaka wie z.B. BW 755 c gehemmt werden. Außerdem entstehen leukotaktische Hydroxysäuren, deren Bildung durch saure Antirheumatika und auch Salicylsäure (SAL) gehemmt wird. Zusätzlich wird reaktiver Sauerstoff in Form von O_2, (O) und HO— gebildet, der Makromoleküle oxydieren kann, die eine Funktion bei der Entstehung von Entzündungen haben sollen. Dieser reaktive Sauerstoff kann vermutlich durch das Enzym Superoxydismutase (SOD) "entgiftet" werden. SOD wird z.Zt. als Antiphlogistikum erprobt (BRUNE u. LANZ, 1982)

Im Jahre 1929 hat nun Sir Henry DALE, der berühmte Physiologe
und Nobelpreisträger, folgende Kriterien für die Klassierung
einer Substanz als Entzündungsmediator aufgestellt [1] (ver-
einfacht):

1. Sie muß im entzündeten Gewebe gebildet bzw. freigesetzt
   werden.
2. Sie muß in der Lage sein, alle oder wesentliche Entzündungs-
   symptome auszulösen.
3. Ihre Bildung, Freisetzung oder Wirkung muß durch Antiphlogistika gehemmt werden.

Wir wollen nun zunächst einmal untersuchen, ob Prostaglandine
diese Kriterien erfüllen.

1. Werden Prostaglandine im entzündeten Gewebe freigesetzt?
HIGGS und Mitarbeiter [2] zeigten, daß im Gelenkexsudat eines
jungen Rheumatikers in den Tagen nach Absetzen der Therapie
mit Acetylsalicylsäure und Indometacin die Konzentration der
Prostaglandine anstieg. Nach Neubeginn der Therapie fiel sie
wieder ab. Der Konzentrationsverlauf der Prostaglandine folgte
in groben Zügen dem Wiederauftauchen von Schmerz und Schwellung.
Allerdings waren auch am Tag nach Wiederbeginn der Therapie
noch hohe Prostaglandinkonzentrationen nachweisbar, obwohl die
schmerzlindernde Wirkung von Indometacin bereits eine Stunde
nach Einnahme dieses Medikaments deutlich ist, d.h. lange
bevor bei diesem Patienten eine Abnahme der Prostaglandinkonzentration im Gelenk nachweisbar wurde. Allerdings mag die
Bestimmung der Prostaglandinkonzentration im Jahre 1974 noch
unbefriedigend gewesen sein. Daher ist ein weiterer Befund in
diesem Zusammenhang von Bedeutung. Es ist möglich, Ratten mit
einer Diät aufzuziehen, die keine mehrfach ungesättigten
essentiellen Fettsäuren enthält. Diese Tiere können, da ihnen
die Vorstufen fehlen, keine Prostaglandine bilden. Sie sind
aber durchaus in der Lage, Entzündungen zu entwickeln, die
durch Antiphlogistika hemmbar sind [3]. Allerdings sind diese
entzündlichen Reaktionen schwächer ausgeprägt als bei normal
ernährten Kontrolltieren [3]. Ob das Fehlen von Prostaglandinen
zu dieser Verminderung der experimentellen Entzündung führt,
bleibt offen; denn naturgemäß sind diese Tiere nicht "gesund",
sondern durch die Diät generell geschädigt.

2. Können Prostaglandine Entzündungen auslösen?
Zahlreiche Untersuchungen der vergangenen Jahre haben gezeigt,
daß die Injektion von Prostaglandinen (E_2, D_2, F_{2a}, I_2) allein
nur eine vermehrte Durchblutung des entzündeten Gewebes bewirkt. Diese Substanzen führen selbst in hohen Dosen nur zu den
klassischen Symptomen "Erwärmung" und "Rötung". Die Symptome
"Schwellung", "Schmerz" und "eingeschränkte Funktion" treten
nur dann auf, wenn andere Entzündungsmediatoren wie Histamin
oder Bradykinin zusätzlich zu den Prostaglandinen injiziert
werden [4]. Prostaglandine sind also allein nur unbedeutende
Auslöser von Entzündungssymptomen. Allerdings werden neben
Prostaglandinen auch die Leukotriene aus der Arachidonsäure
gebildet, und Leukotriene führen zur Oedembildung [19].

3. Hemmen Antirheumatika die Prostaglandinfreisetzung bzw. deren Wirkung?

Eigene Untersuchungen an Zellkulturen haben gezeigt, daß die Wirkungsstärke einer Reihe Antirheumatika recht gut mit der entzündungshemmenden Wirkung dieser Substanzen bei Versuchstieren korreliert (Abb. 2). Es bleibt jedoch anzumerken, daß es einige bemerkenswerte Ausnahmen gibt. Dexamethason und andere Glucocorticoide wirken antiphlogistisch in Konzentrationen, in denen sie (auch beim Menschen) [6], noch keine meßbare Hemmung der Prostaglandinsynthese bewirken. Salicylsäure wirkt antiphlogistisch und analgetisch, obwohl diese Substanz in Konzentrationen, die aich in entzündetem Gewebe erreicht werden können, die Prostaglandinsynthese nicht hemmt [7, 8]. Nichtsaure Pharmaka wie das Proquazon und die Pyrazolonderivate (z.B. Aminopyrin) sind ähnlich gute Hemmer der Prostaglandinsynthese in vitro wie das saure Phenylbutazon bzw. Indometacin; trotzdem wirken sie im Vergleich mit Indometacin bzw. Phenylbutazon bei Mensch und Tier nur sehr geringgradig entzündungshemmend [15].

Zusammenfassend muß man feststellen, daß die Prostaglandinhypothese so, wie sie von VANE und Mitarbeitern vor etwa zehn Jahren formuliert wurde [9], nicht ausreicht, den Wirkungsmechanismus antiphlogistischer Säuren oder der Glucocorticoide zu erklären. Es sind deshalb in letzter Zeit eine Reihe von

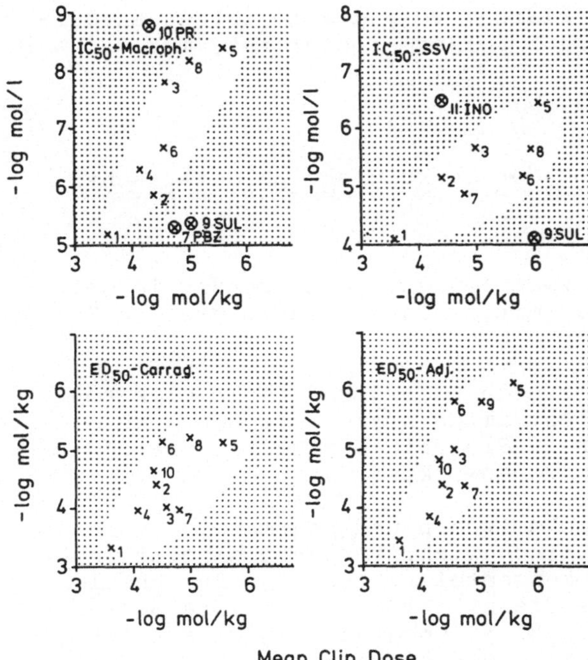

Abb. 2. Relation zwischen der mittleren klinischen Dosierung (Mean Clin. Dose) von sauren und nichtsauren Analgetika (Antiphlogistika) und der Wirksamkeit dieser Pharmaka als Hemmer der Prostaglandinsynthese in Zellkulturen $(IC_{50}$-Macroph.) oder Samenblasenpräparationen $(IC_{50}$-SSV) bzw. als Hemmer des experimentellen Pfotenödems der Ratte $(ED_{50}$-Carrag.; ED_{50}-Adj.). Es fällt auf, daß die 2 nichtsauren Antiphlogistika (Proquazon, PR; Indoxol, INO) potente Hemmer der Prostaglandinsnythese sind, aber in vivo nur eine geringe Wirksamkeit zeigen. Sulindac (SUL) ist in vitro praktisch unwirksam, aber in vivo effektiv. Es handelt sich um ein "Prodrug", das erst metabolisch aktiviert werden muß. Phenylbutazon (PBZ) ist in der Klinik besonders wirksam, vermutlicht wegen seiner besonders langsamen Ausscheidung beim Menschen (t_{50} = 72 h) (Daten in [22])

Modifikationen dieser Hypothese vorgeschlagen worden, die in
Abb. 1 bereits mit eingegangen sind. Der entscheidende Aspekt
dieser erweiterten Hypothese ist, daß andere Metaboliten der
Arachidonsäure neben den Prostaglandinen wesentlichere Entzündungsmediatoren sein sollen. Die Bildung der Prostaglandine
oder/und dieser Metaboliten (vgl. die Hemmung der Bildung von
leukotaktischen HETE-Säuren durch Salicylsäure, Abb. 1) soll
nun entscheidend für die antiphlogistische Wirkung sein. Einige
Wissenschaftler und auch ich halten diese überarbeitete Hypothese
für wissenschaftlich interessant, aber nicht ausreichend. Einerseits glauben wir, daß auch diese erweiterte Hypothese die folgenden Fragen zur Pharmakologie von Antiphlogistika nicht zu
beantworten vermag:

a) Warum "überleben" nur saure Prostaglandin-Synthesehemmer
   in der Klinik?
b) Warum zeigen nur saure Prostaglandin-Synthesehemmer Nebenwirkungen in Magen und Niere?
   (Nebenbei: Auch andere Säuren führen zur Magenirritation,
   obwohl sie keine Hemmer der Prostaglandinsynthese sind, z.B.
   Furosemid, Probenezid und Valporinsäure).
c) Warum sind saure Prostaglandin-Synthesehemmer um so wirksamer,
   je stärker sie an Plasmaeiweiße gebunden sind? Bei den meisten
   Pharmaka sind die Verhältnisse ja umgekehrt: Hohe Eiweißbindung geht einher mit geringer Wirksamkeit.

Andererseits erscheint es wenig plausibel, daß ein so essen-
tieller Abwehrmechanismus wie die Entzündung durch die Aus-
schaltung einer einzigen Mediatorengruppe hemmbar ist. Wir
schlagen daher eine andere Erklärung vor, die im folgenden dargestellt werden soll. Ob diese Hypothese besser ist, muß
weitere Forschung zeigen.

II. Eine alternative Erklärung der Wirkung antiphlogistischer Säuren

Unsere Hypothese besteht aus zwei Teilen. Beide werden im folgenden formuliert und zusammen mit einigen experimentellen Befunden dargestellt.

1. Antiphlogistische Säuren erreichen aufgrund ihrer physikochemischen Eigenschaften in bestimmten Körperregionen außer-
ordentlich hohe Konzentrationen. Sie zeigen daher in diesen
Körperregionen Wirkungen oder Nebenwirkungen.

In Tabelle 2 sind die physikochemischen und pharmakologischen
Eigenschaften einer Reihe klinisch wichtiger antiphlogistischer
Säuren (Antirheumatika) zusammengestellt. Trotz großer chemischer Heterogenität sind alle diese Pharmaka unipolare Säuren
(pK_a zwischen 3 und 5), die im Blut hochgradig an Plasmaeiweiße
gebunden vorliegen. Das bedeutet, daß diese Substanzen bei
oraler Applikation bereits im Magen in erheblichem Umfang resorbiert werden, in Zellen der Magenwand hohe Konzentrationen
erreichen und allein schon durch osmotische Effekte zu Läsionen

der Magenschleimhaut führen können (Abb. 3). Für Salicylate
konnte dieses Postulat inzwischen weitgehend belegt werden [10].
Für viele andere Antiphlogistika ist ein ähnlicher Effekt wahrscheinlich, denn alle bekannten Antiphlogistika (Säuren) bewirken eine Schädigung der Magenwand. Einige neuere antiphlogistische Säuren werden kaum im Magen resorbiert (z. B. Difluni-
sal), und sie scheinen sehr wenig gastrale Nebenwirkungen zu
haben. Aufgrund ihres pK_a-Wertes und ihrer Bindung an Plasmaeiweiße darf man erwarten, daß alle diese Antiphlogistika nur
sehr langsam ins Zentralnervensystem (ZNS) und in normales Bindegewebe eindringen, da geschlossene Endothelschichten (Abb. 4)
die Diffusion der bei pH 7,4 praktisch vollkommen ionisierten
und an Plasmaeiweiße gebundenen Säuremoleküle behindern. In der
Tat zeigen autoradiographische Untersuchungen mit allen uns in
radioaktiv markierter Form zugänglichen antiphlogistischen
Säuren Verteilungsbilder wie z.B. Phenylbutazon in Abb. 5. Diese
Pharmaka erreichen zur Zeit ihrer maximalen antiphlogistischen
Wirksamkeit nur vergleichsweise sehr niedrige Konzentrationen
im ZNS und im nichtentzündeten Muskel und Bindegewebe. Im entzündeten Gewebe jedoch werden die Kapillarwände durchlässig
für Makromoleküle, und gleichzeitig sinkt das extrazelluläre pH
ab. Dementsprechend sollten eiweißgebundene und freie Anti-
phlogistikamoleküle schnell in dieses Gewebe übertreten (Abb. 6,7),
d.h. an intrazellären Strukturen, zu denen z.B. auch die Cylooxygenase gehört. Abb. 5 zeigt, daß in der Tat besonders hohe
Konzentrationen von Phenylbutazon [vgl. 11] in entzündeten
Geweben erreicht werden. Hohe Konzentrationen treten schließlich auch im Blut, im Knochenmark, in der Leber und der Niere auf
(Abb. 5). Die offene Endothelstruktur und der Blutreichtum dieser
Organe sind vermutlich dafür verantwortlich. Außerdem bedingen
die Säuretransportmechanismen der Niere eine Anreicherung der

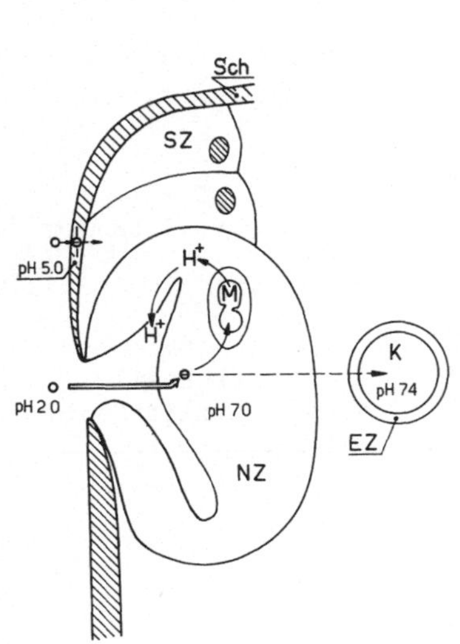

Abb. 3. Mögliche Ursachen der Schädigung von
Nebenzellen im Magen durch saure Antirheumatika (s. A.) bei oraler Applikation. Die
schematische Darstellung eines Abschnitts
eines Fundusdrüsenschlauchs soll zeigen, daß
nichtionisierte s.A.-Moleküle (O) in diese
Zellen (fast) unbehindert hineindiffundieren
können, da diese Zellen in direktem Kontakt
mit dem sauren Magensaft und den darin gelös-
ten s.A.-Molekülen stehen. Andere Magenzellen
sind durch eine Schicht weniger sauren Schleims
vom Magensaft getrennt. Im Schleim *(Sch)*
liegen s.A. wegen ihres pK_a-Wertes von etwa 4
überwiegend in der dissoziierten Form (θ) vor.
In dieser Form können sie kaum noch durch Zellmembranen diffundieren. Nach dem Eindringen von
O in Nebenzellen *(NZ)* dissoziieren sie zu θ
(höheres intrazelluläres pH!) und können die
Nebenzellen nur langsam verlassen. Gleichzeitig erhöhen sie den osmotischen Druck,
senken das pH in diesen Zellen und führen
unter Umständen auf diese Weise zum Zelltod
(BRUNE [20])

Tabelle 2. Saure Analgetika (analgetische Säuren). Stoffeigenschaften. (Aus: BRUNE K.: Analgetika, Antiphlogistika. In: ESTLER C.J. (Ed.) Lehrbuch der allgemeinen und systematischen Pharmakologie)

Freiname	Handelsname	Struktur lipophiler Teil / hydrophiler Teil	$p^{K}a$ Eiweiß-bindung Resorption
Salicylate			
Acetylsalicyl-säure	Aspirin^{R}	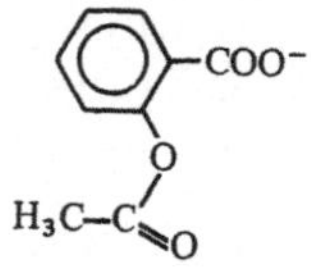	3,5 >75% schnell vollständig
Diflunisal	Flumniget^{R}	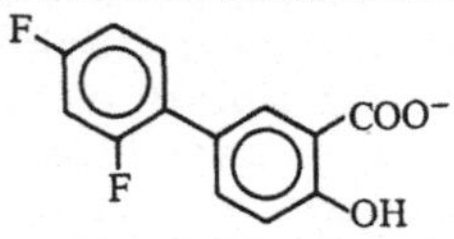	3-4 ~99% vollständig
Profene (Arylpropionsäuren)			
Ibuprofen	Brufen^{R}	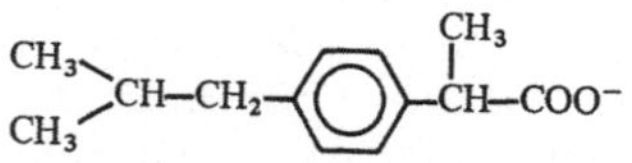	~5 ~99% vollständig
Ketoprofen	Alrheumun^{R} Orudius^{R}	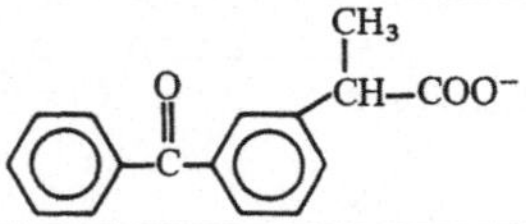	4-5 ~99% vollständig
Naproxen	Proxen^{R}	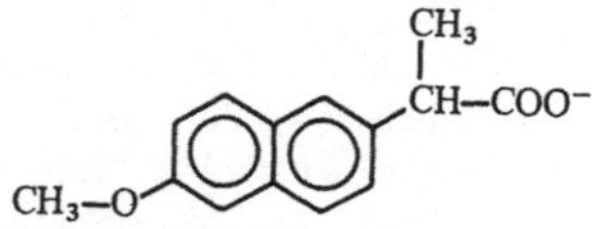	4-5 ~99% schnell vollständig
Aryl-und Heteroarylessigsäure			
Tolmetin	Tolectin^{R}	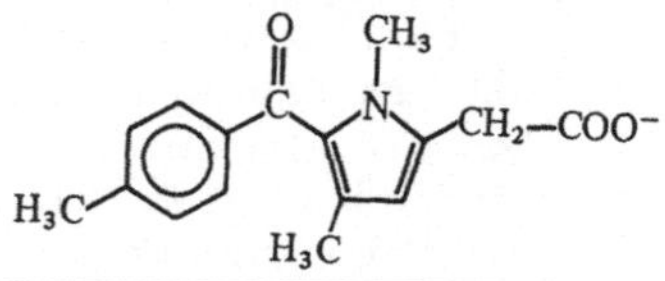	4-5 ~99% vollständig
Diclofenac	Voltaren^{R}	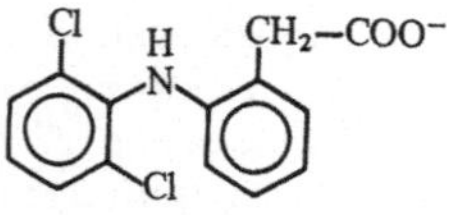	4-5 ~99% schnell vollständig

Tabelle 2. (Fortsetzung)

Freiname	Handelsname	Struktur		pK_a Eiweißbindung Resorption
		lipophiler Teil	hydrophiler Teil	
Idometacin	Amuno[R]	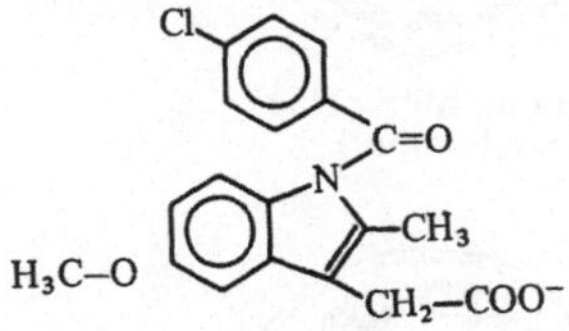		4-5 ~99% schnell vollständig
Keto-Enolsäuren				
Piroxicam	Felden[R]	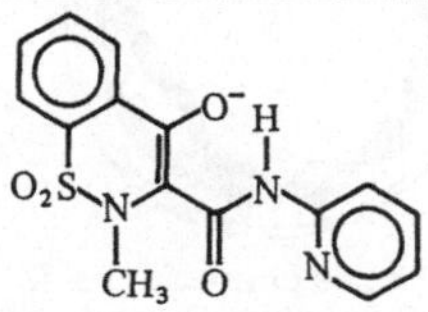		~5 ~99% vollständig
Phenylbutazon	Butazolidin[R]	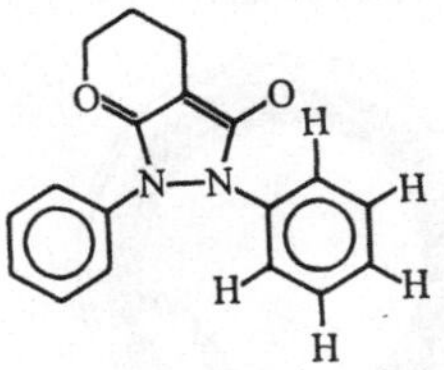		4-5 ~99% Vollständig

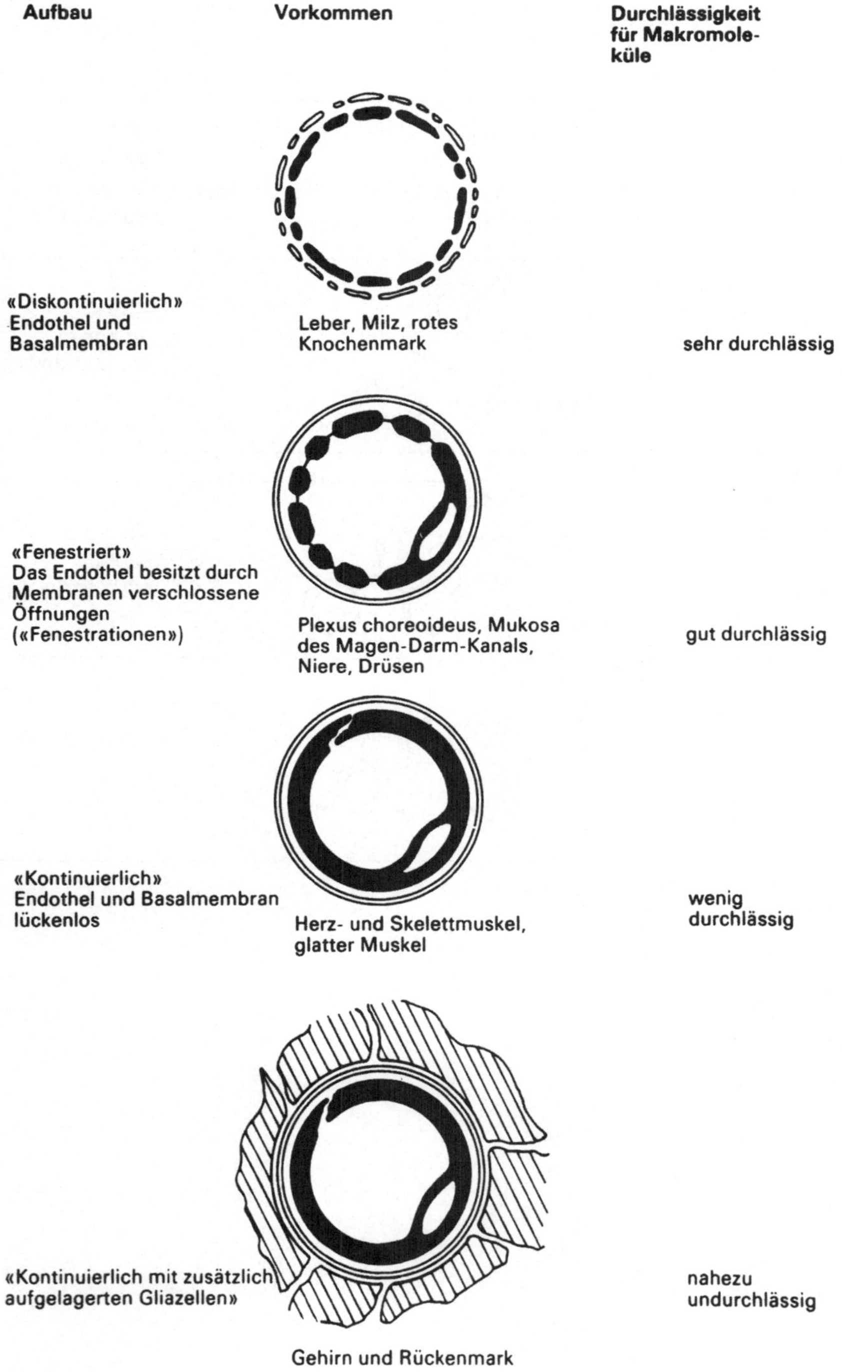

Aufbau	Vorkommen	Durchlässigkeit für Makromoleküle

Aufbau **Vorkommen** **Durchlässigkeit für Makromoleküle**

Abb. 4. Schematische Darstellung der Kapillarwand in verschiedenen Körperregionen. Nur in Leber, Milz und Knochenmark besteht ein unmittelbarer Kontakt zwischen dem Plasmaraum und den gewebespezifischen Zellen. (Nach HAMMERSEN)

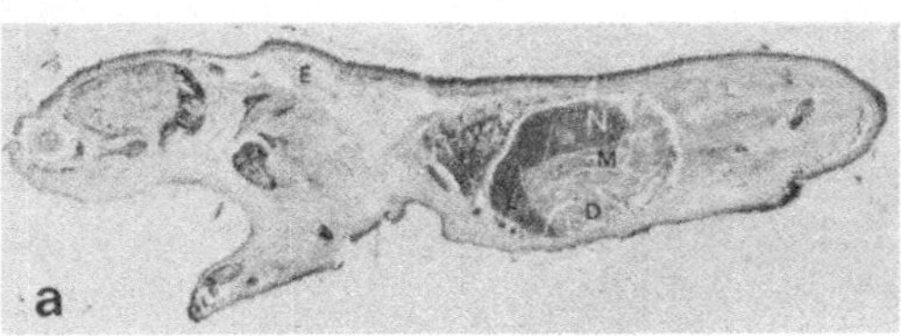
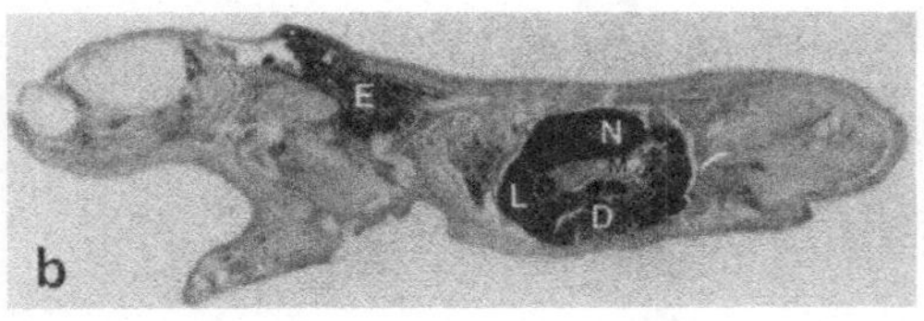

Abb. 5a, b. Querschnitt (a) und Autoradiographie (b) einer mit 14_C-Phenylbutazon behandelten Ratte. Eine junge Ratte (30 g KG) erhielt 100 µCi/kg (10 mg/kg) Phenylbutazon mit der Schlundsonde. Zur gleichen Zeit wurde eine entzündliche Reaktion im Nackenbereich durch die subkutane Injektion einer irritierenden Substanz ausgelöst. Fünf Stunden später wurde das Tier durch Entbluten getötet, tiefgefroren und auf einem Mikrotom in dünne Scheiben geschnitten. Diese Scheiben wurden auf Röntgenfilme aufgebracht und 8 Tage darauf belassen. Nach Entwickeln und Kopieren ergaben sich Bilder wie das hier gezeigte. Der Grad der Schwärzung entspricht der im entsprechenden Gewebe vorhandenen Radioaktivität. Besonders hohe Konzentrationen finden sich im entzündeten Gewebe (E), in Nieren (N), Leber (L), Blut und Knochenmark. Bemerkenswert ist außerdem, daß das Magenlumen (M) frei von Aktivität ist, während die Magenwand deutlich geschwärzt ist. Im Darm (D) sind die Verhältnisse umgekehrt (Autoradiographie: BRUNE 1975 [20])

Abb. 6. Schematische Darstellung der veränderten Kapillarpermeabilität im entzündlichen Gewebe. Das normalerweise für Makromoleküle und daran gebundene Pharmaka (z.B. Antirheumatika) kaum durchlässige Kapillarendothel wird im entzündeten Gewebe durch Porenbildung für Makromoleküle und darin gebundene Pharmaka durchlässig (BRUNE [20])

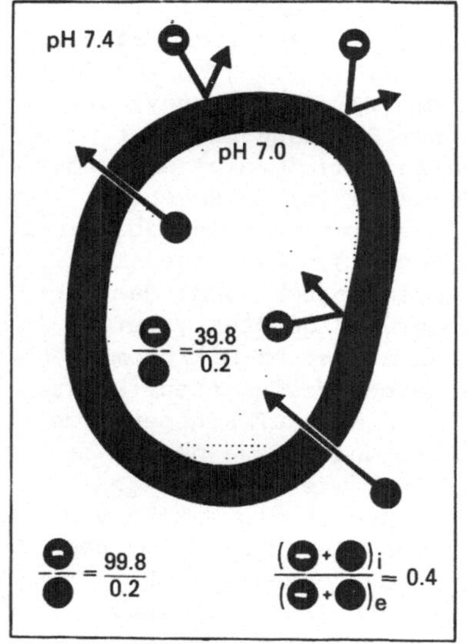

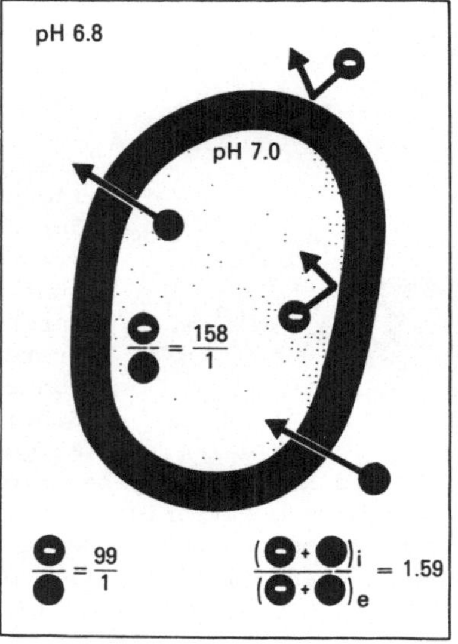

Abb. 7. Schematische Darstellung der Umverteilung von sauren Antirheumatika (s.A.) (z.B. Phenylbutazon, pK_a, 4,8) im entzündeten im Vergleich zu "normalem" Gewebe. Näherungsweise gilt, daß die Zellmembran undurchlässig für dissoziierte s.A. (θ), aber durchlässig für undissoziierte s.A. (O) ist. Folglich ist die gleiche Konzentration von O im Intra- und im Extrazellulärraum zu erwarten. Die Konzentration von θ hingegen ist in beiden Räumen unterschiedlich, da der Dissoziationsgrad pH-abhängig ist. Aus didaktischen Gründen wird angenommen, daß die Gesamtkonzentration von freiem Phenylbutazon im Extrazellulärraum von entzündetem und "normalen" Gewebe gleich ist. (In Wirklichkeit ist im entzündeten Gewebe erheblich mehr Phenylbutazon zu erwarten, s. Abb. 6). Unter diesen Bedingungen bewirkt schon eine geringgradige Senkung des extrazellulären pH, wie sie bei Entzündungen auftreten kann, eine Vervierfachung der intrazellulären Phenylbutazonkonzentration (BRUNE [20])

der antiphlogistischen Säuren im Tubuluslumen, von dem aus diese Säuren bei dem normalerweise sauren Urin-pH in die Tubuluszellen zurückdiffundieren können, um dort, ähnlich wie im Magen, hohe Konzentrationen zu erreichen und Zellschädigungen auszulösen. Diese besondere Verteilung der antiphlogistischen Säuren korreliert eindrücklich mit dem Befund, daß alle diese Pharmaka, im Gegensatz zu beispielsweise Opiaten, ihre analgetische Wirkung im traumatisierten (entzündeten) Gewebe entfalten (vgl. Abb. 8) und daß sie außerdem alle zu Magenulzera, Nierenschäden (rund 70 % aller sezierten Rheumatiker zeigen morphologische Nierenveränderungen [12]) und zu einer Hemmung der Aggregierbarkeit von Blutplättchen führen. Diese Hemmung der Plättchenaggregation ist besonders langdauernd nach der Einnahme von Acetylsalicylsäure (etwa fünf Tage). Wir konnten zeigen, daß der Acetylanteil der Acetylsalicylsäure dauerhaft in Zellen des Knochenmarks gebunden wird [22]. Im Gegensatz zu den anderen antirheumatischen Säuren (Tabelle 2) bewirkt Phenylbutazon beim Menschen gelegentlich Knochenmark- und Leberschäden. Interes-

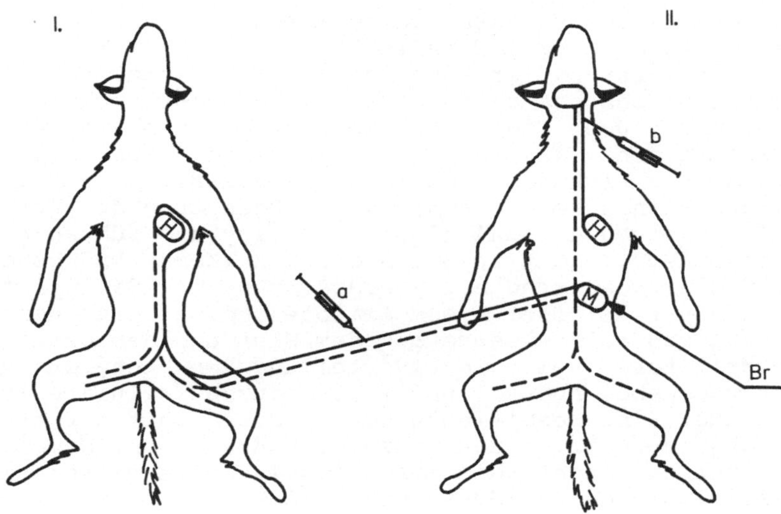

	a (ED$_{50}$)	mg/kg	b (ED$_{50}$)
Acetylsalicylsäure	4		unwirksam
Natriumsalicylat	15		unwirksam
Paracetamol	15		unwirksam
Dimethylaminophenazon	5		unwirksam
Morphinsulfat	unwirksam		0.56

<u>**Abb. 8.**</u> Versuchsanordnungen zur Definition des Wirkungsortes von Analgetika. Die gegebene Versuchsanordnung zeigt zwei narkotisierte Hunde (*I* und *II*), die nebeneinander gelagert sind. Bei *I* sind Arteria und Vena lienalis der freipräparierten Milz (*M*) von *II* verbunden, d.h., die Durchblutung der Milz von *II* erfolgt durch den Blutkreislauf von *I*. Die Milznerven von *II* sind hingegen intakt und mit dem ZNS von *II* verbunden. Durch die Injektion von z.B. Braykinin (*Br*) in der Milz kann eine nozizeptive Reaktion ("Schmerz") bei *II* ausgelöst werden. Diese Reaktion wird unterdrückt, wenn Analgetika appliziert werden. Salicylate und andere antiphlogistische, antipyretische Analgetika (s. Text) sowie Phenacetin und Aminophenazon wirken nur bei Injektion in den die Milz versorgenden Blutkreislauf (z.B. bei *a*), Morphin und andere narkotische Analgetika wirken nur, wenn sie das ZNS von *II* erreichen [Nach *Lim*, Ann Rev Phys 32 (1970)]

santerweise hat dieses Pharmakon beim Menschen eine besonders
lange Halbwertszeit (vgl. Tabelle 2) und ist beim Menschen im
Vergleich zum Versuchstier auch besonders wirksam. Man kann
davon ausgehen, daß das entzündete Gewebe, aber auch Leber, Niere
und Knochenmark, über Tage hohen Konzentrationen von Phenylbutazon ausgesetzt sind, was dieses Pharmakon beim Menschen besonders
wirksam und nebenwirkungsreich macht. Schließlich unterstützt
eine weitere klinische Beobachtung die Bedeutung der Verteilung
für die Wirkung von Antiphlogistika. Salicylate führen bei
Kindern besonders leicht zu ZNS-Störungen (Koma) und Leberschäden. Kinder reagieren bei Überdosierung mit Salicylaten
häufig mit einer Azidose. Diese Azidose bedingt eine generelle
Umverteilung von Salicylsäure aus dem Blut und dem Extrazellulärraum ins Zellinere (vgl. die Umverteilung von Phenylbutazon im
entzündeten Gewebe, Abb. 7) und löst dadurch zelluläre Funktionsstörungen aus. Eine Beseitigung der Azidose führt zur erneuten
Umverteilung, nunmehr in den extrazellulären Raum. Dementsprechend können Kinder, die mit Salicylaten vergiftet sind,
durch Beseitigung der Azidose innerhalb kurzer Zeit aus dem
Koma befreit werden [13]. Leider ist bisher nicht bekannt, ob
durch eine frühzeitige Verhinderung einer Azidose auch kind-
liche Leberschäden verhindert werden können.

Aufgrund all dieser Befunde glauben wir, daß der erste Teil
unserer Hypothese recht gut gesichert ist. Der zweite Teil besagt nun folgendes:

2. Antirheumatische Säuren haben keinen spezifischen, molekular
definierbaren Rezeptor. Ähnlich wie Lokalanästhetika und In-
halationsnarkotika können sie bei genügend hoher Konzentration
die Funktionen von Makromolekülen (z.B. Enzymen) stören und
hemmend in die vielfältigen zellulären Interaktionen im entzündeten Gewebe eingreifen.

Dieser Teil unserer Hypothese ist grundsätzlich schwer zu beweisen, denn das Fehlen von Spezifität ist nicht beweisbar,
sondern kann nur wahrscheinlich gemacht werden.

Zum jetzigen Zeitpunkt scheint uns das Fehlen von Spezifität
in der Tat wahrscheinlich, denn:

a) Antiphlogistische Säuren sind keine kompetitiven Inhibitoren
   z.B. der Cyclooxygenase, d.h. des Schlüsselenzyms der Prostaglandinsynthese [14].
b) Rezeptoren mit hoher Affinität zu Antiphlogistika konnten
   trotz intensiver Bemühungen nicht isoliert werden.
c) Die Geschichte zeigt, daß antiphlogistische Säuren auch die
   Freisetzung und/oder die Wirkung anderer Entzündungsmediatoren hemmen und komplexe Zellfunktionen beeinflussen können
   [14, 15].

Genaueres über die Haltbarkeit dieses Teils der Hypothese werden
wir aber erst dann wissen, wenn es uns gelingt, die komplizierten Interaktionen im entzündeten Gewebe (Abb. 9) Schritt für
Schritt unter den kontrollierbaren Bedingungen der Zellkultur
nachzuvollziehen. Erst dann wird es möglich sein, die wichtigsten Aspekte der Wirkung von Antiphlogistika zu erfassen. Diese

Forschung beginnt gerade erst. Sie wird langwierig und schwierig
sein, denn wie Abb. 9 zeigt, sind die Verhältnisse im entzündeten Gewebe kompliziert und die möglichen zellulären Interaktionen
zahlreich. Es ist aber zu hoffen, daß die Ergebnisse dieser
Forschung uns schließlich erlauben werden, selektiv in einen
spezifischen Entzündungsprozeß wie z.B. Arthritis rheumatica
einzugreifen, und zwar durch spezifische, also nebenwirkungs-
ärmere Pharmaka. Bis dahin aber müssen wir versuchen, aufgrund
des vorhandenen Wissens die vermutlich insgesamt multifaktoriell
wirksamen Antirheumatika (Säuren, Steroide und zytotoxische
Substanzen, Tabelle 1) optimal einzusetzen und zu dosieren.
Die hier dargestellten Erkenntnisse, z.B. über die Verteilung
dieser Substanzen im Organismus, können aber schon heute das
Verständnis des praktischen Arztes erweitern und dadurch seine
Therapie mit Antiphlogistika verbessern.

Zelluläre Interaktionen bei Entzündungen [≤36]

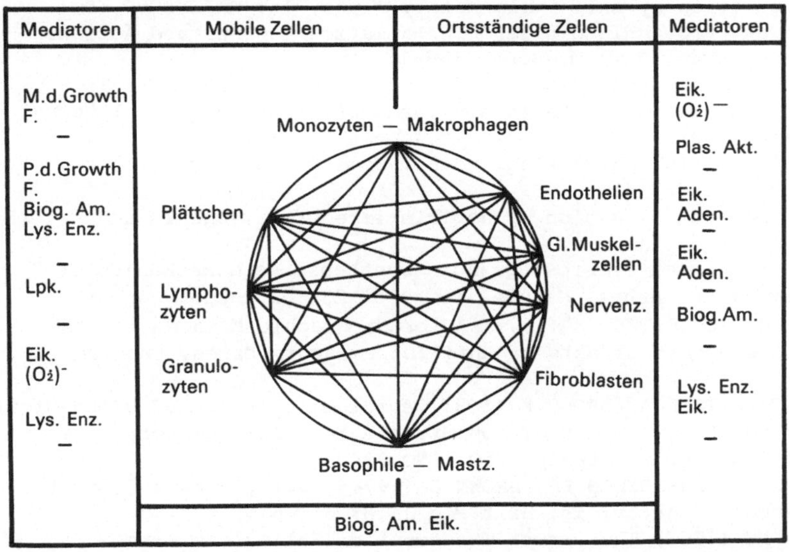

Mediatoren	Mobile Zellen	Ortsständige Zellen	Mediatoren
M.d.Growth F. — P.d.Growth F. Biog. Am. Lys. Enz. — Lpk. — Eik. $(O_2^-)^-$ — Lys. Enz. —	Plättchen; Lymphozyten; Granulozyten	Monozyten — Makrophagen; Endothelien; Gl.Muskelzellen; Nervenz.; Fibroblasten; Basophile — Mastz.	Eik. (O_2^-) — Plas. Akt. — Eik. Aden. — Eik. Aden. — Biog.Am. — Lys. Enz. Eik. —
	Biog. Am. Eik.		

Abb. 9. In dieser Abbildung wird versucht, die komplexen Interaktionen
zwischen den verschiedenen Zelltypen im entzündeten Gewebe darzustellen.
Alle Zellen beeinflussen sich durch die Freisetzung und Bildung von Überträgersubstanzen gegenseitig. Einige dieser Überträgersubstanzen (Mediatoren)
sind bekannt. (*Eik.* = Metaboliten der Arachidonsäure; *Aden.* = Derivate des
Adenosins; *Biog.* am. = biogene Amine: Histamin, Serotonin, Noradrenalin usw.;
Lys. Enz. = lysosomale Enzyme; *Lpk.* = Lymphokine; *M.d. Growth* = Wachstumsfaktoren aus Makrophagen bzw. Blutplättchen (*P.d.Growth*) (BRUNE [20])

Literatur

1. DALE HH (1929) Some Chemical Factors in the Control of the Circulation.
   Croonian Lecture III, Lancet 1: 1285-1290
2. HIGGS GA, VANE JR, HART FD, WOJTULEWSKI JA (1974) Effects of Anti-Inflammatory Drugs on Prostaglandins in Rheumatoid Arthritis. In: ROBINSON
   HJ, VANE JR: Prostaglandin Synthetase Inhibitors. Raven Press, New York,
   165-173
3. BONTA IL, BULT H, v.d. VEN LLM, NOORDHOEK J (1976) Essential Fatty Acid
   Deficiency: A Condition to Discriminate Prostaglandin and Non-Prosta-
   glandin Mediated Components of Inflammation
   Agents and Actions 6: 154-164
4. WEISSMANN G, SMOLEN JE, KORCHAK H (1980) Prostaglandins and Inflammation:
   Receptor/Cyclase Coupling as an Explanation of Why PGEs and PGI_2 Inhibit
   Functions of Inflammatory Cells. In: SAMUELSSON B, RAMWELL PW, PAOLETTE R.
   Advances in Prostaglandin and Thromboxane Research. Raven Press, New York,
   8: 1637-1653
5. BRUNE K, PESKAR BA, RAINSFORD KD (1979) Prostaglandin Release from
   Macrophages: Modulation by Anti-inflammatory Drugs. In: RAINSFORD KD,
   FORD-HUTCHINSON AW. Prostaglandins and Inflammation. Agents and Actions
   Supplement 6, Birkhäuser Verlag, Basel 159-166
6. CONOLLY ME, BRASH AR (1978) Influence of Prednisone and Nonsteroidal
   Anti-Inflammatory Drugs on Prostaglandin Turnover. Abstract 836, Internat
   Congr of Pharmacol, Paris
7. Smith MJH (1978) Aspirin and Prostaglandins: Some Recent Developments.
   Agents and Actions 8: 427-429
8. VANE JR (1978) The Mode of Action of Aspirin-like Drugs, Agents and
   Actions 8: 430-431
9. VANE JR (1971) Inhibition of Prostaglandin Synthesis as a Mechanism of
   Action for Aspirin-like Drugs, Nature, New Biol 231: 232-235
10. BRUNE K, GUBLER H, SCHWEITZER A (1979) Autoradiographic Methods for the
    Evaluation of Ulcerogenic Effects of Anti-Inflammatory Drugs, Pharmac
    Ther 5: 199-207,
11. RAINSFORD KD, SCHWEITZER A, BRUNE K (1981) Autoradiographic and Biochemical
    Observations on the Distribution of Non-Steroid Anti-Inflammatory
    Drugs, Arch Int Pharmacodyn Therap 250: 180-194
12. BURRY HC, DIEPPE PA, BRESNIHAN FB, BROWN C (1976) Salicylates and Renal
    Function in Rheumatoid Arthritis, Brit Med J 13: 613-615
13. OLIVER TK, DYER ME (1963) The Prompt Treatment of Salicylism with
    Sodium Bicarbonate, Amer J Dis Child 99: 553-565
14. FLOWER RJ (1974) Drugs which Inhibit Prostaglandin Biosynthesis,
    Pharmacol Rev 26: 33-67
15. BRUNE K, GLATT M, GRAF P (1976) Mechanism of Action of Anti-Inflammatory
    Drugs, Gen Pharmacol 7: 27-33
16. SIEGEL MI, McCONNELL RT, PORTER NA, CUATRECASAS P (1980) Arachidonate
    Metabolism via Lipoxygenase and 12L-Hydroperoxy-5,8,10,14-icosate-
    traenoic acid Peroxydase Sensitive to Anti-Inflammatory Drugs, Proc
    Natl Acad Sci USA 77: 308-312
17. PETRONE WF, ENGLISH DK, WONG K, McCORD JM (1980) Free Radicals and
    Inflammation: Superoxide-dependent activation of a Neutrophil Chemo-
    tactic Factor in Plasma, Proc Natl Acad Sci USA 77: 1159-1163
18. KUEHL FA, HUMES JL, HAM EA, EGAN RW, DOUGHERTY HW (1980) Inflammation:
    The Role of Peroxidase-Derived Products. In: SAMUELSSON B, RAMWELL PW,
    PAOLETTI R. Advances in Prostaglandin and Thromboxane Research, Raven
    Press, New York, 6: 77-86

19. SAMUELSSON B (1981) Leukotrienes: Mediators of Allergic Reactions and
    Inflammation, Int Archs Allergy Appl Immun 66 (Suppl 1): 98-106
20. BRUNE K (1980) Antirheumatika, Prostaglandine und Entzündungen, Schweiz
    Rundschau Med 69: 1888-1899
21. RAINSFORD KD, SCHWEITZER A, BRUNE K (1983) Distribution of the Acetyl
    Compard with the Salicyl Moiety of Acetylsalicylic Acid: Biochem
    Pharmacol 32: 1301-1308
22. BRUNE K, RAINSFORD KD, WAGNER K, PESKAR BA (1981) Inhibition by Anti-
    inflammatory Drugs of Prostaglandin Production in Cultured Macrophages:
    Naunyn-Schmiedeberg's Arch Pharmacol 315:269-276

GREILING:
Als Klinischer Chemiker muß man natürlich die Frage stellen:
Ist es sinnvoll, z.B. einen Radioimmunoassay zur Bestimmung von
Prostaglandinen oder anderen Arachidonsäure-Metaboliten als
Parameter für die Entzündungsaktivität zu verwenden oder ist es
nicht besser, die Konzentration der antiphlogistisch wirksamen
Substanz im Serum zu bestimmen? Ich kenne Entwicklungen verschiedener Industriefirmen, einen Enzymimmunoassay für antirheumatische Medikamente zu entwickeln, z.B. einen Fluoreszenz-
Polarisations-Immunoassay. Meine kritische Frage nach dem
kritischen Referat: Ist es sinnvoll, beides in Zukunft anzu-
streben, spezifische Prostaglandin-Bestimmung und das Medikament
in Körperflüssigkeiten zu bestimmen?

Ich könnte mir vorstellen, daß durch eine gezielte Medikamenten-
bestimmung der nicht-steroidalen Antirheumatika diese besser in
Griff zu bekommen sind. Dies betrifft meiner Ansicht nach besonders die Vermeidung von Magen-Darm-Blutungen, die praktisch
bei allen nicht-steroidalen entzündungshemmenden Medikamenten
zu beobachten sind.

BRUNE:
Im Augenblick sehe ich für die Bestimmung von Prostaglandinen
im Rahmen der Rheumatologie und Orthopädie im Routinebetrieb
keinen Anlaß. Die Prostaglandinkonzentration im Blut gibt keine
Auskunft über das Verhalten der Prostaglandine im entzündeten
Gewebe, und die Bestimmung der Prostaglandine im entzündeten
Gewebe ist aufwendig, technisch kompliziert und erlaubt vermutlich auch nicht mehr Aussagen als die klinische Abschätzung der
Aktivität des Entzündungsprozesses. Unter besonderen Bedingungen,
die in der klinischen-rheumatologischen Forschung auftreten
können, dürfte die Bestimmung der Prostaglandine im entzündeten
Gewebe Aussagen ermöglichen. Aufgrund der technischen Schwierigkeiten wird diese Prostaglandinbestimmung wohl Speziallabora-
torien überlassen bleiben müssen; denn schon die Gewinnung des
Materials führt häufig zu einer zusätzlichen Prostaglandin-
bildung, die alle möglichen Ergebnisse überschatten kann.

Andererseits erscheint es durchaus sinnvoll, die Konzentration
antiphlogistischer Analgetika am Wirkort zu definieren, vor
allem auch deshalb, um über die Kinetik dieser Substanzen am
Wirkort nähere Aufschlüsse zu erhalten. Die dadurch gewonnenen
Informationen werden uns sicher helfen, die Therapie mit antiphlogistischen Analgetika zu verbessern; denn in der Klinik
steht der therapeutisch tätig Arzt vor dem Problem, daß die

Wirkungsdauer aller nicht-steroidalen Antiphlogistika mit der Plasmakinetik nicht korreliert, was häufig dazu führt, diesem Parameter keine Bedeutung beizumessen. Dieser Schluß erscheint nicht gerechtfertigt; denn natürlich wird der Konzentrationsverlauf im entzündeten Gewebe dem Konzentrationsverlauf im Plasma nachfolgen. In welcher Form dieses "Nachfolgen" erfolgt, wird in den nächsten Jahren für wesentliche Pharmaka definiert werden müssen.

GUDER:
Gibt es irgendeine Barriere im Körper, die eine leicht zugängliche Körperflüssigkeit abgrenzt, wie z.B. Tränenflüssigkeit, Speichel oder Urin, die Rückschlüsse auf die Transporteigenschaften solcher Pharmaka zuläßt? Wo das Verhältnis zwischen den Spiegeln im Serum und dieser Flüssigkeit etwas über die Penetration des Arzneimittels in das entzündete Gewebe aussagen würde.

BRUNE:
Für die nicht-steroidalen Antiphlogistika gibt es in unserem Organismus keine absoluten Barrieren, d.h. alle Regionen des Organismus können von nicht-steroidalen Antiphlogistika erreicht werden.

Nun zu Ihrer Frage: Kann aus dem Konzentrationsverlauf im Speichel auf die Plasmakinetik zurückgeschlossen werden? Nach den vorliegenden Untersuchungen gibt uns der Konzentrationsverlauf im humanen Speichel einen Hinweis darauf, wie sich die nicht-eiweißgebundene Fraktion verteilt. Wie aus meinem Vortrag hervorgeht, sagt die Kinetik des freien Anteils wenig über den Konzentrationsverlauf im entzündeten Gewebe aus.

KLEINE:
Ich möchte an Ihre ketzerische Bemerkung über die Prostaglandin-Bildung anknüpfen: Es gibt ja Befunde, daß die Prostaglandine entzündungshemmend sind. Dieser Mechanismus soll über das cyclische GMP wirken und die entzündungsaktivierenden über das cyclische AMP. Wir haben gerade gemessen, daß hohe Konzentrationen von Prostaglandinen synthesehemmend sind und niedrige Konzentrationen geringe stimulierende Wirkungen haben. Wir verwenden ein in vitro-System mit Kälber-Rippenknorpel-Schnitten. Wie kann man diese Effekte deuten?

BRUNE:
Mit Ihrer Frage sprechen Sie einige historisch wichtige Konzeptionen an. Eine geht auf G. WEISSMANN zurück. Er vertrat die Auffassung, daß phlogistische und antiphlogistische Prinzipien über das zyklische GMP-, AMP-System ihre zellulären Effekte erzielen. Wie auch eine andere Konzeption von WEISSMANN, nämlich daß nicht-steroidale Antiphlogistika ihre Wirkungen durch die Stabilisierung von Lysosomen entfalten, ist auch diese Konzeption in wesentlichen Punkten widerlegt worden. Es bleibt allerdings die Tatsache bestehen, daß sehr hohe Dosen von Prostaglandinen, parenteral zugeführt, im Versuchstier zu einer Hemmung von Entzündungsreaktionen führen können. Allerdings wirken diese hohe Dosen auch diarrhoisch und diuretisch, und

das mag die Ursache für eine meßbare Verminderung entzündlicher
Ödeme sein. Prostaglandine können auch, vielleicht über das
zyklische AMP-System, die Aktivierbarkeit von Lymphozyten beeinflussen. Dazu wird Herr GEMSA etwas sagen können. Im einzelnen
kann ich, Herr KLEINE, Ihre Befunde nicht ohne weiteres deuten;
denn in anderen Zellkulturen wirken Prostaglandine vom E-Typ
immer stimulierend auf die Synthese von zyklischem AMP ein.
Warum das bei Ihnen nicht so ist, müßte man ggf. anhand der
Versuchsprotokolle klären.

GEMSA:
Ich stimme schon mit Herrn BRUNE überein; aber es gibt eine
Theorie, die im Augenblick ganz akzeptabel erscheint: Die Prostaglandine der E-Klasse sind sicherlich proinflammatorische Mediatoren; Sie haben ja Befunde dafür gezeigt. Diese Prostaglandine haben selbst die Fähigkeit, Vasodilatation hervorzurufen
und Wirkungen anderer Mediatoren, z.B. des Bradykinins, zu poten-
zieren. Es scheint so zu sein, daß diese Wirkung sehr rasch in
einem Entzündungsgebiet auftritt, was eine porinflammatorische
Wirkung wäre. Es gibt die Vorstellung, daß die antiinflamma-
torische Wirkung erst sehr viel später auftritt; in diesem Falle
wirkt dann Prostaglandin E inhibitorisch über den Anstieg von
cyclischem AMP auf die Funktion verschiedener Leukocyten, z.B.
Monocyten, Neutrophile, Lymphocyten. Diese Wirkung tritt erst
nach Stunden auf und hält auch für Stunden an.

Man kann also PG-E in der Anfangsphase als einen proinflamma-
torischen Mediator bezeichnen, später scheinen die immunsup-
pressiven Wirkungen aufzutreten.

Frau ROTHER:
Dazu ein Kommentar des Komplementologen: Acetylsalicylsäure (ASA)
aktiviert wie alle sauren Antiphlogistica Komplement. Das sind
in vitro Befunde mit großen Dosen, aber es geht auch in vivo.
Wenn Sie jemandem ein Gramm Aspirin geben, fällt das Komplement
sehr stark ab, und zwar innerhalb von Minuten. Innerhalb einer
Stunde steigt es allerdings wieder etwa auf Normalwerte an.
In vitro ist es aber so, daß man bei Aspirin den pH-Wert gar
nicht einstellen kann, die Lösung reagiert immer wieder sauer
und deswegen entstehen wohl keine Anaphylatoxine. Mit Aspirin
kann man bis zum C2 aktivieren, weiter nicht. Mit Natriumsali-
cylat, wo man im Neutralen arbeiten kann, erhält man die volle
Aktivierung des Komplements inclusive der Freisetzung von
Anaphylatoxinen.

BRUNE:
Haben Sie auch das Lysin-Aspirinat versucht?

Frau ROTHER:
Ja, wenn man diese Substanz in Meerschweinchen injiziert, bekommt man die Freisetzung von Anaphylatoxinen.

BRUNE:
Ich bin froh, daß Sie das nachtragen. Dieser Effekt war etwas
pauschal auf einem meiner Dias angesprochen.

DIERICH:
Sie sehen - wenn ich das richtig verstanden habe - die Wirkung
der Säuren eher in der Zellmembran. Sie haben in Ihrem Vortrag
angesprochen, daß es immer klarer wird, daß das Komplement-
System in der Zellmembran verankert ist und möglicherweise für
die Zellphysiologie eine große Rolle spielt. Hier ergibt sich
möglicherweise ein Berührungspunkt zwischen den in Lösungen
und an Zellen untersuchten Effekten.

BRUNE:
Ich sehe gar keinen Widerspruch. Die Zellmembran trägt, wie
andere biologische Makromoleküle, lipophile Nischen, in die
Säuren, wie die nicht-steroidalen Antiphlogistika, hinein-
passen. Es liegt auf der Hand, daß diese Pharmaka aufgrund der
hohen Konzentrationen, in denen sie in bestimmten Körperregionen vorliegen können, die verschiedensten makromolekularen
Formationen in ihrer Funktion beeinflussen können. Es ist
Ihnen sicher bekannt, daß z.B. Phenylbutazon in unrealistisch
hohen Konzentrationen die Funktion aller untersuchten Enzymsysteme hemmen kann.

VONDERSCHMITT:
Meine Frage geht in eine ganz andere Richtung; ich weiß nicht
einmal, ob sie sich an Herrn BRUNE richtet: Sie haben gesagt,
daß die Natur offensichtlich die Abwehr nicht einem einzelnen
System überläßt, sondern daß es eine ganze Reihe verschiedener
Systeme gibt. Solche Systeme sind sicher in der Ontogenese nicht
alle gleichzeitig aufgetreten; gibt es Hinweise auf eine mögliche Reihenfolge der Entstehung?

GREILING:
Untersuchungen zur biochemischen Ontogenese der Entzündung sind
mir nicht bekannt. Möglicherweise war die erste zelluläre pri-
mitive Reaktion gegen einen Fremdkörper die Freisetzuung lysosomaler Enzyme, wie z.B. von Proteasen. Erst später erfolgte
wahrscheinlich die Bildung von Enzymen zur Biosynthese von Mediatoren. Die letzte Entwicklungsphase der Entzündungskaskade
könnte die Bildung der Enzyme für die Makromoleküle der Repa-
raturphase gewesen sein.

Indirekte Hinweise erhält man über die Angriffspunkte von entzündungshemmenden Substanzen. In der Regel sind alle antiphlogistisch wirksamen Verbindungen Inhibitoren der Prostaglandin-
synthetase. Jedoch sind auch andere Wirkungsmechanismen zu diskutieren, wie z.B. die Azetylierung durch Acetylsalicylsäure
von Nukleinsäuren und ribosomalen Proteinen, Immunglobulinen,
Thrombozyten und Transferrin, oder es erfolgt z.B. eine Hemmung
der Biosynthese von Glykoproteinen durch Antiphlogistika.
Glykoproteine sind wichtige Bestandteile der Zellmembran und als
zytoprotektive Glykoproteine Bestandteile der Magen- und Darmschleimhaut. Überdosierungen von entzündungshemmenden Substanzen, wie z.B. von Indometacin können u.a. aufgrund der
Synthesehemmung der Glykoproteine zu Darm- und Magenblutungen
führen.

Die Frage nach der Phylogenese und Ontogenese müßte auch immunologisch und pharmakologisch diskutiert werden.

BRUNE:
Phylogenetisch kam zuerst die celluläre und dann die humorale
Immunität.

GUDER:
Ich finde, man sollte die Frage von Herrn VONDERSCHMITT noch
einmal weiter verfolgen: Entwickelten sich die verschiedenen
Systeme der Entzündung in Stufen?

KALDEN:
Es steht fest, daß die unspezifischen, die phagocytose-aktiven
Mechanismen, den spezifischen, auf ein Antigen gerichteten
Mechanismen, vorauslaufen. Phylogenetisch kamen zuerst die Mono-
cyten, Macrophagen und Granulocyten und dann erst die Lymphocyten.

RICK:
Gibt es Messungen des pH-Wertes der Extracellulärflüssigkeit im
Bereich von Entzündungen?

BRUNE:
Ja - man findet in der Literatur Angaben, die etwas schwanken.
Angaben von pH 5,8 müssen wohl bezweifelt werden. Im allgemeinen
findet man für akute Entzündungen oder akut aktivierte Entzündungen pH-Werte um 6,8. Das halte ich für glaubhaft. Ähnliche Werte haben wir auch schon im Tierversuch gemessen. Für
alle Verteilungs-Überlegungen würde ich einen pH von 6,8 zugrunde
legen. Natürlich liegt im Gewebe ein sehr komplexes, stark ge-
puffertes System vor.

RICK:
Aber weniger gepuffert als im Serum.

Eine zweite Frage: Die Eiweißbindung wird wohl vor allem an
Albumin stattfinden, ist das richtig?

BRUNE:
Ja.

RICK:
Dann müßte man doch relativ einfach Modellversuche machen können.
Das entscheidende Phänomen ist doch, daß das Protein-gebundene -
und in dieser Form wohl unwirksame - Pharmakon von Protein ab-
gekoppelt wird. Lassen sich Unterschiede zwischen dem normalen
Plasma-pH-Wert und pH 6,8 schon nachweisen?

BRUNE:
Es ist von Herrn KURZ, München, für Phenylbutazon beschrieben
worden, daß bei pH 7,4 99% und bei pH 7,0 94% Bindung vorliegen.
Der Unterschied erscheint gering, aber die freie Fraktion wird
auf das 5-fache erhöht! Insofern kann der Unterschied schon relevant sein. Wir haben einmal Verteilungsversuche mit Zellsus-
pensionen gemacht. Eine Senkung des extracellulären pH führte
zu erheblichen Umverteilungen. In der Zelle stieg die Indome-
tacin-Konzentration bis auf das 4-fache, wenn das extracellu-
läre pH auf 6,8 gesenkt wurde.

RICK:
Den Unterschied von 5% an gebundenem Pharmakon muß man ja so
sehen, daß freigesetztes sofort on den Zellen aufgenommen und
nach dem Massenwirkungsgesetz immer wieder freies Pharmakon
nachgebildet wird.

Noch eine letzte Frage: Sie sprachen von der Anreicherung im
Gebiet der Entzündung. Soviel ich erkennen konnte, haben Sie
bei Ihren Versuchen entblutete Ratten verwendet. Wie sieht das
wohl aus, denn man die Tiere nicht entblutet?

BRUNE:
Die Entblutung dient nur dazu, große, im entzündeten Gewebe
auftretende Blutvolumina zu reduzieren. Natürlich ist ein Versuchstier nach dem Entbluten nicht blutleer. Trotzdem läßt
sich feststellen - und ich betone das, weil diese Aussage häufig
falsch verstanden wird - daß das entzündete Gewebe nach der
Applikation von nicht-steroidalen Antiphlogistika hohe Konzentrationen zeigt. Diese Konzentrationen sind im allgemeinen nicht
wesentlich höher als diejenigen, die im Plasma auftreten, wobei
anzumerken ist, daß diese Pharmaka ihre höchsten Konzentrationen
generell im Plasmaraum erreichen. In Abb. 1 ist dargestellt, wie
sich der Konzentrationsgang nicht-steroidaler Antiphlogistika
im Plasmaraum, im entzündeten Gewebe und im nicht-entzündeten
Bindegewebe etwa entwickelt. Gewaltige Anreicherungen weit über
das hinaus, was an Konzentrationen im Plasmaraum zu finden ist,
sind nicht zu erwarten, und sie sind auch nie gefunden worden,
obwohl einige Experimentatoren neue Theorien auf eine aktive
unter Energieverbrauch stattfindende Anreicherung im entzündeten
Gewebe abstellen.

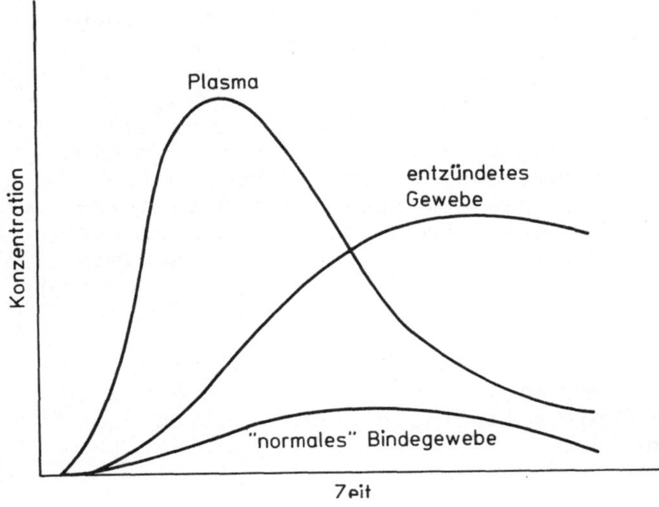

Abb. 1. Konzentrations-
verlauf eines nichtsteroidalen Antiphlogisticums
im Plasma sowie im normalen
und entzündeten Gewebe

TRAUTSCHOLD:
Eine allgemeine und eine spezielle Frage: Sie haben zur Zeit den
Sinn einer Prostagladin-Bestimmung für die Routine verneint, aber
für die Entzündungsforschung bejaht. Würden Sie bei einer Entzündung die Bestimmung im Blut oder im Plasma vorziehen; oder
würden Sie glauben, daß es sinnvoller wäre, Zellen - z.B. Blutzellen bestimmter Species - zu untersuchen, weil ja ein Stimulus zur Mobilisierung der Arachidonsäure vorausgehen muß?

BRUNE:
Wenn ich Sie richtig verstehe, meinen Sie Messungen zur Stimulierung der Prostaglandin-Biosynthese?

TRAUTSCHOLD:
Ja; ich meine anstelle einer Messung im Plasma Thrombocyten oder
Polymorphkernige untersuchen und prüfen, ob sie pro Zeiteinheit
und unter bestimmten Bedingungen mehr oder weniger Prostaglandine synthetisiereen als bei Gesunden.

BRUNE:
Ich habe da wenig Hoffnungen; denn die Zellen im Entzündungs-
gewebe verhalten sich ganz unterschiedlich, je nach dem, wie
der entzündliche Stimulus ist, wann die Zellen aktiviert worden
sind, wie lange sie im entzündlichen Gewebe zugebracht haben
usw. Bei Blutzellen ist das evtl. anders.

TRAUTSCHOLD:
Im Gewebe weiß ich es nicht, aber bei Blutzellen weiß ich es
relativ genau, denn diese leben ja nur eine bestimmte Zeit in
einer bestimmten Form.

BRUNE:
Auch hier sehe ich Schwierigkeiten; denn die Freisetzung von
Prostaglandinen und Leukotrienen ist ein akutes Phänomen und
jede Bearbeitung von Blutzellen kann deren Speicher von Prosta-
glandinvorläufern bereits vermindert haben, so daß die Aussage
selbst bei streng kontrollierter Methodik unsicher bleibt.

TRAUTSCHOLD:
Meine andere Frage ist: Wenn man den allgemeinen Status der
Prostaglandin-Biosynthese abschätzen will, müßte man ja viele
einzelne Prostaglandine oder zumindest verschiedene Prosta-
glandin-Gruppen bestimmten. Ist das gemeinsame Mit-Reaktions-
produkt Malonyl-dialdehyd, das stöchiometrisch mit den Prostaglandinen entsteht, eine repräsentative Größe für die Gesamt-
Prostaglandin-Aktivität?

BRUNE:
Seit es die Möglichkeiten gibt, stabile Prostaglandinmetabo-
liten zu messen, erscheint es wenig sinnvoll, das wenig aussage-
kräftige Nebenprodukt der Prostaglandinsynthese, nämlich das
Malondialdehyd, zu messen.

GEMSA:
Mit aufwendigen Methoden kann man vielleicht Zellen aus dem
Blut isolieren und dann messen, was sie spontan oder unter

Stimulus manchen. Das entzieht sich aber sicher den meisten
klinisch-chemischen Laboratorien. Ist es nicht möglich, die
Abbauprodukte der Prostaglandine im Blut und-oder im Urin re-
präsentativ zu erfassen? Kann man über diesen Weg eventuell erfassen, was an PG-E, Thromboxan, oder anderen Substanzen gebildet wurde? Ich sehe hier eine Chance, nachträglich herauszu-
bekommen, ob ein akuter Entzündungsprozeß oder eine andere Dysregulation vorgelegen hat.

FRITZ:
Von vielen Kollegen wird heute der Beweis, daß eine Kininwirkung
über die Prostaglandin-Synthese läuft - und damit die biologische
Wirkung erzeugt wird - darin gesehen, daß Indometacin oder
Aspirin den Effekt hemmen. Aus Ihren Resultaten entnehme ich,
daß dieser Schluß gar nicht so folgerichtig ist; zum Beispiel
könnte auch direkt am Kininrezeptor etwas passieren.

BRUNE:
Ich bin vollkommen Ihrer Meinung, Herr FRITZ. Man kann nicht
jede Wirkung, die indometazin hat, auf eine Hemmung der Prostaglandinsynthese zurückführen, und die Forschung der kommenden
Jahre wird sich mit der Spezifität der Effekte von Indometazin
und Acetylsalicylsäure noch weiterbeschäftigen müssen.

Zweite Sitzung

Moderator: I. Trautschold

Lysosomale Proteinasen als Mediatoren der unspezifischen Proteolyse bei der Entzündung

H.Fritz, M.Jochum, K.-H.Duswald[1], H.Dittmer[2] und H.Kortmann[2]

Einleitung

Schwere Verletzungen oder Infektionen werden von einer Reihe
von Entzündungsreaktionen begleitet, der sog. Entzündungsantwort
(inflammatory response) des Organismus. Diese beinhaltet:
1. Die Aktivierung humoraler Systeme wie Gerinnung, Fibrinolyse, Komplement- und Kallikrein-Kinin-Kaskaden und 2. die
Stimulierung der sog. Entzündungszellen, insbes. von Phagozyten, Mastzellen und Lymphozyten, aber auch von Streßhormone
produzierenden Zellen. Bei der Aktivierung humoraler Systeme
gebildete Faktoren sind oft potente Stimulatoren der Entzündungszellen und von diesen produzierte oder freigesetzte Faktoren
können ihrerseits humorale Systeme aktivieren. Die bei der Entzündungsantwort initiierten Reparationsmechanismen stellen
offensichtlich ein sehr komplexes Geschehen mit den vielfäl-
tigsten Beziehungen zwischen den verschiedenen Systemen des
Organismus dar [1].

Lysosomale Proteinasen

Physiologische und pathobiochemische Aspekte

Im Mittelpunkt dieses Berichtes stehen mögliche Pathomechanismen, die durch lysosomale Proteinasen verursacht werden können,
wenn diese während der Entzündungsantwort extrazellulär freigesetzt werden. Phagozyten wie z.B. die polymorphkernigen Granulozyten und Makrophagen enthalten eine große Zahl von Lysosomen, die mit einem hohen Potential an hydrolytischen und proteolytischen Enzymen ausgestattet sind [2]. Normalerweise be-
nützen die Phagozyten diese Enzymausstattung sowie zusätzlich
oxidierende Agentien, die bei der Phagozytosestimulierung gebildet werden, im wesentlichen für zwei Funktionen: 1. für den
intrazellulären Proteinkatabolismus, d.h. den Abbau verbrauchter
endogener Substanzen des Organismus sowohl intra- als auch
extrazellulären Ursprungs und 2. zur Abwehr invasiver Organismen, d.h. die Inaktivierung phagozytierter Viren und Bakterien. Die lysosomalen Enzyme erfüllen demnach ihre physiologische Funktion *innerhalb* der Zelle in den Phagolysosomen.

---

[1] Chirurgische Klinik Innenstadt der Universität München
[2] Chirurgische Klinik im Klinikum Großhadern der Universität München

Entkommen lysosomale Enzyme im Verlaufe einer Entzündung in
das extrazelluläre Milieu, so können sie die Entzündungsantwort des Organismus auf zweierlei Wegen verstärken (Abb. 1):
1. Durch selektive Proteolyse werden Proenzyme und Kofaktoren
aktiviert sowie biologisch hochaktive Proenzyme und Kofaktoren
aktiviert sowie biologisch hochaktive Polypeptide wie Kinine
und Anaphylatoxine gebildet; die aktiven Enzyme werden dann
durch spezifische Interaktionen mit ihren natürlichen Inhibitoren gehemmt und als inaktive Enzym-Inhibitor-Komplexe eliminiert. Diesen Vorgängen liegen Reaktionsmechanismen von
hoher Selektivität zu Grunde, so daß man von einem *spezifischen*
Verbrauch der Faktoren der Gerinnungs-, Fibrinolyse-, Komple-
ment- und Kallikrein-Kinin-Systeme sprechen kann. - 2. Durch
unspezifische Proteolyse, d.h. durch einfache Verdauung werden
lösliche Faktoren (z.B. Antithrombin III) oder Strukturproteine
inaktiviert bzw. zerstört [4-8]. Solch *unspezifische* Verbrauchsreaktionen können ebenfalls von der Bildung toxischer Polypeptide begleitet sein; ein Beispiel dafür sind die gerinnungs-
hemmenden Fibrin(ogen)-Spaltprodukte [9].

Klinisch steht bei Patienten mit schweren Entzündungen und Poly-
traumen das Organversagen bei Lunge, Leber und Niere im Vordergrund. Es ist dabei auffallend, daß die genannten Organe besonders reich an Zellen mit hohem Lysosomengehalt sind. Dazu gehören die Endothelzellen, Mastzellen, Fibroblasten und Makrophagen, sowie die polymorphkernigen Granulozyten, die während
einer massiven Entzündungsantwort rasch in der Lunge akkumu-
lieren. Ein möglicher Zusammenhang zwischen der klinisch be-
obachtbaren Reihenfolge des Organversagens (Lunge>Leber>Niere)
und der organständigen loysosomalen Verdauungskapazität ist deshalb unseres Erachtens ernstlich in Erwägung zu ziehen.

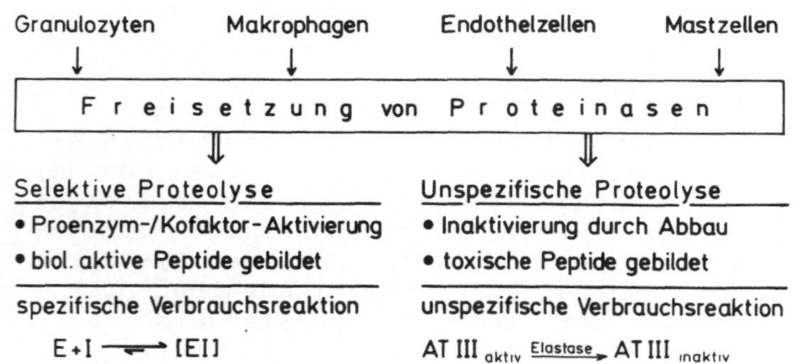

<u>Abb. 1.</u> Schematische Darstellung der Freisetzung lysosomaler Proteinasen
aus verschiedenen Körperzellen und der dadurch gegebenen Reaktionsmöglich-
keiten. *E* = Enzym; *I* = Inhibitor; *EI* = Enzym-Inhibitor-Komplex; *AT III*
= Antithrombin III

Von den bislang bekannten lysosomalen Enzymen kommt den neutralen Proteinasen der polymorphkernigen Granulozyten (Neutrophilen), Elastase und Cathepsin G, besondere Bedeutung zu. Sie
werden analog wie die "sauren" Cystein- (Cathepsin B, H, L) und
Aspartat-Proteinasen (Cathepsin D, E) in voll aktiver Form in
den Lysosomen gespeichert. Beide, die Elastase und das Chymo-

trypsinähnliche Cathepsin G, besitzen eine nahezu unbegrenzte
Spaltspezifität [3, 10]und sind deshalb imstande, zahlreiche
humorale Faktoren einschließlich von Proteinaseinhibitoren
[4, 11] durch Verdauung zu inaktivieren; sie zerstören aber
auch native Elastin- [6] und Kollagenfasern vom Typ III und IV
unter physiologischen Bedingungen (pH, etc.) (Tabelle 1). Die
hohe Syntheserate von über 1 g neutraler Leukozytenproteinasen
pro Tag beim Menschen ist ein augenscheinliches Indiz für die
effektive lysosomale Verdauungskapazität des Organismus.

Tabelle 1. Natürliche Substrate neutraler Proteinasen aus polymorphkernigen
Granulozyten

Proteinase[a]	Biologische Substrate
Elastase	• Elastin, Kollagen III + IV, Proteoglykane, Fibronektin
	• Komplement-Faktoren (C3 + C5) + Immunglobuline
	• Protein-Inhibitoren (AT III, α_2 PI, C1 INA; ITI)
	• Transportproteine (Transferrin + Präalbumin)
Kathepsin G	• Kollagen I + II, Proteoglykane, Fibronectin
	• Gerinnungs- + Komplement-Faktoren
Kollagenase	• Kollagen I + II + III

[a] > 1 g Umsatz/ Tag
AT III = Antithrombin III; α_2PI = α_2-Plasmininhibitor; C1 INA = C1-In-
aktivator; ITI = Inter-α-trypsininhibitor

Proteinase-Inhibitoren des Plasmas

Funktionelle Bedeutung und Interaktionen

Die Wirksamkeit lysosomaler Proteinasen wird innerhalb der Zelle
begrenzt durch deren Assemblierung in den von Membranen umschlos-
senen Lysosomen und Phagolysosomen und, in geringerem Maße durch
Proteinaseinhibitoren zytosolischer Herkunft [12].

Extrazellulär freigesetzte lysosomale Proteinasen stehen einem
potenten Hemmstoffpool gegenüber [13]. α_2-Makroglobulin (α_2M)
inhibiert effektiv Serin-, Cystein-, Aspartat- und Metallo-
proteinasen; aufgrund seines hohen Molekulargewichts ist die
Wirksamkeit allerdings normalerweise auf das Gefäßsystem be-
schränkt. α_1-Proteinaseinhibitor (α_1PI; früher auch α_1-Anti-
trypsin genannt), der wichtigste Hemmstoff der lysosomalen Ela-
stase aus Neutrophilen, kommt in hoher Konzentration im Blut vor,
man findet ihn aber auch in beträchtlicher Menge in der inter-
stitiellen Flüssigkeit und in mukösen Sekreten. α_1-Antichymo-
trypsin (α_1AC), ein sehr rasch reagierendes Akutphasenprotein
mit Maximalspiegeln bis zum Sechsfachen der Norm, ist ein

potenter Inhibitor des Cathepsin G aus Neutrophilen und der
Chymase aus Mastzellen. Die Konzentration von α_1PI und α_1AC
im Plasma sind mit Abstand höher als die der anderen bekannten
Proteinaseinhibitoren [13]. Insgesamt stellen die Proteinaseinhibitoren die drittgröße Gruppe an Plasmafaktoren; sieht man
von Albumin und den Immunglobulinen ab, so sind über 60% der
verbleibenden Proteine Inhibitoren für Proteinasen. Dies kann
als ein indirekter Hinweis für die eminente Bedeutung von Proteinaseinhibitoren zur Regulation der Proteinaseaktivitäten des
Organismus gewertet werden.

Die Beziehungen zwischen den bekannten plasmatischen Proteinaseinhibitoren und ihren natürlichen Zielenzymen sind in Abb. 2
schematisch dargestellt. Eine überschießende Aktivierung der
humoralen Systeme des Blutes (Blutsysteme) wird vorwiegend durch
drei Inhibitoren verhindert: Antithrombin III (AT III) reguliert
die Gerinnung, der α_2-Plasmininhibitor (α_2PI) die Fibrinolyse,
der C1-Inaktivator (C1 INA) sowohl die Komplementaktivierung
über den klassischen Weg als auch die endogene (intrinsische)
Gerinnungskaskade, letzteres durch Hemmung des Plasma-Kalli-
kreins und Hagemanfaktors bzw. des Hagemanfaktor-Fragments der
Molekülmasse von 28 000 Dalton.

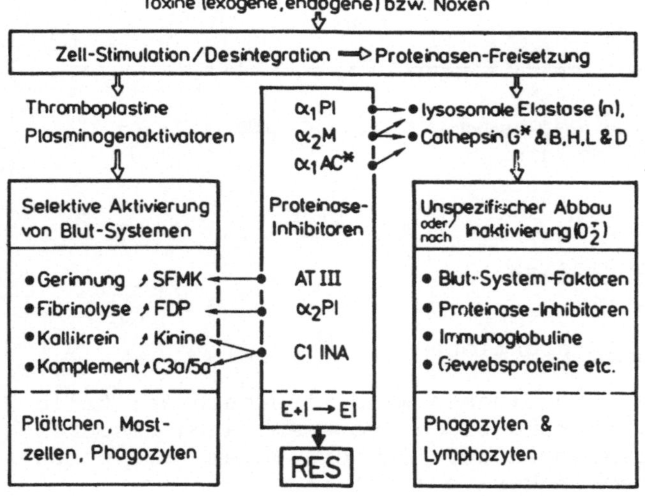

Abb. 2. Aktivierungs- und Verbrauchsreaktionen, die durch bei Stimulation oder Desintegration von Zellen freigesetzte Proteinasen verursacht werden. Systemspezifische Proteinasen (z.B. Thrombokinase und Plasminogenaktivatoren) lösen die Aktivierung der Blutsystemkaskaden aus, wobei auch biologisch hochaktive Polypeptide gebildet werden, z.B. lösliche Fibrinmonomer-Komplexe (*SFMK*), Fibrin(ogen)spaltprodukte, Kinine und Anaphylatoxine (*C3a* und *C5a*), vgl. den *linken* Teil.

Inaktivierung durch unspezifischen Abbau von Plasmafaktoren wird verursacht durch lysosomale Proteinasen, Inaktivierung durch oxidative Denaturierung durch Sauerstoffradikale etc. aus den Phagolysosomen; dabei können ebenfalls toxische Polypeptide gebildet werden (vgl. den *rechten* Teil).
Letztlich reagieren die aktivierten bzw. freigesetzten Proteinasen (*E*) mit ihren Inhibitoren (*I*), z.B. mit α_1PI (α_1-Proteinaseinhibitor), α_2M (α_2-Makroglobulin), α_1*AC* (α_1-Antichymotrypsin), *AT III* (Antithrombin III), α_2*PI* (α_2-Plasmininhibitor) und *C1 INA* (C1-Inaktivator) zu inaktiven Enzym-Inhibitor-Komplexen [EI], die dann durch Phagozyten des retikuloendothelialen Systems (*RES*) eliminiert werden, vgl. den *mittleren* Teil

Das Vorkommen von Komplexen des α_2M mit Plasma-Kallikrein und
Plasmin im Plasma unter bestimmten pathologischen Bedingungen
läßt vermuten, daß dieses multifunktionelle Glykoprotein auch an
der Regulation der Blutsystem-Kaskaden beteiligt ist. Aufgrund
neuerer Erkenntnisse können wir jedoch derzeit davon ausgehen,
daß die Funktion des α_2M vorwiegend in einem Schutz des Organismus vor unspezifischer Proteolyse durch lysosomale Proteinasen
aller Klassen zu sehen ist. Dies betrifft sowohl die neutralen
Proteinasen Elastase und Cathepsin G als auch die sauren Cystein-
bzw. Thiol-Proteinasen Cathepsin B, H, L, die saure Aspartat-
Proteinase Cathepsin D und neutrale Metalloenzyme wie die Collagenase. α_2M ist auch der potenteste Inhibitor der pankreatischen
Trypsine, die bei lokaler oder systemischer Freisetzung patho-
biochemisch besonders effektiv sind: Sie können die Blutsystem-
Kaskaden aktivieren, durch selektive Proteolyse Kinine freisetzen, verschiedene humorale und strukturelle Faktoren durch
Verdauung inaktivieren und dabei zusätzlich toxische Peptide
produzieren. Bemerkenswerterweise ist das α_2M beim Menschen
kein Akutphasenprotein, im Gegensatz zu α_1PI und α_1AC. α_1PI
hemmt außer der Elastase aus Neutrophilen auch sehr effektiv
die Elastase und das Chymotrypsin des Pankreas sowie bakterielle
Elastasen. α_1AC hemmt außer dem pankreatischen Chymotrypsin
zusätzlich die Chymase aus Mastzellen und Cathepsin G aus Neutrophilen [13].

Die Hemmung aktivierter oder liberierter Proteinasen durch die
genannten Inhibitoren hat zur Folge, daß auch die Bildung vaso-
aktiver und toxischer Peptide wie der Kinine und Anaphylatoxine
verhindert wird, ebenso die Proteinase-induzierte Stimulierung
von Entzündungszellen wie z.B. die Thrombin-induzierte Plättchenaggregation sowie die durch Analphylatoxine bewirkte Chemotaxis von Granulozyten.

Die genannten plasmatischen Proteinaseinhibitoren bilden prinzipiell äquimolare Komplexe mit ihren Zielenzymen, in denen
die katalytische Aktivität der Proteinasen praktisch irreversibel blockiert ist. α_2M stellt insofern eine Ausnahme dar, als
es bis zu zwei Enzymmoleküle pro Inhibitormolekül binden kann
und die resultierenden Komplexe Polypeptidsubstrate mit Molekülmassen unter etwa 10 000 Dalton noch zu hydrolisieren vermögen [14, 15]. Sobald jedoch der Enzym-Inhibitor-Komplex gebildet ist, wird er rasch durch das retikuloendotheliale System
(RES) eliminiert [16].

Verbrauch durch lysosomale Faktoren

Die Schwächung des Hemmstoffpotentials für Proteinasen durch
unspezifische Proteolyse zählt zu den bemerkenswertesten path-
logischen Effekten, die durch lysosomale Proteinasen verursacht
werden können. Antithrombin III wird z.B. durch katalytische
Mengen der Elastase aus Neutrophilen rasch inaktiviert [4].
Ähnliches gilt für den α_2-Plasmainhibitor und den C1 Inaktivator
[11]. Selbst der α_1PI wird durch eine Metalloproteinase aus
Makrophagen, lysosomales Cathepsin B und eine bakterielle Elastase inaktiviert [13, 17]. Darüberhinaus führt die Oxidation

des Methioninrestes im reaktiven Zentrum des α_1PI zu einer signifikanten Verringerung der Affinität des Inhibitors zur neutrophilen Elastase [18]. Derart oxidierende Agentien wie z.B. Superoxidanionradikale, Hydroxylradikale und Wasserstoffperoxid in Kombination mit Myeloperoxidase werden in großer Menge in den Phagolysosomen produziert, um dort den Abbau von phagozytiertem Material einschließlich invasiver Organismen zu forcieren. Die Sauerstoffradikale etc. dürften zusammen mit den lysosomalen Enzymen unter den diskutierten pathologischen Bedingungen extrazellulär freigesetzt bzw. wirksam werden [3].

Proteinaseinhibitoren können demnach nach schweren Verletzungen oder Infektionen auf dreierlei Wegen verbraucht werden: 1. durch Komplexbildung mit liberierten lysosomalen und aktivierten plasmatischen Proteinasen, 2. durch unspezifischen proteolytischen Abbau und 3. durch oxidative Denaturierung. Der letztgenannte Mechanismus ist für die pathologische Wirksamkeit der Neutrophilen-Elastase von besonderer Bedeutung. Obwohl der oxidierte α_1PI mit der Neutrophilen-Elastase noch langsam zu reagieren vermag, wird der gebildete Komplex durch Substrate mit hoher Affinität zur Elastase, wie es z.B. das Elastin darstellt, wieder rasch dissoziiert; dies bedeutet, daß der oxidierte Inhibitor die Verdauung natürlicher Substrate durch die Elastase nicht zu verhindern vermag. Pankreatische Elastase wird im Gegensatz zur Neutrophilen-Elastase durch den oxidierten α_1PI nicht gehemmt, s. Abbildung 3.

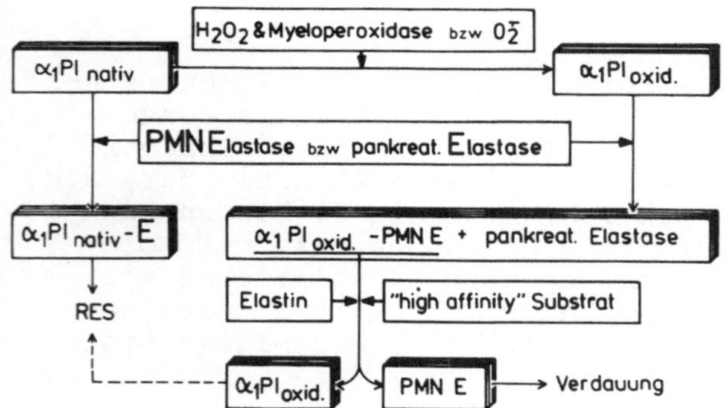

Abb. 3. Affinität von nativem und oxidiertem α_1-Proteinaseinhibitor (α_1PI) zu Elastase (E) aus polymorphkernigen Granulozyten (PMN Elastase) und aus Pankreas. Der oxidierte α_1PI (α_1PI$_{oxid}$) reagiert wesentlich langsamer (ca. 2000 mal) mit der PMN Elastase als nativer α_1PI. Außerdem wird der Komplex der Elastase mit α_1PI$_{oxid}$ durch Substrate mit hoher Affinität zu PMN Elastase wieder dissoziiert, so daß das Enzym wieder verdauen kann. α_1PI$_{oxid}$ bildet keinen Komplex mit pankreatischer Elastase

Freisetzungsmechanismen und Messung liberierter Proteinasen

Von Bedeutung ist in diesem Zusammenhang auch die Frage nach
den Mechanismen, die für eine mehr oder weniger starke Freisetzung lysosomaler Faktoren aus der Zelle verantwortlich sind
[3, 19]. Während bei einer "normalen" Phagozytose nur relativ
geringe Mengen in das umgebende Milieu entkommen sollten, dürften
relativ große Mengen während der sog. frustranen Phagozytose
dorthin abgegeben werden; in diesem Falle versucht der Phagozyt
erfolglos ein für seine Verhältnisse zu großes strukturelles
Element, z.B. eine Plasmamembran oder ein Stück Knorpelsubstanz,
einzuverleiben. Endogene oder exogene Endotoxine können, evtl.
unter Mithilfe des Komplementsystems, eine Desintegration von
Phagozyten bewirken, was mit der Freisetzung des gesamten Inhalts
der Lysosomen und Phagolysosomen in das umgebende Milieu verbunden ist.

Nachweis der liberierten Neutrophilen-Elastase

Aus Neutrophilen freigesetzte Elastase (E) ist in der Zirkulation primär in Form des E-α_1PI-Komplexes nachweisbar. Eine
geringe Menge (ca. 1o% der Elastase wird zwar auch an α_2M gebunden, die Elimination dieses Komplexes aus der Zirkulation
erfolgt jedoch sehr viel rascher ($t_{1/2}$ 10 min) als die des
E-α_1PI-Komplexes ($t_{1/2}$ 1 h), so daß zur Erfassung des E-α_2M-
Komplexes Verfahren mit extremer Empfindlichkeit erforderlich
sind [16]. In lokalen Ergüssen wie der Synovialflüssigkeit kann
sich der E-α_2M-Komplex dagegen u.U. stark anreichern, da er
dort sehr viel langsamer eliminiert wird [20].

Die Bestimmung des E-α_1PI-Komplexes im Rahmen unserer klinischen Studien wurde mittels eines Enzymimmunoassays durchgeführt, den Herr NEUMANN im folgenden Referat vorstellen wird.

Klinische Studien

Elastasefreisetzung nach ausgedehnten Operationen und bei Sepsis

In unserer ersten prospektiven klinischen Studie wurden die
E-α_1PI-Spiegel bei mehr als 120 Patienten, die sich einem ausgedehnten abdominalchirurgischen Eingriff unterziehen mußten,
über einen längeren Zeitraum hinweg verfolgt [21]. Von diesen
Patienten erlitten 30 eine Sepsis, die aufgrund vorab definierter
und allgemein anerkannter Kriterien diagnostiziert wurde: Eindeutig definierter primärer Infektionsherd mit positiver Kultur
der invasiven Organismen, Körpertemperatur über 38,5°C, Leuko-
zytenzahl über 15 000 oder unter 5000 pro mm^3, Plättchenzahl
unter 100 000 pro mm^3 oder mehr als 30 proz. Abfall unter den
präoperativen Wert, positive Blutkultur. Von diesen Patienten
überlebten 14 die Infektion (Gruppe B) während 16 an den

unmittelbaren Folgen der Sepsis verstarben (Gruppe C). Eine
Gruppe von 11 Patienten (A) mit unkompliziertem postoperativen
Heilungsverlauf diente als Kontrolle.

Die Spiegel der komplexierten Elastase gesunder Probanden und
die preoperativen Werte nicht infizierter Patienten lagen unter
100 ng/ml. Das operative Trauma verursachte einen Anstieg bis
zum dreifachen der Norm (s. Abb. 4). Der bereits präoperativ
erhöhte Mittelwert der Gruppe C ist darauf zurückzuführen, daß
hier 6 Patienten bereits vor der Operation an einer massiven
Infektion litten. Der langsame Abfall des Mittelwertes dieser
Gruppe nach der Operation ist wahrscheinlich durch die Entfernung des Infektionsherdes verursacht worden. Im Gegensatz
zur Gruppe A beobachteten wir bei den Patienten der Gruppen B
und C postoperativ mäßig erhöhte E-α_1PI-Spiegel für mehrere
Tage. Zum Zeitpunkt der Diagnose der Sepsis stiegen diese Spiegel
weiter an, im Mittel bis zum Sechsfachen der Norm bei Gruppe B
und bis zum Zehnfachen bei Gruppe C. Bei Patienten beider
Gruppen wurden individuelle Maximalwerte bis zu 2 500 ng/ml gemessen. Besonders interessant ist, daß bei andauernder Sepsis
die E-α_1PI-Spiegel bis zum Eintritt des Todes hoch blieben
(Gruppe C), während die parallel zur Genesung bis auf den Normbereich absanken (Gruppe B).

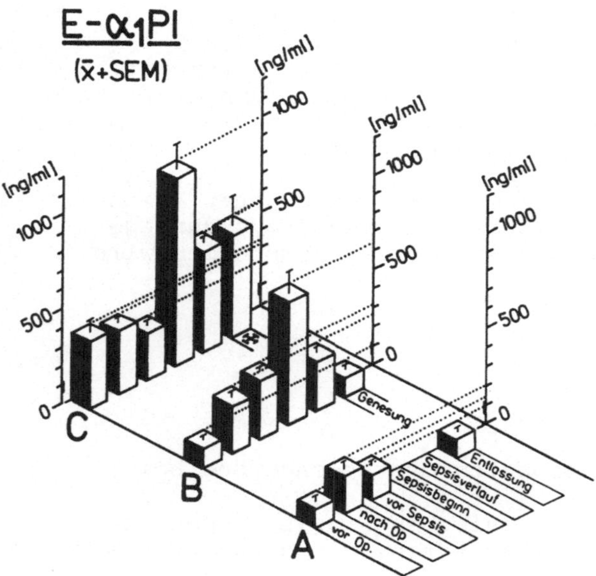

Abb. 4. Mittelwerte der Plasmaspiegel der Elastase im Komplex mit α_1-Pro-
teinaseinhibitor (E-α_1PI) für Patientenkollektive vor und nach ausgedehnten
abdominalchirurgischen Eingriffe. *Gruppe A* (n=11): Patienten ohne postoperative Infektion; *Gruppe B* (n=14): Patienten, die eine postoperative Sepsis
überlebten; *Gruppe C* (n=16): Patienten, die an den Folgen einer postoperativen Sepsis verstarben. Die E-α_1PI-Spiegel sind wiedergegeben als Mittelwerte
($\pm$ SEM) für den Tag vor der Operation, den Tag nach der Operation, sowie für
die postpoerative Phase vor Eintritt einer Sepsis, zu Beginn der Sepsis und
während der Sepsis. Die letzten Bestimmungen erfolgen am Tage der Entlassung
bei Patienten der *Gruppe A*, am Tage der Genesung bei Patienten der *Gruppe B*
und kurz vor dem Tode bei Patienten der *Gruppe C*. Normalbereich = 60 - 110 ng/ml

Elastasefreisetzung und Veränderungen von Plasmafaktoren einschließlich der Proteinaseinhibitoren bei der Sepsis

Zusätzlich zum E-α_1PI-Spiegel wurden auch solche Plasmafaktoren gemessen, die einen typischen Verlauf nach Stimulierung durch ein entzündliches Ereignis erwarten ließen.

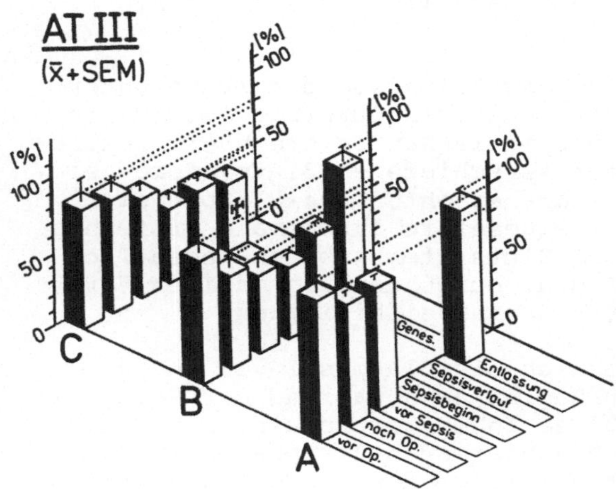

Abb. 5. Mittelwerte der Plasmaspiegel des Antithrombin III (AT III), gemessen mit einem funktionellen Test, bei Patienten mit ausgedehnten abdominalchirurgischen Eingriffen und ggfs. anschließender Sepsis. Details sind in der Legende zu Abb. 4 angegeben.

Plasmaspiegel: erhöht (↑), erniedrigt (↓) : (↑↑) hoch-signif.　(↑) signif.　(n) normal

Parameter		Sepsis	Prefinal	Genesung
E-α_1PI Komplex	c	↑↑	↑↑	n
Antithrombin III	a	↓↓	↓↓	n
Faktor XIII	a	↓↓	↓↓	n
α_2-Makroglobulin	a	↓↓	↓↓	n
	c	↓↓	↓↓	n-↓
C-reactives Protein	c	↑↑	↑↑	n
α_1-Proteinaseinhibitor	a	n-↑	n-↑	n-↑
α_2-Plasmininhibitor	a	n	n	n
α_1-Antichymotrypsin	c	↑	n	n
C1 Inaktivator	a	n-↑	n	n-↑
	c	n	n	n

[a] Aktivitätstest　[c] Konzentrationsbestimmung (immun.)

Abb. 6. Beziehungen zwischen den Konzentrationen des Elastase-α_1-Proteinaseinhibitor-Komplexes (E-α_1PI) und denen anderer Plasmafaktoren bei Patienten mit ausgedehnten abdominalchirurgischen Eingriffen und anschließender Sepsis. Hochsignifikant erhöhte Plasmaspiegel des E-α_1-PI und C-reaktiven Proteins (unspezifisches Akutphasenprotein) sind korreliert mit einem hochsignifikanten Verbrauch von Antithrombin III, Faktor XIII und α_2-Makroglobulin während der Sepsis und präfinal; die Plasmakonzentrationen der genannten Faktoren normalisierten sich bei allen Patienten, die die Infektion überlebten. Die weiteren angeführten Proteinaseinhibitoren (α_1-Proteinaseinhibitor, α_2-Plasmainhibitor, α_1-Antichymotrypsin und C1-Inaktivator), die alle Akutphasenproteine darstellen, zeigten normale oder mäßig erhöhte Plasmaspiegel

Die Aktivität von Antithrombin III, des wichtigsten regulatorischen Inhibitorproteins der Gerinnungskaskade, zeigte ein dem E-α_1PI-Spiegel diametral entgegensetzes Verlaufsmuster (Abb. 5). Besonders zu Beginn und während der Sepsis wurden so niedrige AT III-Spiegel erreicht, daß aus klinischer Sicht ein erhebliches Risiko für eine Hyperkoagulopathie bzw. disseminierte intravaskuläre Gerinnung (DIC) gegeben war. Dem AT III analoge Verlaufsmuster wurden auch für α_2M und den fibrinstabilisierenden Faktor XIII gefunden (Abb. 6), die detaillierten Ergebnisse finden sich bei [21].

Der massive Verbrauch des α_2M und AT III sowie der Trägeruntereinheit des Faktor XIII - einem sensitiven Substrat der lysosomalen Elastase - neben seiner enzymatischen Untereinheit reflektiert die gestörte Hämostase der verschiedenen Blutsysteme bei der Sepsis. Die parallel dazu stark erhöhten E-α_1PI-Spiegel legen die Vermutung nahe, daß freigesetzte lysosomale Proteinasen an der Störung der Hämostase der Blutsystemkaskaden wesentlich beteiligt sind, und zwar vorwiegend durch den übermäßigen Verbrauch regulatorisch wirksamer Proteinaseinhibitoren.

Interessanterweise veränderten sich die Plasmaspiegel von α_1PI, α_2PI, α_1AC und C1 INA weder zu Beginn noch während der Sepsis in auffallender Weise (Abb. 6). Diese Inhibitorproteine sind, im Gegensatz zu AT III und α_2M, bekanntermaßen Akutphasenproteine. Deshalb steigt ihre Syntheserate infolge des durch das operative Trauma oder die Sepsis ausgelösten Entzündungsreizes beträchtlich an, so daß - abhängig vom Inhibitorprotein - zwei- bis sechsfach über die Norm erhöhte Inhibitorspiegel im Plasma erreicht werden. Auf diese Weise ist der Organismus imstande, den durch Komplexbildung und/oder Inaktivierung bedingten Verbrauch wichtiger Inhibitorproteine zu kompensieren, solange die Leber funktionell voll aktiv ist. Bei den Patienten dieser Studie wurde der erste massive Entzündungsreiz (zumindest bei den nicht infizierten Patienten) durch das operative Trauma gesetzt, so daß genügend Zeit für eine optimale Akutphasenreaktion zur Erreichung maximaler Inhibitorspiegel im Plasma verfügbar war. Diese Annahme wird durch den Konzentrationsverlauf des C-reaktiven Proteins, eines unspezifischen Akutphasenproteins gestützt, für das drei Tage nach der Operation bereits maximale Plasmaspiegel gemessen wurden. Zu Beginn und während der Sepsis wurde dann kein weiterer Anstieg des C-reaktiven Proteins mehr beobachtet, so daß dieser Parameter für eine Diskriminierung zwischen den Patientengruppen A und B und C andererseits zu Beginn der Sepsis sowie zwischen den B- und C-Patienten im Verlaufe der Sepsis nicht geeignet ist (Abb. 7). Offensichtlich markiert der E-α_1PI-Spiegel sowohl den Beginn als auch den Verlauf der Sepsis wesentlich spezifischer als das C-reaktive Protein.

In diesem Zusammenhang sind die Bestimmungsmethoden für die Proteinaseinhibitoren besonders zu beachten. Sofern sowohl ein funktioneller Test als auch eine immunologische Konzentrationsbestimmung angewandt wurde (letztere erfaßt neben dem aktiven Inhibitor auch inaktiviertes Inhibitorprotein und ggfs. Enzym-Inhibitor-Komplexe), kann der aktuelle Verbrauch an Inhibitor aus der Differenz beider Analysenwerte errechnet werden (Abb. 8);

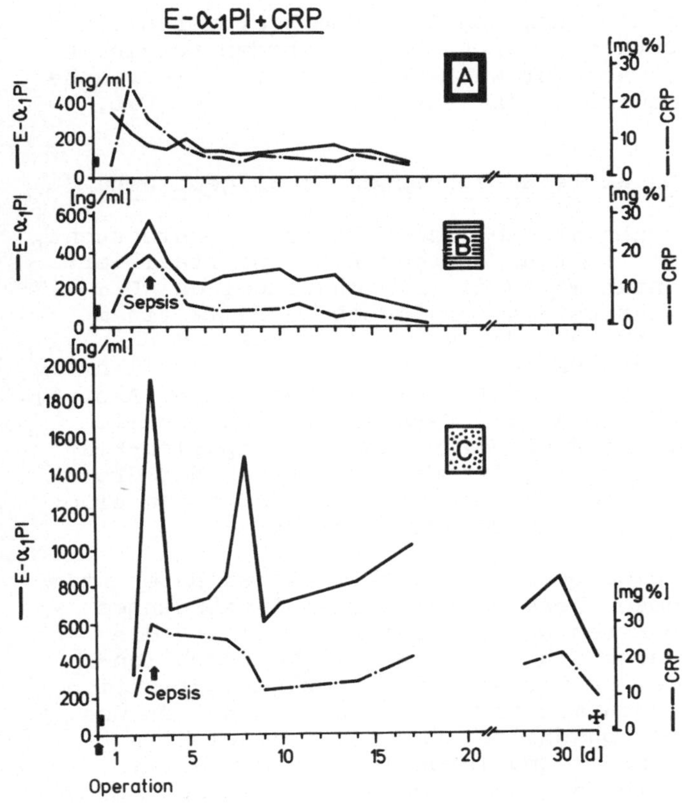

Abb. 7. Vergleich der Plasmaspiegel des Akutphasenproteins C-reaktives Protein und der mit α_1-Proteinaseinhibitor komplexierten Elastase (Eα_1PI) bei drei Patienten mit abdominal-chirurgischen Eingriffen. Patient *A* erlitt postoperativ keine Infektion; Patient *B* überlebte eine postoperative Sepsis; Patient *C* verstarb an den Folgen einer postoperativen Sepsis. Die letzten Bestimmungen erfolgten am Tage der Entlassung bei Patient *A*, am Tage der Genesung bei Patient *B* und kurz vor dem Tode bei Patient *C*

Proteinase-Inhibitoren als Akutphasen-Proteine

$$(\alpha_1 PI \equiv \alpha_1 AT, \alpha_2 PI, C1 INA, \alpha_1 AC)$$

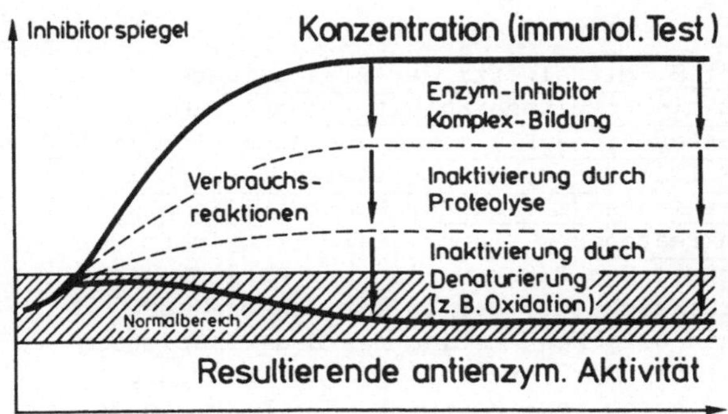

Abb. 8. Ursachen für die Diskrepanz zwischen immunologisch meßbarer Proteinkonzentration und antienzymatischer Aktivität bei plasmatischen Proteinaseinhibitoren, die auf einen Entzündungsreiz als Akutphasenproteine reagieren. Der Verbrauch durch Komplexbildung und andere Inaktivierungsprozesse kann durch die erhöhte Syntheserate kompensiert werden, so daß die Hemmaktivität im Normalbereich liegt. Die Abkürzungen sind in der Legende von Abb. 3 erklärt

aus klinischer Sicht ist ein funktioneller Hemmtest vorzuziehen.
Im Falle des α_2-Makroglobulin ergaben beide Methoden vergleich-
bare Resultate (Abb. 6), was sehr wahrscheinlich auf die rasche
Elimination der α_2-M-Proteinase-Komplexe zurückzuführen ist.

Pankreatogener Schock und akute Entzündungen im allgemeinen

In einer weiteren klinischen Studie wurden Patienten untersucht,
die mit der Diagnose einer akuten Pankreatitits hospitalisiert
wurden. Bei diesen Patienten waren die Plasmaspiegel des E-α_1-PI-
Komplexes stark erhöht, insbes. in der Schockphase mit einem
Mittelwert um das Zehnfache über der Norm (n=8) bzw. um das
Zwanzigfache (n=9), wenn ein Patient mit einem individuellen
sechzigfachen Anstieg in das Kollektiv einbezogen wurde (Abb. 9).
Die Plasmaspiegel des α_2M und AT III verhielten sich, ähnlich
wie bei der Sepsis, d.h. die Freisetzung der Neutrophilen-Elastase war wiederum von einem signifikanten Verbrauch der Proteinaseinhibitoren AT III und α_2M begleitet und damit von einer
entsprechend gestörten Homöostase der Blutsysteme.

Die bislang verfügbaren biochemischen und klinischen Daten stimmen mit folgender Hypothese überein: Bei akuten Entzündungen
wie der Sepsis und dem pankreatogenen Schock korreliert die
Menge an freigesetzter und systemisch faßbarer Neutrophilen-
Elastase nicht nur mit dem Schweregrad der Entzündungsreaktion
des Organismus, sondern auch mit der klinischen Situation des
Patienten. Die Störung des physiologischen Gleichgewichts
zwischen endogenen Proteinasen und ihren Inhibitoren dürfte
eine wesentliche Ursache für die ablaufenden Pathomechanismen
sein. Diese Ansicht wird durch die Resultate tierexpiermen-
teller Studien gestützt [22]. Hier konnte bei frühzeitiger

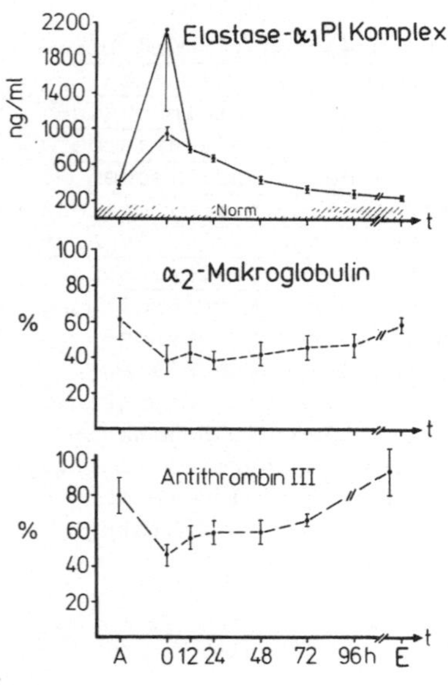

Abb. 9. Mittelwerte der Plasmaspiegel der
mit α_1-Proteinaseinhibitor komplexierten
Elastase (E-α_1PI) sowie von Antithrombin III
(AT III) und α_2-Makroglobulin (α_2M) bei
9 Patienten mit akuter Pankreatitis bzw.
pankreatogenem Schock. Beim Mittelwert der
unteren E-α_1PI-Kurve ist ein Patient nicht
berücksichtigt, der in der Schockphase
einen 60fachen Anstieg des E-α_1PI-Spiegels
über die Norm aufwies. Auf der Abszisse
sind angegeben: Zeitpunkt der Diagnose der
akuten Pankreatitis (A); Schockphase (O)
mit daran anschließender Zeitskala in
Stunden (h) zur Dokumentation des weiteren
Krankheitsverlaufs (Genesung); Zeitpunkt
der Entlassung (E)

Applikation exogener Proteinaseinhibitoren der Verbrauch verschiedener Plasmafaktoren einschließlich des AT III und Faktor XIII im Verlaufe der Endotoxinämie reduziert werden.

Mehrfachverletzungen und Bluttransfusionen

Ein interessantes Verlaufsmuster hinsichtlich der Plasmaspiegel des E-α_1PI-Komplexes wurde von uns bei Mehrfachverletzten beobachtet- Zur Erfassung des Ausmaßes der Gewebezerstörung und des Blutverlustes nach dem Unfallereignis wurde eine interne Verletztungsskala mit maximal 34 Punkten verwendet. Wie aus Abb. 10 ersichtlich ist, besteht eine eindeutige Korrelation zwischen dem E-α_1PI-Spiegel und dem Verletzungsgrad. Zwischen 8 und 14 Stunden nach dem Unfall lag bei den mäßig verletzten Patienten (Gruppe I, $\bar{x} \pm$ SEM= 6,3 $\pm$ 0,6 Punkte)) der mittlere E-α_1-PI-Spiegel fünfmal höher als die obere Grenze des Normbereichs (100 ng kompl. Elastase/ml); Patienten mit schwereren Verletzungen (Gruppe II, $\bar{x} \pm$ SEM= 10,0 $\pm$ 1 Punkte) zeigten im Mittel einen zehnfachen Anstieg und bei sehr schwer verletzten Patienten (Gruppe III, $\bar{x} \pm$ SEM= 15,3 $\pm$ 1,0 Punkte) wurden um mehr als das Zwanzigfache erhöhte E-α_1PI-Spiegel beobachtet. Während

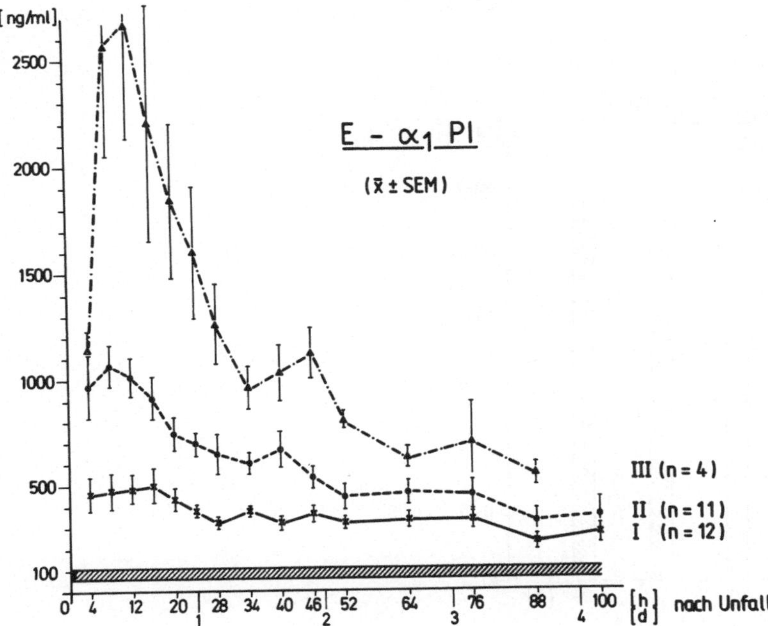

Abb. 10. Mittelwerte der Plasmaspiegel der mit α_1-Proteinaseinhibitor komplexierten Elastase (E-α_1PI) bei 27 polytraumatisierten Patienten. Auf der Basis einer internen Punkteskala (HIS), die den Schweregrad der Verletzung angibt (vgl. den Text) wurden die Patienten in drei Gruppen eingeteilt: I (n=12), leichte Verletzung, HIS = 6,3 ± 0,6; II(n=11) mittelschwere Verletzungen, HIS = 10,0 ± 1,0; III (n= 4) sehr schwere Verletzungen, HIS = 15,3 ± 1,0. Der Normbereich für E-α_1PI ist ebenfalls angegeben

88

der Genesung fielen die E-α_1PI-Konzentrationen im Plasma bei
allen Patienten kontinuierlich in Richtung des Normbereiches ab.

Überraschenderweise fanden wir bei den polytraumatisierten
Patienten keine Korrelation zwischen erhöhter Elastasefreisetzung und vermehrtem Verbrauch an Plasmafaktoren wie Prothrombin, Plasminogen, α_2-PI sowie α_2M und AT III. Dies würde sehr
wahrscheinlich auf die extensive Substitution aller Plasmafaktoren im Rahmen der bei diesen Patienten angewandten Trans-
fusionstherapie mit Blutkonserven, fresh-frozen Plasma etc.
zurückzuführen sein, die den Verbrauch der endogenen Faktoren
offensichtlich zu kompensieren vermochte.

Die genannten Plasmafaktoren sind während der Lagerung der Blutkonserven weitgehend stabil, dagegen steigt der E-α_1PI-Spiegel
mit zunehmender Lagerungsdauer kontinuierlich auf extrem hohe
Werte an (Abb. 11). Obwohl damit beträchtliche Mengen an E-α_1-PI-
Komplex den Patienten verabreicht werden, die das RES zusätzlich
belasten, ergab eine eingehendere Untersuchung, daß die Menge
des transfundierten E-α_1PI-Komplexes zum aktuellen Plasmaspiegel
der Patienten nicht wesentlich beitrug. (M.Jochum und H. Dittmer,
in Vorbereitung). Der Grund für diese Beobachtung dürfte wohl
in der doch relativ raschen Elimination des E-α_1PI--Komplexes
aus der Zirkulation zu suchen sein ($t_{1/2}$ bei ca. 1 Stunde).
Im Gegensatz dazu haben die transfundierten Plasmafaktoren
Eliminations-Halbwertzeiten von mehreren Tagen.

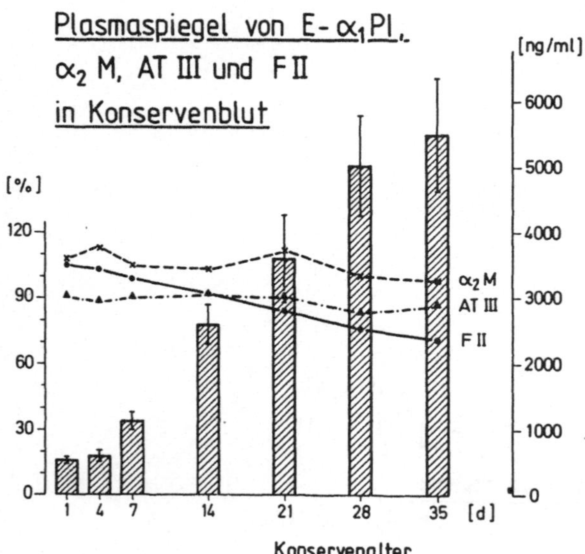

<u>Abb. 11.</u> Mittlere Plasmaspiegel der mit α_1-Proteinaseinhibitor komplexierten
Elastase (E-α_1PI) und von α_2-Makroglobulin (α_2M), Antithrombin III (AT III)
und Prothrombin (F II) in Konservenblut (n=11) als Funktion der Lagerungs-
dauer (in Tagen). Die Spiegel von α_2M, AT III und F II sind auf Standard-
plasma (= 100%) bezogen (*linke* Ordinate)

Weitere Studien müssen nun zeigen, ob bei Patienten mit massiver Substitutionstherapie zumindest lokal, z.B. in Ergüssen und Lungenwaschflüssigkeiten bzw. der Lymphe oder venösen Blutproben aus dem Wundgebiet, ein Verbrauch humoraler Faktoren bei entsprechender Elastasefreisetzung nachweisbar ist. Es steht für uns jedoch außer Frage, daß die hohen $E-\alpha_1 PI$-Spiegel bei polytraumatisierten Patienten ein klares Indiz für eine im Organismus ablaufende massive Entzündungsreaktion darstellen.

Weitere klinische Studien

Eine mögliche diagnostische Bedeutung der $E-\alpha_1 PI$-Spiegel im Plasma wurde neuerdings auch bei der Schwangerschaftstoxikose [23, 28] und der rheumatoiden Arthritis [20, 23] postuliert (Tabelle 2). Die Höhe der Plasmaspiegel scheint danach, in Kombination mit den klinischen Daten, eine frühe Diagnose des Lungenversagens (ARDS) zu ermöglichen und auch die Differenzierung einer entzündlichen von einer nicht entzündlichen Arthritis. Letzteres trifft analog auch für Pleuraergüsse produzierende Krankheitsphänomene zu, bei denen damit zwischen einer tumorbedingten und einer entzündlichen Grunderkrankung unterschieden werden kann [23].

Der $E-\alpha_1 PI$-Spiegel erwies sich auch als ein empfindlicher Indikator zur Verfolgung des stimulierenden Effektes fremder Oberflächen auf die Neutrophilen, z.B. bei der Hämodialyse [23, 24]. Ein weiteres Anwendungsgebiet für den $E-\alpha_1 PI$-Test ist bei Leukämien gegeben, wo sowohl die lysosomale Enzymausstattung leukämischer Zellen als auch die Freisetzung der Neutrophilen-Elastase bei Leukämiepatienten unter bestimmten klinischen und therapeutischen Bedingungen studiert werden kann [21, 25].

Tabelle 2. Elastase aus polymorphkernigen Granulozyten (PMN-Elastase) als Indikator der Entzündungsreaktion bei verschiedenen Erkrankungen. Literaturhinweise sind im Text angegeben

Anwendungsbereich	Bedeutung erhöhter $E-\alpha_1 PI$-Spiegel	
Postoperative Infektion	Diagnose, Verlauf, Prognose (Sepsis)	
Polytrauma/Schocklunge	Schweregrad, Verlauf, Komplikationen (Sepsis)	
Schwangerschaftsgestosen	Früherkennung des ARDS	
Rheumat. Erkrankungen	Differen-	entzündlich / nicht entzündlich
Pleuraergüsse	zierung	entzündlich / maligne
Hämodialyse	Eignung / Effekt von Dialysemembranen	
Myeloische Leukämien	Verbesserte Klassifizierung: normale / defekte Enzymausstattung leukämischer Zellen	

Resumee und Ausblick

Erhöhte E-α_1PI-Spiegel im Plasma zeigen generell die Teilnahme polymorphkerniger Granulozyten an einem Entzündungsvorgang im Organismus an (Ausnahme sind die Leukämien, siehe oben). Die Höhe des Spiegels reflektiert mit hoher Wahrscheinlichkeit sowohl die Intensität des entzündlichen Stimulus als auch die Intensität der Reaktion der Neutrophilen auf diesen Reiz. Deshalb ist, abgesehen von generalisierten Infektionen, der Anstieg des E-α_1PI-Spiegels im Plasma als ein systemisches Signal eines zunächst noch lokalen Entzündungsereignisses zu werten. Wir möchten besonders hervorheben, daß für die diagnostische Interpretation erhöhter E-α_1PI-Spiegel deshalb die klinische Situation des Patienten zu berücksichtigen ist. Andererseits scheint die Zahl der in der Zirkulation verfügbaren Leukozyten ohne wesentlichen Einfluß auf den E-α_1PI-Spiegel zu sein, da wir bei unseren Sepsispatienten sowohl bei Leukozytose als auch bei Leukopenie ähnlich hohe Konzentrationen an E-α_1-Komplex fanden.

Infolge der allgemeinen Verfügbarkeit und der raschen Reaktion der Neutrophilen dürfte die lysosomale Elastase einen Schlüsselparameter[3] für traumatische und entzündliche Vorgänge im Organis-

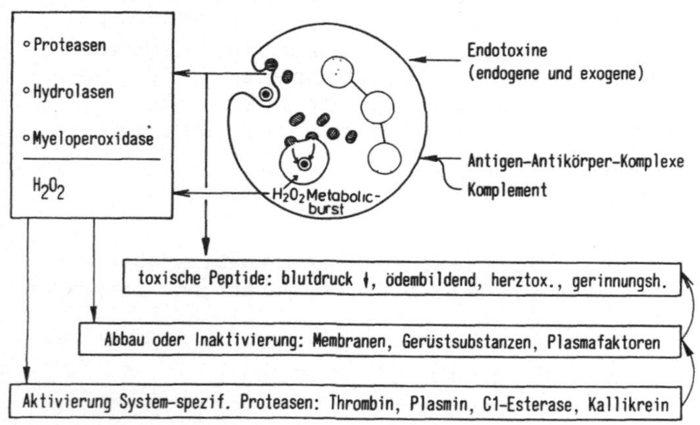

Abb. 12. Freisetzung und Effekte lysosomaler Faktoren bei der Entzündung. In den Phagolysosomen vorhandene Abbauprodukte (z.B. toxische Peptide) werden bei der Stimulierung und Desintegration der Phagozyten freigesetzt und sind ggfs. direkt wirksam. Aus Lysosomen und Phagolysosomen stammende Enzyme und Substanzen bauen native humorale Faktoren und strukturelle Elemente ab oder zerstören sie durch oxidative Denaturierung; dabei können ebenfalls toxische Produkte (Peptide) entstehen. Systemspezifische u.a. lysosomale Proteinasen aktivieren die Blutsystem-Kaskaden (vgl. Abb. 2); dabei gebildete aktive Proteinasen können ihrerseits humorale u.a. Faktoren abbauen und ggfs. toxische Peptide dabei freisetzen

---

[3] Der verwendete E-α_1PI-Test ist spezifisch für die Elastase der Neutrophilen; pankreatische und andere Elastasen werden damit nicht erfaßt

mus darstellen. Für eine differenziertere Diagnose hinsichtlich
der Intensität der Entzündungsreaktion und der Lokalisation
des Entzündungsherdes wäre jedoch der Nachweis zusätzlicher
Mediatoren aus weiteren Entzündungszellen erforderlich.
Hierfür eigenen sich unseres Erachtens vor allem Mediatoren
und lysosomale Faktoren aus Gewebszellen [1,26,27] wie den
Makrophagen, Mastzellen, Fibroblasten und Endothelzellen der
Kapillargefäße. Es ist Aufgabe zukünftiger Forschungstätigkeit,
derartige Mediatoren zu identifizieren und geeignete Nachweis-
methoden dafür zu entwickeln. Zwei Gründe sprechen dafür, daß
lysosomale und andere zellständige Proteasen geeignete Kandi-
daten wären, um ein differentialdiagnostisch verwertbares Ent-
zündungsmuster zu erstellen: Sie sind einerseits infolge ihres
hohen Potentials zur Inaktivierung durch Abbau sowie zur Produktion von Entzündungsmediatoren besonders interessante Kandi-
daten für die Aufklärung von Pathomechanismen (Abb. 12) und sie
bieten andererseits ideale Ansatzpunkte für eine Therapie mit
geeigneten Proteinaseinhibitoren.

Zusammenfassung

Im Verlaufe schwerer, mit einer Entzündung verbundenen Erkrankungen wie z.B. abdominalchirurgischen Eingriffen, unfallbedingten Mehrfachverletzungen und dem pankreatogenen Schock
werden verschiedene Zellen des Blutes und der Gewebe ("Entzündungszellen") einschließlich der polymorphkernigen Granulozyten stimuliert, wobei lysosomale Proteinasen aus den Zellen
entkommen. Diese normalerweise zellständigen Enzyme sowie während der Phagozytose in den Phagolysosomen produzierte oxi-
dirende Agentien (z.B. Sauerstoffradikale und Wasserstoffperoxid in Kombination mit Myeloperoxidase) können das entzündliche
Geschehen zusätzlich verstärken durch proteolytischen Abbau
und/oder oxidative Inaktivierung von Strukturproteinen, Membran-
bestandteilen und humoralen Faktoren.

Als Marker einer pathologischen Freisetzungsreaktion im Verlaufe der Entzündung diente uns die Elastase (E) aus polymorphkernigen Granulozyten. Die aus der Zelle entkommende Proteinase
reagiert mit diversen verfügbaren Proteinsubstraten einschließ-
lich dem α_1-Proteinaseinhibitor (α_1PI) und α_2-Makroglobulin,
wobei sie letztlich als inaktiver Enzym-Inhibitor-Komplex durch
Phagozyten des retikuloendothelialen Systems eliminiert wird.
Mittels eines kürzlich entwickelten Enzymimmunoassays bestimmten
wir die Plasmakonzentration des E-α_1PI-Komplexes in Patienten
mit schweren abdominalchirurgischen Eingriffen, unfallbedingten
Mehrfachverletzungen und akuter Pankreatitis. Während das
operative Trauma nur eine mäßige Erhöhung (bis zum Dreifachen)
der E-α_1PI-Spiegel im Plasma bewirkte, wurde im Verlauf der
postoperativen Sepsis ein Anstieg auf das 10- bis 20fache der
Norm beobachtet. Von besonderer Bedeutung ist die gefundene
Korrelation zwischen erhöhter Freisetzung an lysosomaler Elastase und vermehrtem Verbrauch an Gerinnungsfaktoren wie Antithrombin III und fibrinstabilisierendem Faktor XIII sowie an

α_2-Makroglobulin; diese Faktoren sind sensitive Substrate der lysosomalen Elastase. Mehrfachverletzungen bewirkten ebenfalls einen hochsignifikanten Anstieg des E-α_1PI-Siegels im Plasma bis zu 14 Stunden nach dem Unfallereignis, wobei die Menge der freigesetzten lysosomalen Elastase mit dem Schweregrad der Verletzung korrelierte. Bei den polytraumatisierten Patienten konnte wohl infolge einer massiven Substitution durch Plasmafaktoren keine Beziehung zwischen dem Ausmaß ihres Verbrauchs in vivo und der Menge der liberierten Elastase beobachtet werden. Dagegen wurden bei Patienten mit akuter Pankreatitis wiederum ein massiver Verbrauch an Antithrombin III und α_2-Makroglobulin gemessen und parallel dazu stark erhöhte E-α_1PI-Spiegel. Die Ergebnisse der erwähnten klinischen Studien werden hinsichtlich des vermuteten Beitrags der unspezifischen Proteolyse durch freigesetzte lysosomale Proteinasen sowie der limitierten Proteolyse durch System-spezifische Proteinasen zum Verbrauch von Plasmafaktoren diskutiert.

Danksagung. Diese Arbeiten wurden z.T. mit Mitteln der deutschen Forschungsgemeinschaft im Rahmen des SFB-51 (B/30) und SFB 0207 (LP 8) der Universität München finanziert. Wir danken Frau U. HOF und Frau C. SEIDL für hervorragende technische Assistenz, Frau M. WIND für die Ausführung der Zeichnungen und Frau H. GERSTENBERGER für die sorgfältige Ausfertigung des Manuskriptes.

Literatur

1. SOMOLKIN JS, SIMMONS RL (1983) Cellular and subcellular mediators of acute inflammation. Surg Clinics of North America 63: 225-243
2. DINGLE JT (ed) (1977) Lysosomes: A Laboratory Handbook. North-Holland Publ Comp., Amsterdam New York Oxford
3. KLEBANOFF SJ, CLARK RA (1978) The Neutrophil. Function and Clinical Disorders. North Holland Publ.Comp., Amsterdam New York Oxford
4. JOCHUM M, LANDER S, HEIMBURGER N, FRITZ H (1981) Effect of human granulocytic elastase on isolated human antithrombin III. Hoppe-Seyler's Z. Physiol Chem 362: 103-112
5. SCHMIDT W, EGBRING R, HAVEMANN K (1974) Effect of elastase-like and chymotrypsin-like neutral protease from human granulocytes on isolated clotting factors. Thromb Res 6: 315-326
6. JANOFF A, SCHERER J (1968) Mediators of inflammation in leukocyte lysosomes. IX. Elastinolytic activity in granules of human polymorphonulear leukocytes. J Exp Med 128: 1137-1151
7. MENNINGER H, PUTZIER R, MOHR W, WESSINGHAGE D, TILLMANN K (1980) Granulocyte elastase at the site of cartilage erosion by rheumatoid synovial tissue. Z Rheumatol 39: 145-156
8. MAINARDI CL, DIXIT SN, KANG AH (1980) Degradation of type IV (basement membrane) collagen by a proteinase isolated from human polymorphonclear leukocyte granules. J Biol Chem 255: 5435-5441
9. GRAMSE M, BINGENHEIMER C, SCHMIDT W, EGBRING R, HAVEMANN K (1978) Degradation products of fibrinogen by elastase-like neutral protease from human granulocytes. J Clin Invest Vol 61: 1027-1032
10. HAVEMANN K, JANOFF A (eds) (1978) Neutral Proteases of Human Polymorphonuclear Leukocytes. Urban und Schwarzenberg, Baltimore, München

11. BROWER MS, HARPEL PC (1982) Proteolytic cleavage and inactivation of α_2-plasmin inhibitor and C1-inactivator by human polymorphonuclear leukocyte elastase. J Biol Chem 257: 9849-9854

12. KOPITAR M, GIRALDI T, LOCNIKAR P, TURK V (1980) Biochemical and biological properties of leukocyte intracellular inhibitors of proteinases. In: Macrophages and Lymphocytes, Part A, ESCOBAR MR, FRIEDMAN H (eds), Plenum Publishing Corp., New York, NY pp 75-83

13. TRAVIS J, SALVESEN GS (1983) Human plasma proteinase inhibitors. Ann Rev Biochem 52: 655-709

14. SAYERS CS, BARRETT AJ (1980). Binding of anhydrotrypsin to α_2-macroglobulin. Biochem J 189:255-261

15. CULLMANN W, DICK W (1981) A chromogenic assay for evalution of α_2-macroglobulin level in serum and cerebrospinal fluid. J Clin Chem Clin Biochem 19: 287-290

16. OHLSSON K, LAURELL CB (1976) The disappearance of enzyme-inhibitor complexes from the circulation of man. Clin Sci Mol Med 51: 87-92

17. BANDA MJ, CLARK EJ, WERB Z (1980) Limited proteolysis by macrophage elastase inactivates human α_1-proteinase inhibitor. J Exp Med 152: 1563-1570

18. BEATTY K, BIETH J, TRAVIS J (1980) Kinetics of association of serine proteinases with native and oxidized α_1-proteinase inhibitor and α_1-antichymotrypsin. J Biol Chem 255: 3931-3934

19. STOSSEL TP (1976) The mechanism of phagocytosis. J Reticuloendothel Soc 19: 237 pp

20. KLEESIEK K, NEUMANN S, GREILING H (1982) Determination of the elastase-α_1-proteinase inhibitor complex, elastase activity and proteinase inhibitors in the synovial fluid. Fresenius Z Anal Chem 311: 434-435

21. JOCHUM M, DUSWALD KH, HILLER E, FRITZ H (1983) Plasma levels of human granulocytic elastase-α_1-proteinase inhibitor complex (E-α_1PI) in patients with septicemia and acute leukemia. In: Selected Topics in Clinical Enzymology. GOLDBERG DM, WERNER M (eds), Walter de Gruyter Verlag Berlin, pp 85-100

22. JOCHUM M, WITTE J, SCHIESSLER H, SELBMANN HK, RUCKDESCHL G, FRITZ H (1981) Clotting and other plasma facotrs in experimental endotoxinemia. Inhibition of degradation by exogenous proteinase inhibitors. Eur Surg Res 13: 152-168

23. FRITZ H, GABL F, GREILING H (1984) Neue Wege in der Entzündungsdiagnostik. PMN-Elastase 1. Bericht der Symposien vom Kongress für Laboratoriumsmedizin Wien April 1983 und Medica November 1983. GIT-Verlag, Darmstadt

24. HÖRL WH, JOCHUM M, HEIDLAND A, FRITZ H (1983) Release of granulocyte proteinases during hemodialysis. Am J Nephrol 3: 213-217

25. HILLER E, JOCHUM M (1984) Plasma levels of human granulocytic elastase-α_1-proteinase inhibitor complex (E-α_1PI) in leukemia. Blut 48: 1-7

26. COHEN AB (1979) Potential adverse effects of lung macrophages and neutrophils, Federation Proc 38: 2644-2647

27. BARRETT AJ (ed)(1977) Proteinases in Mammalien Cells and Tissues. Elsevier Biomedical Press North-Holland, Amsterdam

28. SCHLEBUSCH H, GARSTKA G, ROMMELSHEIM K, GRÜNN O, STOECKEL H. Biochemische Befunde bei Gestosepatientinnen mit Lungenkomplikationen. Anaesth Intensivther Notfallmed 18/4: 187-192

Granulocyten-Elastase als Marker für entzündliche Prozesse

S.Neumann

Herr FRITZ hat die pathobiochemischen Mechanismen der Proteolyse bei Entzündungsprozessen dargestellt. In diesem Konzept hat
die Elastase aus polymorphkernigen Leukozyten eine herausragende
Bedeutung. Unsere Arbeitsgruppe hat einen Enzymimmunoassay zur
quantitativen Bestimmung dieses Enzyms entwickelt. Ich möchte
diesen Test und erste klinische Ergebnisse vorstellen und damit
ein Beispiel bringen, wie aus den Ergebnissen der pathobiochemischen Forschung ein Laborparameter für die Klinische Chemie
entwickelt werden kann.

Pathobiochemie der Granulocytenelastase

Die Granulocytenelastase (PMN-Elastase) ist in den azurophilen
Granula der polymorphkernigen Leukocyten lokalisiert. Wegen ihrer
massiven Konzentration und ihrer Zellspezifität kann sie als
ein Marker für diese Zellen dienen. 10^{11} Granulocyten, die unge-
fähre Tagesproduktion des Menschen, enthalten ca. 300 bis 600 mg
Elastase [1]. Bei der Phagocytose nach Kontakt mit körperfremden
Zellen, Immunkomplexen etc. scheiden die Leukocyten das Enzym
in das extrazelluläre Milieu aus, wo es seine proteolytische
Aktivität ausüben kann.

Die biochemischen Eigenschaften des Enzyms sind in Tabelle 1
zusammengefaßt. (Übersicht s. z.B. [2]). Es handelt sich um ein
kationisches Glykoprotein mit einem Molekulargewicht von ca.
30 000 Daltons, mit einer endopeptidolytischen Aktivität für
verschiedene physiologische Proteine als Substrate. Es sind eine
Reihe natürlich vorkommender und synthetischer hemmwirksamer
Substanzen bekannt, physiologisch wichtig sind die Antileuko-
protease(n) der Schleimhäute sowie α_1-Proteinaseinhibitor und
α_2-Makroglobulin im Plasma.

Am Ort der Entzündung kommt die Elastase in aktiver freier Form
vor, weil hier - örtlich und zeitlich begrenzt - ein Ungleichgewicht zwischen Proteinase und ihren Inhibitoren herrschen kann.

Dagegen wird im zirkulierenden Blut keine freie Elastase gefunden.
Der überwiegende Teil des Enzyms wird im Plasma an α_1-Prote-
inaseinhibitor gebunden und somit inaktiviert, s. Abb. 1 [3, 4].
Die Halbwertzeit des Komplexes im Blut beträgt rund 60 min [4].
Ein kleiner Teil des Enzyms wird von α_2-Makroglobulin erfaßt,
dieser Komplex wird schneller, mit einer Halbwertzeit von rund
10 min, eliminiert [4].

<u>Tabelle 1.</u> Eigenschaften der PMN-Elastase

PMN-Elastase (E, C, 3,4,21,37)

Glykoprotein

Eine Polypeptidkette

MG 30 000

IP 8,77 bis 9,15

3 multiple Formen

Multiple Formen immunologisch identisch

Serinproteinase

Endoproteinase

pH-Optimum 8,5

Substrate: Elastin, Proteoglycane, Kollagen III, Fibronectin

IgG, C 3, F, XIII, AT III

Succinyl-Ala-Ala-Ala-4-Nitroanilid (NA)

Methoxysuccinyl-Ala-Ala-Pro-Val-4-NA oder
-4-Methyl-7-Cümarylamid

L-Pyroglutamyl-Pro-Val-4-NA

Inhibitoren: α_1-PI, α_2-M, Antileukoprotease

PMSF, DFP, Methoxysuccinyl-Ala-Ala-Pro-Val-CH_2Cl

Aprotinin, SBTI u.a.

Die Umsetzung der PMN-Elastase mit α_1-Proteinaseinhibitor,
ihrem wichtigsten Gegenspieler im Plasma, erfolgt im molaren
Verhältnis von 1:1 [3, 5], s. Abb. 2. Der gebildete Komplex ist
stabil, beide Komponenten des bimolekularen Verbandes sind mit
den Antiseren gegen die isolierten einzelnen Proteine identifizierbar.

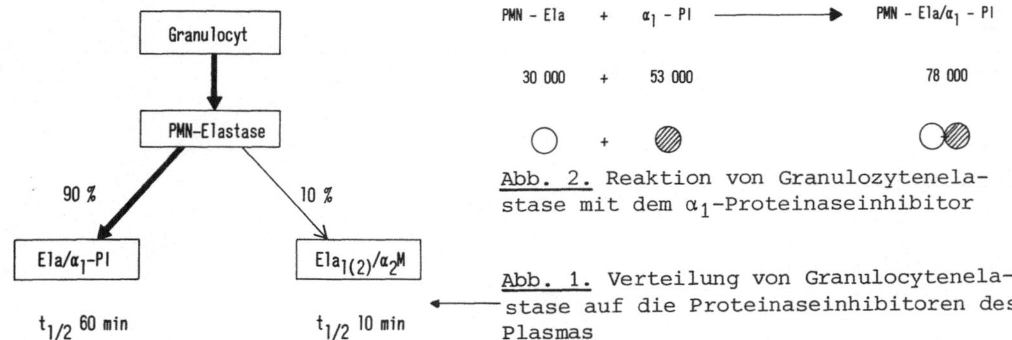

Abb. 2. Reaktion von Granulozytenelastase mit dem α_1-Proteinaseinhibitor

Abb. 1. Verteilung von Granulocytenelastase auf die Proteinaseinhibitoren des Plasmas

Enzymimmunoassay für den PMN-Elastase/α_1-Proteinaseinhibitor-Komplex

Unser Test beruht auf dem Nachweis von PMN-Elastase in Form ihres Komplexes mit α_1-Proteinaseinhibitor [6, 7]. Das methodische Prinzip ist ein Festphasen-Enzymimmunoassay, s. Abb. 3.

Reaktionsprinzip

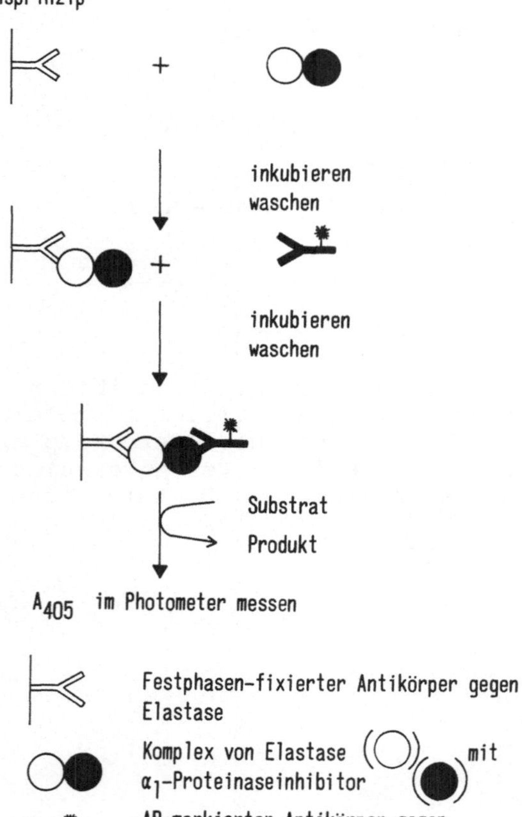

Abb. 3. Reaktionsprinzip des Enzymimmunoassays für PMN-Elastase/α_1-Proteinaseinhibitor

Als immunologische Reagenzien werden an Polystyrolröhrchen
adsorbierte Schaf-Antikörper gegen menschliche Granulocytenelastase und enzymmarkierte Kaninchen-Antikörper gegen α_1-Pro-
teinaseinhibitor verwendet. Standards werden in vitro aus Mi-
schungen von Enzym und Inhibitor hergestellt. Der Test wurde bei
der Erprobung in klinisch-chemischen Laboratorien manuell oder
teilmechanisiert durchgeführt. Bei der Reaktion werden die
Proben 1 Std. mit dem Festphasen-Antikörper inkubiert; dabei
bindet der Enzym-Teil des Komplexes an den Antikörper gegen
Elastase. Nach Entfernung der Probe durch Auswaschen der Röhr-
chen wird der fixierte Komplex mit einem Konjugat aus Antikörpern gegen α_1-Proteinaseinhibitor und alkalischer Phosphatase
1 Std. lang inkubiert; dabei bindet der Inhibitorteil des
Komplexes den Antikörper. Danach wird ungebundenes Konjugat aus-
gewaschen und gebundenes Konjugat im Reaktionsgefäß mit AP-
Substratlösung umgesetzt. Das gebildete p-Nitrophenolat wird
im Photometer bestimmt. Der Zusammenhang zwischen Analytkonzen-
tration und Farbintensität ist linear, s. Abb. 4. Diese Abbildung zeigt auch, daß sich in vitro gebildeter Komplex in den
Standards und der Komplex im Plasma immunologisch gleich verhalten. Die Verdünnungskurven sind parallel.

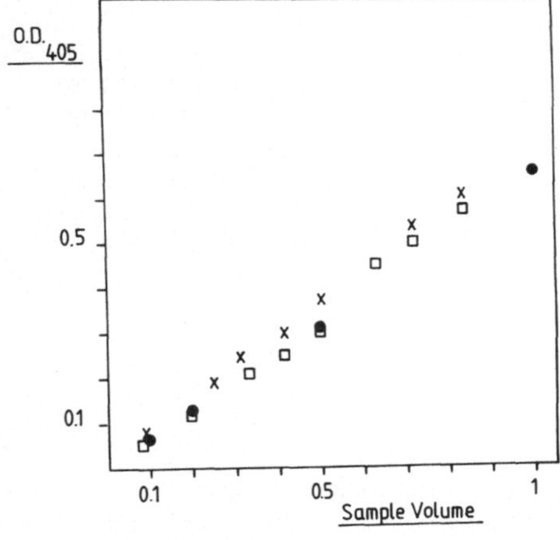

Abb. 4. Linearität von Standardproben
und verdünnten Plasmaproben. Weitere
Erläuterungen s. Text

Wichtige Kenngrößen der Testdurchführung seien an dieser Stelle
in aller Kürze wiedergegeben [6, 7]:
Präzision bei manueller Durchführung mit Plasma ca. 4 bis 8%
VK in der Serie, ca. 8% VK im Vergleich verschiedener Serien.

Arbeitsbereich :   0,5 bis 5 µg/l
Nachweisgrenze: ca. 0,25 µg/l
Sensitivität: ca. 0,2 µg/l
Wiederfindung: zwischen 75 und 100%
Störfaktoren: Zusatz von Hämoglobin, Lipiden, Rheuma-
                    faktor und 8 bekannten Antiphlogistika stört
                    nicht [8]

Als Arbeitsprobe benötigt man Citrat- oder EDTA-Plasma, während
Serum nicht geeignet ist. Der Enzym/Inhibitor-Komplex im Plasma
ist mindestens 24 Std. bei +2°C bis 8°C und mindestens 6 Monate
bei 20°C stabil. Wir finden in Ctratplasmen einen Referenzbereich von 30 bis 160 µg/l (Abb. 5). Der Medianwert liegt
in unserer Gruppe bei 84 µg/l. NEUMEIER et al. [8] fanden bei
etwa gleichem Normbereich einen Medianwert von ca 61 µg/l,
KLEESIEK et al. [9] einen Normalbereich von 65 bis 170 µg/l
mit einem Medianwert von 104 µg/l. Feldstudien zu genauerer
Festlegung der Referenzbereiche sind im Gange.

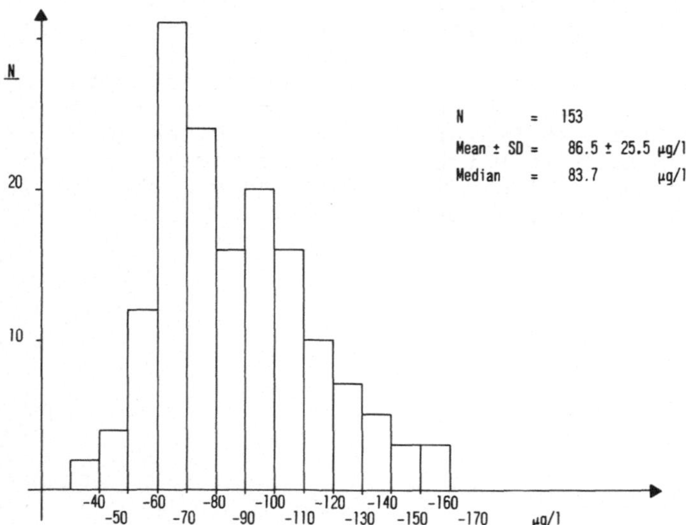

Abb. 5. Konzentra-
tion des Komplexes
aus PMN-Elastase
mit α_1-Proteinase-
inhibitor im Plasma
von 153 "normalen"
Personen

Klinische Aussagen des Tests

Die Ergebnisse der ersten klinischen Untersuchungen mit dem
Test sind anläßlich des Kongresses für Laboratoriumsmedizin im
April 1983 in Wien vorgestellt worden [9, 12-16]. Tabelle 2
zeigt die Zusammenfassung der Aussagen. Ein Großteil der Autoren
befindet sich hier im Saal und kann diese Resultate in der
Diskussion kommentieren.

Von besonderem Interesse sind die starken Erhöhungen der Kon-
zentrationswerte des Komplexes bei akuten Entzündungen (JOCHUM
und FRITZ [11, 12]). Die starken Anstiege bei postoperativen
Infektionen sind korreliert mit Verbrauchserscheinungen bei
Gerinnungsfaktoren; hohe Werte der Elastase bei und nach Sepsis
erscheinen prognostisch bedeutsam. Bei Polytrauma-Patienten
korrelieren die Plasmawerte mit der Schwere der Verletzungen
[12]. In der Schwangerschaftsgestose zeigt sich ein Anstieg der
Plasmawerte des Komplexes vor klinischer Manifestation von
Lungenfunktionsstörungen [13].

Tabelle 2. Bedeutung der PMN-Elastase als Entzündungsmarker. (Stand Mai 1983)

Anwendungsgebiet	Aussage	
Postoperative Infektionen	Erkennung , Verlauf, Prognose	JOCHUM et al. [11, 12]
Polytrauma / Schocklunge	Schweregrad, Verlauf	JOCHUM et al. [12]
Rheumatische Erkrankungen	Differenzierung entzündlich / nicht entzündlich	KLEESIEK et al. [9, 10] NEUMEIER et al. [15]
Pleuraergüsse	Differenzierung entzündlich / maligne	BAYER et al. [16]
Schwangerschaftsgestosen	Früherkennung von Lungenaffekten	SCHLEBUSCH et al. [13]
Hämodialyse	Proteinhyperkatabolismus	HÖRL et al. [14]

Hämodialysepatienten zeigen im Verlauf der Dialysebehandlung Anstiege der Plasmakonzentrationen des Komplexes bis zum Faktor 10 des Vorbehandlungswertes, was sich am wahrscheinlichsten durch Aktivierung der Leukocyten an den körperfremden Oberflächen erklärt [14]. Die Elastasefreisetzung aus den Leukocyten wird hier als kausaler Faktor für den beobachteten Proteinhyperkatabolismus

der Patienten, möglicherweise auch für die Komplikationen an
der Lunge und für die zu beobachtende sekundäre Amyloidose,
diskutiert.

Bei Patienten aus dem rheumatischen Formenkreis wurden drastische Anstiege in der Synovialflüssigkeit aus entzündlich geschädigten Gelenken gemessen [10], die Werte im Plasma wurden
von KLEESIEK et al. [9] in Richtung einer hohen differential-
diagnostischen Aussage und als wertvoll für eine Therapieüberwachung
interpretiert, während NEUMEIER et al. [15] bisher keine Korrelation zum klinischen Status der Patienten fanden, aber immerhin über den Normbereich erhöhte Werte bei 95% aller Patienten
mit entzündlich-rheumatischer Erkrankung. BAYER et al. [16]
fanden in Pleuraergüssen hochsignifikante Konzentrationsunter-
schiede beim Vergleich von Ergüssen aus entzündlich bzw. maligne
betroffenen Patienten.

Wie Sie sehen sind wir dabei, die Aussagekraft der Kenngröße
Leukocytenelastase bei der Diagnose, Verlaufsbeobachtung und
Prognose, möglicherweise auch der Therapieüberwachung, zu prüfen.
Mit Hilfe unserer Partner in Klinik und Klinischer Chemie werden
wir in absehbarer Zeit in der Lage sein, Angaben über die Vali-
dität dieses Parameters bei verschiedenen Formen entzündlicher
Erkrankungen zu machen.

<u>Literatur</u>

1. OHLSSON K, OLSSON AS (1978) Immunoreactive granulocyte elastase in human
   serum, Hoppe-Seyler's Z Physiol Chem 359: 1531
2. BARRETT AJ (1981) Leukocyte elastase. In: LORAND L (ed.) Methods in
   Enzymology, Vol. 80, Part C, pp. 581-588
3. OHLSSON K, OLSSON I (1974) Neutral proteases of human granulocytes,
   III. Interaction between human granulocyte elastase and plasma protease
   inhibitors. Scand J clin Lab Invest 34: 349
4. OHLSSON K, LAURELL CB (1976) The disappearance of enzyme-inhibitor
   complexes from the circulation of man. Clin Sci Mol Med 51: 87
5. BAUGH RJ, TRAVIS J (1976) Human leukocyte granule elastase: rapid
   isolation and characterization. Biochemistry 15: 836
6. NEUMANN S, GRUNZER G, HENNRICH N, LANG H (1984) PMN-Elastase assay: Enzyme
   immuno assay for human polymorphonuclear elastase in complex with
   α_1-proteinase-inhibitor. J Clin Chem Clin Biochem (im Druck)
8. NEUMEIER D, FATEH MOGADHAM A, MENZEL G (1982) Zur Methodik einer enzym-
   immunologischen Bestimmung des Elastase-α_1-Proteinase-Inhibitor-Komplexes,
   Fresenius Z Anal Chem 311:389
9. KLEESIEK K, BRACKERTZ D, GREILING H (1983) Elastase-Inhibitor-Komplexe
   in Plasma und Synovialflüssigkeit bei chronischen Gelenkerkrankungen.
   Lab med 7: 122
10. KLEESIEK K, NEUMANN S, GREILING H (1982) Determination of the α_1-pro
    teinase inhibitor complex, elastase activity and proteinase inhibitors
    in the synovial fluid, Fresenius. Z Anal Chem 311: 434
11. JOCHUM M, DUSWALD KH, HILLER E, FRITZ H (1983) Plasma levels of human
    granulocytic elastase-α_1-proteinase inhibitor complex (E-α_1-PI) in
    patients with septicemia and acute leukemia. In: GOLDBERG DM and

WERNER M (eds) "Selected Topics in Clinical Enzymology", W. de Gruyter, Berlin New York p. 85-100

12. JOCHUM M, DUSWALD KH, H DITTMER, FRITZ H (1983) Elastase-α_1-Proteinase-Inhibitor-Komplex (E-α_1-PI): ein Indikator für pathobiochemische Veränderungen in der Sepsis und nach Polytrauma. Lab med 7: 121

13. SCHLEBUSCH H, GARSTKA G, ROMMELSHEIM K, GRÜNN O, STOECKEL H (1983) Biochemische Befunde bei Gestosepatientinnen mit Lungenkomplikationen. Anaesth Intensivther Notfallmed 18/4: 187

14. HÖRL WH, JOCHUM M, NEUMANN S, HEIDLAND A (1983) Freisetzung von Granulozyten-Elastase bei akutem Nierenversagen und während der Hämodialysebehandlung bei chronisch niereninsuffizienten Patienten. Lab med 7: 119

15. NEUMEIER D, HATZ HJ, MENZEL G, NAGEL D, KAISER H, FATEH-MOGADHAM A (1983) Humane Granulozyten-Elastase. Lab med 7:132

16. BAYER PM, LANSCHÜTZER H, KNOTH E, KLECH H, KUMMER F (1983) Elastase-Inhibitor-Komplexe in der Differentialdiagnose von Pleuraergüssen. Lab med 7: 106

KEPPLER:
Die Elastase scheint ein ausgezeichneter Indikator für die De-
granulierungsreaktion von polymorphkernigen Leukocyten zu sein,
und wir haben jetzt eben gesehen, daß sie unter der Wirkung
von Endotoxinen (z.B. auch bei einer Sepsis), nach Polytrauma
usw. auftritt. Was sind eigentlich die Trigger für diese De-
granulierungsreaktion? Man weiß, daß das Leukotrien B4 die wirk-
samte derzeit bekannte endogene Substanz ist, um die Degranulierung von polymorphkernigen Granulocyten auszulösen. Meine
Frage an Sie, Herr FRITZ:Auf Ihren Schemata sah das vielleicht
zu einfach aus; Endotoxin wirkt auf Granulocyten, diese setzen
Elastase und andere Proteinasen frei. Gilt das für Konzentrationen an Endotoxinen, wie sie vorkommen beim Menschen oder
auch im Tierexperiment und auch für sehr niedrige Konzentrationen bzw. wenn sie als HDL-Komplex vorliegen? Oder müßten
Sie dieses Schema eventuell modifizieren in der Richtung, daß
noch andere Kompoenten hinzukommen, die via Leukotrien auf
neutrophile Granulocyten wirken?

FRITZ:
Das Endotoxin war als ein schematischer Einstieg gedacht. Wenn
Sie Endotoxin zu Blut geben, dann wird normalerweise keine
Elastase freigesetzt, bzw. erst bei sehr hoher Konzentration,
wie sie wahrscheinlich in vivo nicht auftritt. Es sind also
sicher einige Stufen dazwischen geschaltet und das Endotoxin
ist nur der am Anfang des komplexen Mechanismus stehende Trigger,
z.B. bei der Aktivierung des alternativen Weges des Komplementsystems. Somit könnte C5a die Degranulierung letzten Endes
verursachen. Dies würde auch zutreffen, wenn Antigen/Antikörper-
Komplexe das Komplement auf dem klassischen Wege aktivieren.
Herr DIERICH oder Herr TRAUTSCHOLD könnten vielleicht einiges
dazu sagen, welche Systeme, welche Faktoren die Degranulierung
der polymorphkernigen Granulocyten stimulieren können.

Frau JOCHUM:
Ich möchte unsere in vitro-Versuche mit Endotoxin erwähnen:
Wir haben 1 bis 25 µg Endotoxin/ml Citratblut zugesetzt und bei
37°C eine halbe Stunde inkubiert und haben eine enorme Freisetzung von Elastase bekommen. Aber das sind natürlich Endotoxin-
mengen, die üblicherweise im Blutplasma nicht zu finden sind.

TRAUTSCHOLD:
Wenn wir in vitro kontrolliert die Freisetzung induzieren,
nehmen wir Zymosan oder andere standardisierte Präparate.

Damit ist es gar nicht so einfach, die Enzyme herauszuholen.
Wir kriegen 30% Ausschüttung, da muß man sich schon sehr an-
strengen. Die Granulocyten sind relativ resistent und solche
biologischen Signale müssen sehr spezifisch wirksam sein im
Zellsystem, damit sie wirklich zu dieser - wie sie auch histologisch sichtbar ist - spontanen Degranulierung führen.

DIERICH:
Ich weiß aus eigener Arbeit, daß Lipopolysaccharid (LPS), wenn
es ins Serum gelangt, innerhalb von wenigen Minuten die Fähigkeit verliert, Komplement weiter umzusetzen und der Grund ist
wahrscheinlich der, daß es mit HDL (High Density Lipoproteine)
komplexiert. Und in dieser Form hat es keine komplementakti-
vierende Wirkung aber behält natürlich die Eigenschaft, mit
Makrophagen zu reagieren und von diesen wohl auch letztlich
abgeräumt zu werden. Ich weiß aber nicht, ob es nicht in diesem
LPS/HDL-Komplex nach wie vor auch degranulierend wirken kann.

NEUHOF:
Wahrscheinlich ist eine Interaktion der Granulocyten mit der
Gefäßwand ursächlich. Am Modell der isolierten Lunge kann man
keine Reaktion auslösen, wenn man zellfrei perfundiert, also
kein Komplement hat und Endotoxin gibt. Gibt man Komplementfaktoren dazu und induziert eine Komplementaktivierung mit dem
dem Endotoxin, dann kriegt man eine sehr starke Stimulierung
des Arachidonsäure-Metabolismus in der Lungenstrombahn. Es ist
bekannt, daß bei Komplementaktivierung eine Ansammlung von
Granulocyten in der Lungenstrohmbahn erfolgt. Wir können einen
anderen Versuch machen: Wenn man Leukocyten z.B. in einem
Perfusionsmedium aus Albuminpuffer in die Lungenstrombahn gibt,
dann reagieren sie nicht mit der Gefäßwand. Dann kann man sie
aber sehr leicht stimulieren, indem man Antigen/Antikörper-
komplexe zugibt, und sofort bewirken diese eine massive Stimulierung des Arachidonsäure-Metabolismus in der Lungenstrombahn
mit Bildung von Leukotrienen und Protstaglandinen. Es spricht
also doch sehr vieles dafür, daß die Granulocyten irgendwo an
der Gefäßwand haften und von dort den Stimulus kriegen, eventuell
eine Stimulierung von Lipoxygenase zur Produktion von Lipoxy-
genase-Produkten.

FRITZ:
Ich möchte noch einen anderen Faktor ins Gespräch bringen:
COLEMAN hat festgestellt, daß Plasma-Kallikrein direkt die
polymorphkernigen Granulocyten zur Aggregation bringt, und er
hat auch festgestellt, daß dabei Elastase frei wird, und zwar
bis zu 30% der Elastasemenge, die insgesamt in den Granula
vorhanden ist. Es ist hier mit großer Wahrscheinlichkeit kein
Mediator dazwischen geschaltet. Wie das Plasma-Kallikrein wirkt,
ob es eine Bindung spaltet an der Oberfläche der Neutrophilen,
wie z.B. Thrombin an den Plättchen oder ob es internalisiert
wird und dann irgendwo in der Zelle seine Funktion entfaltet,
das hat er offengelassen. Demnach ist es möglich - Kallikrein
spielt ja auch eine wichtige Rolle bei der Gerinnung - daß die
Freisetzung der Elastase zumindest teilweise über ein definier-
tes Enzym, in diesem Fall sogar ein hochspezifisches Enzym,
bewirkt wird. Das ist natürlich für die in vivo-Situation im
Detail noch zu beweisen.

TRAUTSCHOLD:
Ich glaube, wir sollten jetzt nicht weiter diskutieren, welche
Prozesse für die Stimulierung der Degranulation verantwortlich
sein könnten. Zum Beispiel ist der Hinweis, daß Leukotrien B4
ein sehr effektiver Wirkstoff ist, in vitro sicherlich richtig.
Wissen wir aber auch, was in vivo passiert? Die Phagozytose
selbst ist ja ein starker Stimulus, der zur Sekretion führt;
die C3b-aktivierten Systeme können ebenfalls zusammen mit Immun-
komponenten stimulieren. Wir müssen einfach einmal sammeln, wer
kommt alles in Frage für diesen Prozeß, und was ist in vivo
dann auch in der Sequenz der Ereignisse und im Zusammenhang mit
der Noxe relevant. Wenn wir aber Verbrennungsverletzungen haben
oder andere Noxen, dann läuft es ja sicherlich in einer anderen
Sequenz.

KEPPLER:
Ich wollte noch fragen, ob Glucocorticoide die Freisetzung von
Elastase supprimieren können?

Frau JOCHUM:
Nein, das können sie nicht. Wir haben uns gedacht, daß Glucocorticoide die Membranen stabilisieren und deshalb die Elastasefreisetzung supprimieren könnten. Deshalb haben wir zu Blut
Corticosteroide in Konzentrationen zugefügt, wie sie üblicherweise während der Therapie vorkommen. Bei diesen sowie auch
niedrigeren und höheren Konzentrationen haben wir festgestellt,
daß die Freisetzung der Elastase durch Corticosteroide nicht
verhindert wird. Übrigens haben wir bei Verwendung von Citrat-
Blut und Heparin-Blut keine wesentlichen Unterschiede messen
können.

DELBRÜCK:
Kommt die freigesetzte Elastase aus den im peripheren Blut
fließenden Granulocyten oder kommt sie nur aus den Orten, wo
die Granulocyten in einem Entzündungsprozeß degranuliert werden?
Wenn es sich nur um eine Reaktion innerhalb der Blutbahn handelt,
müßte man doch eigentlich eine Korrelation mit der Anzahl der
Granulocyten im Blut finden. Es wäre doch ideal, wenn man
20 000 Granulocyten hätte und eine direkt entsprechende Aktivität von Elastase.

NEUMANN:
Wir messen die am Ort der Entzündung freigesetzte und von dort
als Komplex mit dem Inhibitor in die Blutbahn gelangte PMN-
Elastase. Das Verhältnis von Granulocyten im Blut und der
Elastase-Konzentration im Plasma ist komplex und in verschie-
denen pathologischen Situationen durchaus unterschiedlich. Zur
Korrelation der Plasmakonzentration der Elastase mit der Granu-
locytenzahl darf ich zunächst sagen, daß ich hier Befunde der
Herren NEUMEIER und FATEH bei chronischen Entzündungen, an
Rheumapatienten, wiedergegeben habe. Die Korrelation mag bei
akuten Entzündungen anders aussehen, wo ein drastischer Anstieg
der Leukocytenzahl mit Blut mit einer hohen Konzentration der
Elastase einhergeht. Allerdings hat Frau JOCHUM bei einigen
Sepsis-Patienten gefunden, daß es auch eine ganz ausgeprägte
Leukopenie im Blut und gleichzeitig sehr hohe Werte der Ela-

stase-Konzentration geben kann, also korrelieren Leukocytenzahl und Elastasekonzentration im Blut nicht immer.

FELGENHAUER:
Könnte eine Leukopenie nicht eine Art von Aufbrauch-Leukopenie
sein?

TRAUTSCHOLD:
Das kann auch eine Verschiebung zum marginalen Pool sein, da
gibt es auch intermediär eine Leukopenie, die sich dann wieder
ausgleicht.

NEUMEIER:
Die Parameter, die wir untersucht haben, sind in erster Linie
Akut-Phasen-Proteine, aber auch Leukocytenzahlen. Wir glauben,
keine Korrelation zu finden aus dem Grund, weil wir die unterschiedlichen Halbwertszeiten mit einkalkulieren müssen. Unsere
Untersuchungen waren im Grunde zu weitmaschig angelegt. Es
scheint so zu sein, daß die Leukocyten-Elastase-Komplexe eine
extrem kurze Halbwertszeit in der Peripherie haben, und das ist
vielleicht eine Ursache für die fehlende Korrelation.

KELLER:
Sie messen nicht im Serum, sondern im Plasma, Herr FRITZ, weil
bei der Gerinnung Elastase freigesetzt wird. Kann man diese
Elastase nicht in aktiver Form messen, da sie doch auch an α_2-
Makroglobulin gebunden wird?

FRITZ:
Ja, aber das kann man vernachlässigen, es sind ungefähr 10%
der freigesetzten Elastase, die an α_2-Makroglobulin gebunden
wird, während 90% mit dem α_1-Proteinaseinhibitor komplexieren.
Diese Relation bleibt immer konstant, so daß die 10% α_2-Makro-
globulin-gebundene Elastase in quantitativer Hinsicht keinen
wesentlichen Unterschied bringen.

KELLER:
Sie verwenden aber ein chromogenes Substrat. Ist das an α_2-Makro-
globulin gebundene Elastasemolekül in der Lage, dieses Substrat
zu spalten?

FRITZ:
Nicht in dem von Herrn NEUMANN vorgestellten Elastase-Assay,
da hier der α_2-Makroglobulin-Elastase-Komplex vor der Messung
abgetrennt wird und außerdem ein anderes chromogenes Substrat
(alkalische Phosphatase) für die Detektion verwendet wird, das
die Elastase nicht spalten kann. Was das Vorkommen des α_2-Makro-
globulin-Elastase-Komplexes betrifft, hat Herr KLEESIEK in
der Synovialflüssigkeit sehr schöne Ergebnisse.

KELLER:
Könnte man bei Messung des Elastase-α_2-Makroglobulin-Komplexes
eine Korrelation zwischen der immunologischen Bestimmung der
Konzentration und der Aktivitätsmessung mit einem chromogenen
Substrat erwarten?

106

FRITZ:
Das geht im Plasma nicht; und zwar einmal deshalb nicht, weil
die Elimination der α_2-Makgroglobulin-Komplexe sehr rasch erfolgt, die Halbwertszeit liegt bei 10 Minuten, während sie für
die α_1-Proteinaseinhibitor-Komplexe bei einer Stunde liegt.
Das heißt. u.U. können Sie zwar kurzfristig kleine Mengen α_2-
Makroglobulin-gebundener Elastase mit einem chromogenen Substrat
erfassen; nicht jedoch immunologisch, da die Elastase im Komplex
mit dem α_2-Makroglobulin für den Antikörper nicht zugänglich ist.
Der Komplex der Elastase mit dem α_1-Proteinaseinhibitor ist
enzymatisch inaktiv.

NEUMANN:
Man kann dazu ergänzen, daß verschiedene Arbeitsgruppen versucht
haben, einen enzymatischen Test für Elastase im α_2-Makroglobulin-
Komplex aufzubauen. Die diagnostischen Ergebnisse waren aber
nicht überzeugend.

KLEESIEK:
Wir konnten ebenfalls im Plasma keine Elastase-α_2-Makroglobulin-
Komplexe nachweisen; auch nicht bei Gelenkerkrankungen, bei denen
eine hohe Konzentration dieses Komplexes in der Synovialflüssigkeit vorliegt.

BOHNER:
Mich interessiert die molare Relation zwischen dem α_1-Anti-
trypsin und der Elastase im Blut. Was passiert zum Beispiel
bei α_1-Antitrypsin-Mangel, kann da alle Elastase im Blut noch
gebunden werden?

NEUMANN:
Man kann solche Daten aus den bekannten Konzentrationen im
normalen Plasma berechnen: 1ml Plasma enthält im Normalfall ca.
2,6 mg α_1-Proteinaseinhibitor und davon sind ca. 180 ng an
Elastase gebunden. In molaren Verhältnissen ausgedrückt entspricht das einer Relation von rund 10 000 Molekülen α_1-Pro-
teinaseinhibitor pro Molekül Elastase. Natürlich muß man in
diese Überlegung auch einbeziehen, daß zusätzlich andere proteolytische Vorgänge im Plasma den Vorrat an freiem, aktivem
Inhibitor reduzieren. Die Arbeitsgruppe von OHLSSON hat aufgrund
von in vitro-Versuchen ermittelt, daß auch im Falle des Homo-
cygoten ZZ für das α_1-Antitrypsin das Inhibitorpotential von
α_1-Proteinaseinhibitor im zirkulierenden Blut noch ausreicht.
Mindestens 50% der Granulocytenelastase werden beim ZZ-Typ an
α_1-Proteinaseinhibitor gebunden. Die molaren Relationen von
Inhibitor zum Enzym im Gewebe, speziell im entzündeten Gewebe,
sind meines Wissens noch nicht zahlenmäßig bekannt.

GUDER:
Die Tatsache, daß Hämolyse die Bestimmung nicht stört, brachte
mich auf die Idee, ob man die Elastase auch in den Leukocyten
selbst messen kann mit diesem Test, wenn man ein Totalhämolysat
herstellt. Könnte man daraus vielleicht zusätzlich Informationen
bekommen über den Degranulierungszustand der Leukocyten, wenn
man das zur Leukocytenzahl korreliert?

NEUMANN:
Die Elastase wird nachweisbar im Stadium des späten Myeloblasten
oder Promyelocyten, das hat die Arbeitsgruppe von Herrn HAVEMANN
in Marburg gezeigt. Es ist aber durchaus denkbar, daß eine
Reihe von Polymorphkernigen, die Sie in der Zirkulation finden,
schon degranuliert haben, es ist also nicht möglich, einen
Normgehalt an Enzymen in einem Granulocyten vorauszusetzen.

TRAUTSCHOLD:
Darf ich da widersprechen: Wenn Sie Normalblut nehmen und die
Polymorphkernigen mit irgendeiner Methode isolieren, dann kriegen
Sie Werte, die innerhalb eines kleinen Bereiches schwanken -
wenn Sie total lysieren.

GUDER:
Wie ist das im Verlauf einer Sepsis?

TRAUTSCHOLD:
Da können Sie keine Bilanz machen. Sie haben sofort eine Leu-
kocytose, das sind junge, nachgeschobene Leukocyten, deren
Gehalt an Elastase man nicht kennt.

Frau Jochum:
Dazu kann ich noch etwas sagen: Wir haben in vitro Citratblut
von Patienten untersucht, die etwa 8 Tage lang Sepsis hatten.
Wenn man dieses Citratblut mit Endotoxin versetzt, wird sehr
viel weniger Elastase freigesetzt als bei normalen Patienten,
sowohl bezogen auf die Leukocytenzahl als auch pro ml. Das
bedeutet eventuell, daß diese jungen Zellen weniger Elastase
haben als die ausgereiften Zellen. Da die Leukocytenzahl enorm
hoch war, muß man annehmen, daß dann weniger Elastase drin ist.
Da gibt es aber zwei Ansichten, die einen Arbeitsgruppen sagen,
die jungen Zellen haben eine niedrige Menge an Elastase. Tatsache ist, daß bei diesen Sepsis-Patienten weit weniger Elastase
freigesetzt werden kann als bei normalen Personen.

RICK:
Sie sagten, die Lebensdauer der Granulocyten ist maximal 6 Stunden. Sie meinen damit wahrscheinlich die Verweilzeit im Gewebe.
Die Halbwertszeit in der Blutbahn vom Knochenmark bis zur Aus-
wanderung ins Gewebe beträgt auch zwischen 6 und 8 Stunden.

GUDER:
Wenn der Granulocyt im Gewebe nur 6 Stunden lebt, ist bekannt,
wo er dann hingeht?

FRITZ:
Er wird z.B. auch phagocytiert. In Makrophagen ist die Elastase
nachgewiesen worden.

GUDER:
Sie kommt nicht ins Blut zurück?

FRITZ:
Wenn, dann nur als Komplex, wenn der Granulocyt zerfällt. Wenn
er vom Makrophagen phagocytiert wird, kann man im Makrophagen
die Elastase nachweisen.

BRUNE:
Beim Gesunden landet der größte Teil der polymorphkernigen Leukocyten in der Darmschleimhaut; etwa 4 bis 5 Gramm findet man
pro Tag in der Darmschleimhaut und dann im Darminhalt. Ob die
Elastase auch im Darminhalt verschwindet oder ob sie irgendwie
zurückkommt, weiß ich nicht.

GREILING:
Man müßte eigentlich schon vom pathophysiologischen Standpunkt
aus unterscheiden zwischen der Elastase-Aktivität und dem
Elastase-α_1-Proteinaseinhibitor-Komplex. Nur die freie Elastase
ist wirksam als Zerstörungsfaktor im Gelenk, in der Niere oder
in verschiedenen anderen Organen. Deshalb ist es natürlich
interessant zu fragen, wie ist das Verhältnis der Mengen der
freien Elastase zum Elastase-α_1-Proteinaseinhibitor-Komplex?
Herr KLEESIEK hat ja gefunden, daß Elastase-Aktivität in der
Synovialflüssigkeit nur in den wenigsten Fällen nachzuweisen ist;
aber wenn er sie findet, dann sind das Fälle, wo der Gelenkknorpel wirklich zerstört wird. Es wäre sicherlich für die Ein-
schätzung der Progessivität einer Erkrankung wichtig, daß man
sowohl die freie Elastase-Aktivität als auch die Elastase-α_1-
Proteinaseinhibitor-Konzentrationen mißt. Hat man bei der Sepsis,
beim Schock, beim Polytrauma Messungen in dieser Richtung gemacht?

LANG:
Die Bemerkung von Herrn GREILING möchte ich noch unterstreichen:
Das Konzept der Entzündungs-Pathogenese durch unspezifische
Proteolyse beruht darauf, daß durch massive Degranulierung von
Granulocyten lokal ein zeitweiser Überschuß von Proteinasen -
z.B. Elastase - über die vorhandene Inhibitor-Konzentration ent-
stehen kann. Diese lokal und zeitlich begrenzte proteolytische
Aktivität kann Gewebe abbauen und/oder Faktoren des Gerinnungs-
und Komplementsystems aktivieren bzw. inaktivieren. Wir messen
mit unserem Test den aus dem Degranulierungsort ins Blut ge-
langten inzwischen durch α_2-Proteoinaseinhibitor komplexierten
Anteil der Elastase als "Entzündungs-Marker".

FRITZ:
Darüber hinaus kommt es vor, daß der im entzündeten Gewebe vorhandene Inhibitor nicht mehr wirksam ist; Herr HOCHSTRASSER
hat hierzu experimentelle Beiträge geliefert. Der Hintergrund
ist, daß der α_1-Proteinaseinhibitor einen Methionin-Rest in
seinem Elastase-reaktiven Zentrum besitzt und daß dieser Rest
durch die bei der Phagocytosestimulierung gebildeten Sauerstoffradikale bzw. Wasserstoffperoxid unter Vermittlung der
Myeloperoxidase oxidiert wird. Dieser oxidierte α_1-Proteinase-
inhibitor reagiert noch mit der Elastase, Sie erfassen ihn also
auch als Komplex. Wenn Sie aber diesem Komplex natives Elastin
anbieten, dann dissoziiert er, d.h. die Elastase arbeitet, als
ob sie ungehemmt wäre. Und nun kann man bei bestimmten Affek-
tionen in der *Lungenwaschflüssigkeit* nachweisen, bei sehr
starken bronchialen Entzündungen im Bronchialsekret, daß praktisch kein α_1-Proteinase-Hemmstoff mehr da ist, der die granulocytäre Elastase effektiv, d.h. irreversibel hemmt. Untersuchungen von Dr. CRYSTALS zeigen auch klar, daß Elastase bei

der Ausbildung des Lungenemphysems bei genetischen α_1- Proteinase-
inhibitor-Mangel ebenfalls pathogenetisch wirken kann. Er hat
die Lungenwaschflüssigkeit von seinen Patienten einwirken lassen
auf Elastin und auf bestimmte Kollagene und kann dann die Ela-
stase-induzierte Freisetzung der Peptide aus dem Fibrin- bzw.
Kollagensubstrat messen. Gibt er dann therapeutisch α_1-Proteinase-
inhibitor, dann findet man keine Elastase-Aktivität mehr und der
applizierte α_1-Proteinaseinhibitor ist in der Lungenlavage in
inhibitorisch aktiver Form meßbar.

KAISER:
Bitte, wie wird die Komplex-Bildung durch Oxydiation des Met-
hionin-Restes im Inhibitor verändert?

FRITZ:
Die Elastase hat eine Spezifitätstasche im aktiven, katalytisch
wirksamen Zentrum und dieser Methionin-Rest paßt genau in die
Tasche der Elastase. Wenn der α_1-Proteinaseinhibitor mit der
Elastase reagiert, ist das wie eine Enzym-Substrat-Reaktion,
der Methionin-Rest taucht in die Spezifitätstasche ein. In der
oxidierten Form ist er zu groß und paßt nicht mehr so gut. Der
oxidierte Inhibitor reagiert zwar noch mit der Elastase, aber
viel langsamer als nativer Inhibitor und der Komplex wird viel
leichter dissoziiert.

TRAUTSCHOLD:
Ich darf noch einmal zusammenfassen, daß die besprochenen de-
struktiven Prozesses zum großen Teil extravasculär ablaufen.
Sie messen den inaktiven Komplex aus Enzym und Inhibitor im Blut,
d.h. Sie haben andere Bedingungen in der Peripherie. Dort exi-
stiert eventuell auch für längere Zeit freie Elastase, die ihre
proteolytische Wirkung entfalten kann.

Reaktive Veränderungen der Hämostase bei der Entzündung

I. Witt

Pathologische Veränderungen der Hämostase sind - abgesehen von
den relativ seltenen angeborenen Defekten - fast ausschließlich
reaktive oder simultane Veränderungen bei einer zugrunde liegenden Primärerkrankung.

Derartige sekundäre Hämostasestörungen kommen bei sehr vielen
Erkrankungen vor und können dabei so in den Vordergrund treten,
daß sie das Krankheitsgeschehen entscheidend beherrschen.

Auf entzündliche Prozesse reagiert das Hämostasesystem in sehr
komplexer Weise zusammen mit anderen Abwehrsystemen des Organismus, dem Immunsystem, dem Komplementsystem und dem Kallikrein-
Kinin-System.

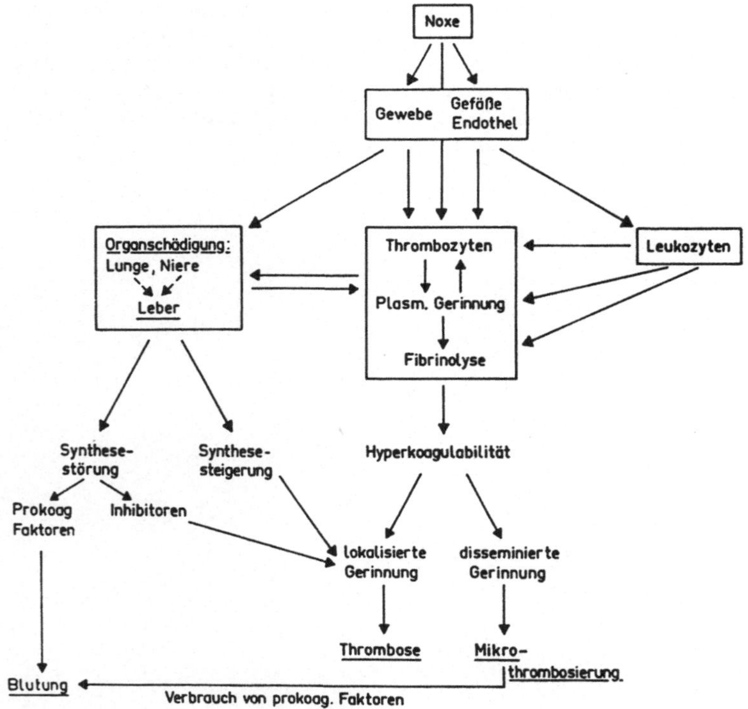

Abb. 1. Beeinflussung des Hämostasesystems sowie Interaktionen zwischen
Hämostase-Komponenten bei entzündlichen Prozessen

Die Veränderungen des Hämostasesystems lösen wiederum zahlreiche Rückwirkungen im Entzündungsgeschehen aus.

Die wichtigsten Interaktionen sind in Abb. 1 dargestellt, wobei Vereinfachungen unvermeidlich sind.

Zur Aufrechterhaltung des hämostatischen Gleichgewichts ist die Funktionsfähigkeit und das Zusammenwirken von drei Komponenten notwendig: Blut-Gefäße, Thrombocyten und plasmatisches Gerinnungssystem mit dem dazugehörigen reparativen Fibrinolysesystem.

Von den eine Entzündungsreaktion auslösenden Noxen reagiert die Hämostase am häufigsten auf bakterielle und virale Infektionen sowie auf thermische und mechanische Verletzungen, zu denen natürlich auch Operationen gehören.

In der folgenden Übersicht wird im wesentlichen auf die Mechanismen eingegangen, die zu Zustands- und Konzentrationsveränderungen der plasmatischen Gerinnungsproteine und ihrer Inhibitoren führen. Das kann einmal geschehen über eine intravasale Aktivierung des plasmatischen Gerinnungssystems, in deren Folge über eine Hyperkoagulabilität des Blutes entweder eine Thrombose oder eine Blutung entstehen kann und zum anderen über eine Beeinflussung der Synthese der plasmatischen Gerinnungsfaktoren, die ebenfalls zu einer Thrombose oder Blutung führen kann.

Worauf nicht näher eingegangen werden kann, sind die entzündlichen Veränderungen, die mit einer Blutungsneigung infolge eines Hämostasedefektes einhergehen, und die sich vorwiegend am Gefäßsystem oder an den Thrombocyten abspielen. Es soll nur kurz erwähnt werden, um welche Krankheitsbilder es sich handelt: Ein Beispiel für eine fast ausschließlich am Gefäßsystem ablaufende Entzündung ist die Purpura Schönlein-Henoch, die durch ein polymorphes Exanthem und petechiale Hautblutungen sowie durch Schleimhautblutungen charakterisiert ist.

An den Thrombocyten können sich - häufig in der Folge von Infektionskrankheiten - zahlreiche immunologische Prozesse abspielen, die zum Untergang der Thrombocyten und damit zur Thrombocytopenie führen. Infolge der Thrombocytopenie kommt es ebenfalls zu petechialen Hautblutungen und zu Schleimhautblutungen. Ein typisches Beispiel ist die Idiopathische Thrombocytopenie (ITP) oder Morbus Werlhof.

Auf die verschiedenen wichtigen Interaktionen, die zu einer intravasalen Aktivierung des plasmatischen Gerinnungssystems führen, soll im folgenden eingegangen werden.

Interaktion: Thrombocyten - Endothel - plasmatisches Gerinnungssystem

Die Interaktionen zwischen dem Gefäßendothel, den Thrombocyten und dem plasmatischen Gerinnungssystem sind sehr vielfältig.

Bei Schädigung durch Viren, Bakterien oder deren Toxine, sowie
durch direkte Verletzungen bei Traumen oder Operationen reagieren die Thrombocyten mit dem geschädigten Endothel (Abb. 2).

Zunächst erfolgt dabei eine Adhaesion von zirkulierenden Plättchen an subendotheliales Kollagen, für die der v. Willebrand-
Faktor (F VIII v.W.) erforderlich ist. Er bildet eine Brücke
zwischen Rezeptoren an der Plättchen-Oberfläche und am Kollagen.
Die Plättchen ändern dabei ihre Gestalt (shape change) (Abb. 3).

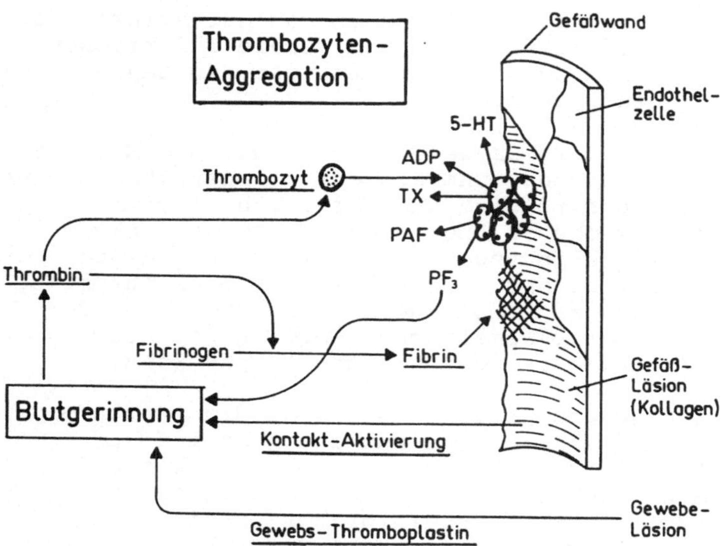

<u>Abb. 2.</u> Interaktionen zwischen geschädigtem Gefäßendothel, Thrombocyten und
plastischem Gerinnungssystem

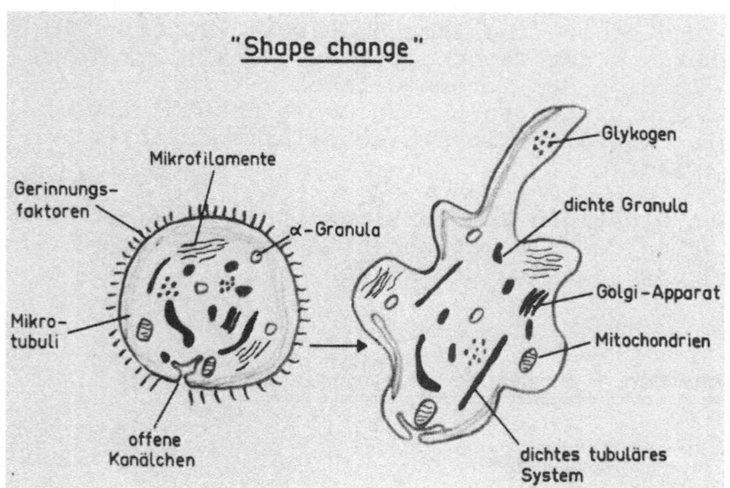

<u>Abb. 3.</u> Schematische Darstellung des "Formwandels" der Thrombocyten

Nachfolgend kommt es zur Aggregation der Plättchen und zur Freisetzungsreaktion. Substanzen, die aus dem Cytoplasma und den
verschiedenen Granula der Plättchen abgegeben werden und die
Aggregation weiterer Plättchen stimulieren sind ADP, Thromboxan
und Plättchen-aktivierender Faktor (PAF). Weiter werden an der
Plättchenoberfläche Rezeptoren für Fibrinogen exponiert, die
eine Verbindung von Plättchen über Fibrinogen ermöglichen
(Übersicht s. [1]).

Außerdem werden Substanzen freigesetzt, die das plasmatische
Gerinnungssystem aktivieren, wie der Plättchenfaktor 3 und der
Gerinnungsfaktor V (Übersicht s. [2]).

Das plasmatische Gerinnungssystem wird simultan durch Kontakti-
vierung über Faktor XII und beim Vorliegen einer Gewebeverletzung durch Freisetzung von Gewebsthromboplastin über Faktor
VII aktiviert.

Zunächst läuft die plasmatische Gerinnung, d.h, die Fibrinbildung, an der Oberfläche und in der Umgebung der am Endothel
haftenden Plättchenaggregate ab. Das während der Gerinnungsaktivierung entstehende Thrombin wirkt aggregationsfördernd
auf zirkulierende Plättchen. Fortschreitend wird das plastma-
tische Gerinnungssystem aktiviert.

Bei der mit der Aggregation verbundenen spezifischen Freisetzungsreaktion werden aus den Plättchen nicht nur gerinnungs-
aktivierende Faktoren abgegeben, sondern auch Entzündungsmediatoren, wie die verschiedenen aus dem Arachidonsäure-Stoff-
wechsel stammenden Prostaglandine. Daher bezeichnet man die
Plättchen auch als pro-inflammatorische Zellen (Abb. 4) [3].

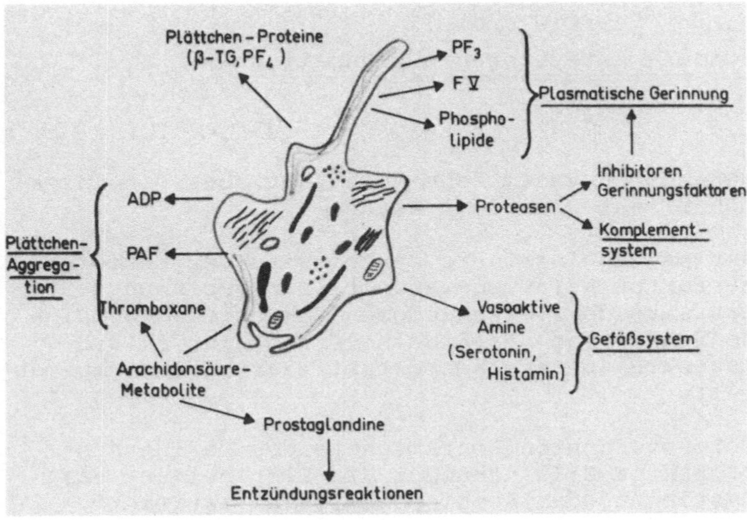

Abb. 4. Freisetzung von gerinnungsaktivierenden Faktoren und Entzündungsmediatoren bei der Plättchen-Aggregation

Neben den Prostaglandinen wirken auch die freigesetzten vaso-
aktiven Amine Serotonin, Histamin und die Katecholamine proinflammatorisch. Weiter greifen die Plättchen über das Komplementsystem in das Entzündungsgeschehen ein: Freigesetzte Proteasen aktivieren Komplementfaktoren. Das Komplementsystem kann
wiederum auf die Thrombocyten zurückwirken. Aktivierte Komplementfaktoren stimulieren die Plättchen-Aggregation. Vermutlich legen
die Komplementfaktoren Rezeptoren in der Plättchen-Membran frei.
Bei Patienten mit angeborenem Mangel an C5 ist die durch Risto-
cetin induzierte Plättchen-Aggregation stark eingeschränkt [4].

Weiter induzieren aktivierte Komplementfaktoren die Freisetzung
von vaso-aktiven Aminen aus den Plättchen.

Zu den aus Plättchen freigesetzten Proteasen gehören Trypsin,
Chymotrypsin, Kathepsin und Elastase [2]. Sie können in das
Gerinnungssystem eingreifen, indem sie Gerinnungsfaktoren und
Inhibitoren inaktivieren. Elastase z.B. kann den wichtigsten
Inhibitor des Gerinnungssystems, Antithrombin III, proteolytisch
spalten und inaktivieren [5]. Über diesen Mechanismus - Hemmung
eines Inhibitors - kann eine fortschreitende Fibrinbildung über
die Gerinnungskaskade stattfinden.

Während man früher den PF_3 als das wichtigste Prokoagulanz der
Plättchen angesehen hat, sprechen neuere Arbeiten dafür, daß der
aus den -Granula der Plättchen freigesetzte Faktor V die größte
prokoagulatorische Aktivität hat. Er wird nach Aktivierung der
Plättchen durch Kollagen, ADP, Thrombin, Adrenalin, Arachidon-
säure und PAF freigesetzt und an die Plättchen-Membran gebunden.
Dadurch bildet der Faktor V einen spezifischen Rezeptor für
Faktor Xa. In Anwesenheit von Phospholipiden und Faktor Va be-
wirkt der Faktor Xa dann die Umwandlung von Prothrombin zu
Thrombin [6].

Interaktion: Bakterielle Aktivatoren - plasmatisches
Gerinnungssystem

Das plasmatische Gerinnungssystem kann nicht nur über die Thrombocyten sondern auch direkt aktiviert werden.

Als auslösende Reaktion des intrinsic system wird der Faktor XII
(Hageman-Faktor) zu Faktor XIIa umgewandelt. Ein gerinnungs-
aktivierender Mechanismus der verschiedenen Bakterienendotoxine
ist vermutlich eine Schädigung des Endothels und eine am sub-
endothelialen Kollagen ablaufende Kontaktaktivierung des Hageman-
Faktors [7].

Gleichzeitig mit der sogenannten Kontaktphase des Gerinnungssystems werden über Faktor XIIa sekundär die Fibrinolyse, das
Kallikrein-Kinin-System und das Komplement-System aktiviert.
Die beiden letztgenannten Systeme beeinflussen ganz wesentlich
das Entzündungsgeschehen.

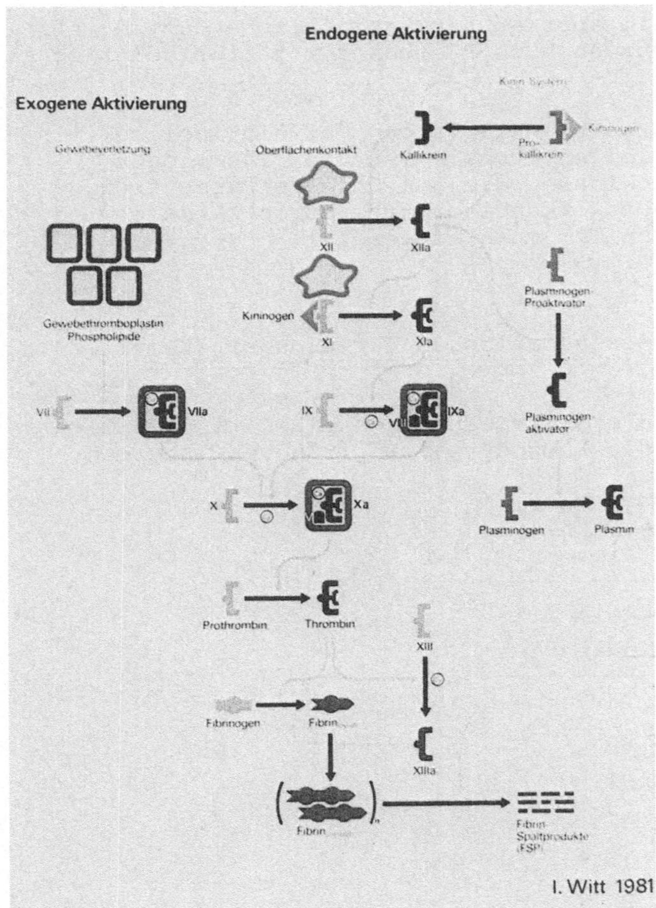

Abb. 5. Schematische Darstellung des plasmatischen Hämostase- und Fibrinolyse-Systems

Eine weitere Reaktion im Gerinnungssystem, die durch eine Direktaktivierung ausgelöst werden kann, ist die Umwandlung von Prothrombin (Abb. 5). So kann z.B. Prothrombin durch die Staphylocoagulase aus Staphylococcus aureus zu Thrombin aktiviert werden. Es handelt sich dabei nicht um eine Aktivierung durch limitierte Proteolyse, sondern um eine Komplexbildung zwischen Staphylocoagulase und Prothrombin. Der im Verhältnis 1:1 entstehende Komplex wird Staphylothrombin genannt und besitzt Thrombinaktivität. Der genaue Aktivierungsmechanismus ist nicht bekannt. Es werden keine weiteren Cofaktoren benötigt. Es besteht eine enge Analogie zur Aktivierung von Plasminogen durch Streptokinase [8, 9].

Außerdem kann eine Reihe von bakteriellen Endo- und Exoproteasen ähnlich wie verschiedene Schlangengift-Proteasen z.B. Ecarin, Prothrombin proteolytisch aktivieren.

Entsprechende Proteasen wurden aus Staphlococcus aureus, Pseudomonas aeruginosa und aus Bacteroides melaninogenicus isoliert und charakterisiert. Zum Teil handelt es sich dabei um unspezi-

fische Proteasen, zum Teil aber auch um spezifische Enzyme. Aus
Pseudomonas aeruginosa wurden auch Proteasen mit fibrinolytischer
Aktivität gewonnen [9, 10].

Ein weiteres Beispiel für eine Aktivierung des Fibrinolyse-
Systems durch ein bakterielles Protein ist die Plasminogen-
Aktivierung durch Streptokinase, die aus Streptokokken freigesetzt wird. Die aus Streptokokken isolierte Streptokinase wird
therapeutisch zur Lyse von Thromben eingesetzt.

Interaktion: Leukocyten - plasmatisches Gerinnungssystem

Eine wichtige Rolle für die Aktivierung des plasmatischen Gerinnungssystems spielen die Leukocyten. In früheren Arbeiten

Tabelle 1. Thromboplaszin-Aktivität in
Monozyten von Patienten mit Meningokokken-
Infektionen. (Nach ØSTERUD u. FLAGSTAD [12])

Pat. Nr.	Alter (Jahre)	Thromboplastin- [a]Aktivität x 10^3
1	12	0.83
2[+]	22	17.40
3	6	0.71
4	20	0.37
5	12	0.10
6[b]	15	2.80
7[b]	20	3.80
8	1	0.26
9	11	0.10
10	8	0.32
11	8	0.56
12	7	0.17
13[+]	2	4.40
14	2	0.13
15	34	0.16
16[+]	1	2.20

Nach: OSTERUD B u. FLAGSTAD T (1983)

Thromb Haemostas 49, 5-7

[a]Spez. Aktivität pro 3 x 10^8 Zellen/Liter

[b]Verstorbene Patienten

wurde bereits beschrieben, daß Leukocyten Thromboplastin enthalten, das über eine Aktivierung von Faktor VII das exogene Gerinnungssystem anstößt. In neueren Untersuchungen wurde gezeigt, daß die thromboplastische Aktivität in den Monocyten enthalten ist [11]. Die Synthese des Monocyten-Thromboplastins wird durch Endotoxin erheblich stimuliert. Potenzierend auf die Synthese wirkt auch IgG, besonders in Form löslicher Antigen-Antikörper-Komplexe.

Die Höhe der Thromboplastin-Aktivität in den Monocyten wird neuerdings als ein prognostisches Kriterium für den Ausgang von Meningokokken-Infektionen angesehen, da es in deren Folge besonders häufig zu einer disseminierten intravasalen Gerinnung kommt.

OSTERUD u. FLAGSTAD [12] berichteten über 16 Patienten mit Meningokokken-Infektionen. 5 davon hatten extrem hohe Aktivitäten (> 60-300 fach erhöht gegenäber der normalen Aktivität). Bei diesen 5 Patienten hatte die Erkrankung einen letalen Ausgang (Tabelle 1).

Auch bei Patienten mit Malignomen, postoperativ und nach schweren Traumen wurden erhöhte Konzentrationen von Monocyten-Thromboplastin gefunden.

Die Effektivität des Monocyten-Thromboplastins zeigt sich ebenfalls in einer Abnahme der Faktor VII-Aktivität im Plasma und einer Verlängerung der Prothrombinzeit.

Ein weiterer Einfluß der Leukocyten auf das Gerinnungssystem wird durch unspezifische Leukocyten-Proteasen übermittelt. Die wichtigste Wirkung ist vermutlich die proteolytische Spaltung des Antithrombins III durch Leukocyten-Elastase. Sie wurde aus Granulocyten isoliert [5]. Die Elastase bewirkt eine Abnahme des gerade bei der Aktivierung der Gerinnung dringend benötigten Inhibitors.

Proteasen aus Granulocyten führen auch zu einer proteolytischen Spaltung von Fibrinogen und Fibrin und wirken über diesen Mechanismus antikoagulatorisch und fibrinolytisch. Bei den Enzymen handelt es sich um eine Elastase und eine chymotrypsinähnliche Protease [13]. Die auftretenden Fibrinogenspaltprodukte sind nicht identisch mit den durch Plasmin entstehenden Fragmente, sind aber ähnlich [14].

Die Enzyme entstammen vermutlich den neutrophilen Granulocyten.

Interaktion: Leukocyten - Thrombocyten

Leukocyten aktivieren das Gerinnungssystem nicht nur über Faktor VII, sondern sie induzieren auch die Aggregation und Freisetzungsreaktion der Thrombocyten. Die Aktivierung erfolgt durch den in Leukocyten enthaltenen Plättchen-aktivierenden Faktor (PAF) und durch Thromboxan A_2 aus Leukocyten [3].

Leukocyten - vermutlich basophile - können Trombocyten zur Freisetzung von vasoaktiven Aminen (Serotonin, Histamin) stimulieren,
die wiederum in das Entzündungsgeschehen eingreifen.

DIe von den Leukocyten ausgehenden Einflüsse auf das Hämostasesystem sind in Abb. 6 dargestellt.

Je nach dem Ausmaß der reaktiven Aktivierung des Gerinnungssystems bei entzündlichen Prozessen treten Hämostasestörungen als
eigene Krankheitssymptome auf. Wenn die Gerinnung so schnell abläuft, daß intravasal freies Thrombin zirkuliert, kommt es zur
Proteolyse von Fibrinogen, zur proteolytischen Aktivierung von
Faktor V und VIII sowie zur Aggregation von Thrombocyten.

Es kommt zunächst zum Zustand der Hyperkoagulabilität, bei der
Fibrinpeptid A und Fibrinmonomere nachweisbar sind. Die Thrombocyten nehmen ab. Die paritelle Thromboplastinzeit (PTT) ist anfänglich verkürzt. Ein wichtiges Zeichen für den Beginn einer
intravasalen Gerinnung ist die Abnahme der Antithrombin III-
Aktivität, da Thrombin und andere aktive Proteasen der Gerinnungskaskade, besonders Faktor Xa, an Antithrombin III gebunden und
dadurch inaktiviert werden.

Bei fortschreitender Aktivierung der Gerinnung kann die Konzentration der Fibrinmonomere so stark zunehmen, daß sie ab einer
bestimmten Konzentration als Aggregate ausgfallen. Zusammen mit
Thrombocytenaggregaten kommt es zur Thrombenbildung.

Abhängig von der Grunderkrankung und den vorliegenden Gefäß-
veränderungen bilden sich lokal Thromben aus, vorwiegend in
großen Gefäßen, oder es entstehen Fibringerinnsel in der Endstrombahn, die als Charakteristikum der disseminierten intravasalen Gerinnung gelten (Übersichten s. [15, 16]).

Während der Gerinnungsaktivierung nimmt die Antithrombin III-
Aktivität fortlaufend ab, sodaß seine inhibitorische Regulation
ganz fortfallen kann.

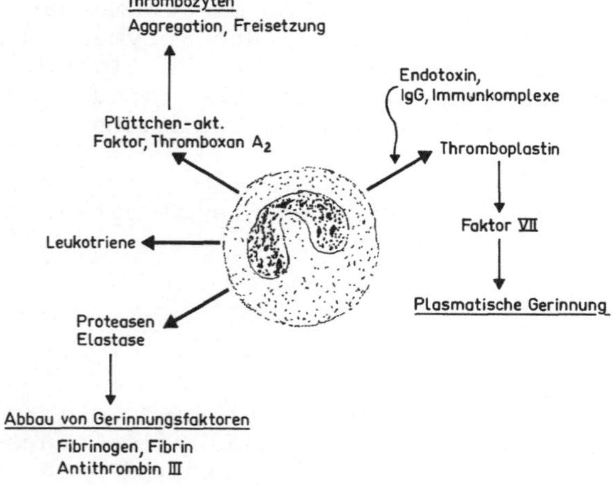

Abb. 6. Wirkungen der Leukocyten auf die Hämostase

Je nach der Ausdehnung und Lokalisation der Fibrinablagerungen
in der Endstrombahn kommt es zu einer allgemeinen Zirkulations-
störung, nämlich zum Schock, oder zur Funktionsstörung einzelner
Organe, die bis zur Nekrose gehen kann. Besonders betroffen sind
Niere, Lunge und Leber.

Wenn der bei der Aktivierung des Gerinnungssystems vermehrte
Umsatz der Gerinnungsfaktoren und der Plättchen so beschleunigt
ist, daß die Nachsynthese zur Kompensation nicht mehr ausreicht,
führt der Verbrauch der Gerinnungsfaktoren zur Blutung. Sekundär
mit der Verbrauchskoagulopathie kann die Fibrinolyse unterschiedlich stark gesteigert sein und die Blutungsneigung zusätzlich
fördern.

Eine Hypoxämie führt zusammen mit der permeabilitätssteigernden
Wirkung von aktivierten Komplementfaktoren zum Plasmaabstrom
ins Interstitium. Perivaskuläre Fibrinablagerungen verlängern den
Diffussionsweg zwischen den Kapillaren und dem Parenchym der
Orange, sodaß eine Azidose entsteht. Dadurch wird wiederum die
Freisetzung von Proteasen gefördert, die eine Zellzerstörung
zur Folge hat. Das Endstadium der Verbrauchskoagulopathie ist
der Schock mit Kreislaufversagen, Nierenversagen und einer
Schocklunge. Die Leberfunktionsstörung führt zur weiteren Syn-
theseeinschränkung der Gerinnungsfaktoren und fördert die Blutungsneigung.

Klinische Beispiele für das Auftreten einer disseminierten
intravasalen Gerinnung (DIC) - vorwiegend ausgelöst über eine
Aktivierung des exogenen Gerinnungssystems durch Einschwemmung
von Thromboplastin durch Gewebeverletzungen - sind geburts-
hilfliche Komplikationen, ausgedehnte Operationen und Verbren-
nungen.

Eine häufige Ursache für eine DIC - vorwiegend ausgelöst über
eine Aktivierung des endogenen Gerinnungssystems durch Gefäß-
schädigungen - sind Infektionen mit gramnegativen Bakterien,
besonders Meningokokken. Das Meningokokken-Endotoxin ist besonders potent zur Auslösung einer DIC.

Die dekompensierte Verbrauchskoagulopathie ist durch folgende
Laborbefunde ausgezeichnet: Fibrinogen und weitere Gerinnungsfaktoren sind stark erniedrigt, infolgedessen sind der Quick-
wert vermindert und die PTT verlängert. Weiter sind die Thrombocyten und Antithrombin III stark herabgesetzt, Fibrinogen- und
Fibrinspaltprodukte dagegen vermehrt nachweisbar.

Primäre Organschädigungen sind ebenfalls häufig mit einer DIC
verbunden. Als Beispiel sei die Leber erwähnt. Ursache der DIC
bei schweren Leberfunktionsstörungen ist die verminderte Kapazität zur Synthese von Gerinnungsfaktoren sowie die verminderte
Kapazität des RES zur Clearance von aktivierten Gerinnungs-
proteasen und Immunkomplexen (Übersichten s. [16, 17]).

Reaktive Beeinflussung des Syntheseortes
der Gerinnungsfaktoren und Inhibitoren

Während bisher die direkte Reaktion der Gerinnungssysteme bei
der Entzündung betrachtet wurde, die sekundär auch Rückwirkungen
auf die Synthese hat, soll im folgenden auf die direkte Beeinflussung der Synthese der Gerinnungsfaktoren und Inhibitoren
durch den Entzündungsprozeß eingegangen werden.

Bei Entzündungsprozessen, die sich bevorzugt in einem Organ abspielen, wie z.B. in der Lunge bei einer Pneumonie, oder in der
Niere bei einer Pyelonephritis, aber auch bei Gewebeschädigungen
ohne INfektionen z.B. bei Operationen, reagiert die Leber mit
einer gesteigerten Synthese der sogenannten Akut-Phase-Proteine [18].

Die Meinungen, welche Proteine als Akut-Phase-Proteine bezeichnet
werden sollten, sind nicht einheitlich. Üblicherweise rechnet
man die Plasma-Proteine dazu, die mit einer Erhöhung ihrer Konzentration im Plasma reagieren. Zum Teil werden aber auch die
Proteine dazugerechnet, die mit einer Abnahme der Plasma-Konzentration reagieren.

Die wichtigsten Proteine, deren Konzentration im Plasma während
einer Infektion oder einer Gewebeverletzung zunimmt, sind in
Tabelle 2 aufgelistet. Gerinnungsproteine, die mit einer Synthesesteigerung reagieren, sind Fibrinogen, Faktor VIII, Plasminogen
und α_2-Antiplasmin.

Proteine, die mit einer Abnahme der Plasma-Konzentration reagieren sind: Prealbumin, Albumin und Transferrin [19]. Auch
Antithrombin III reagiert mit einer leichten Abnahme.

Bei diesen Proteinen ist nicht gesichert, oh ihre Synthese abnimmt, oder ob der Katabolismus zunimmt. Erschwert wird diese
Frage, wenn das Protein - wie z.B. Antithrombin III - im Plasma

Tabelle 2. Zusammenstellung der
wichtigsten Akutphase-Proteine

Fibrinogen

Faktor VIII (F VIII C, VIII R AG)

Plasminogen

α_1-Proteinase-Inhibitor

α_1-Antichymotrypsin

C-reaktives Protein

Caeruloplasmin

Haptoglobin

α_1-saures Glykoprotein

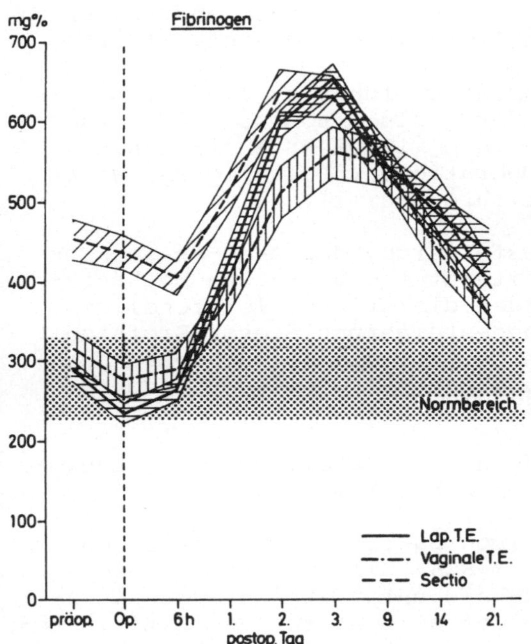

Abb. 7. Verhalten der Fibrinogenkonzentration bei Patienten mit gynäkologischen Operationen. (Nach SCHANDER [21])

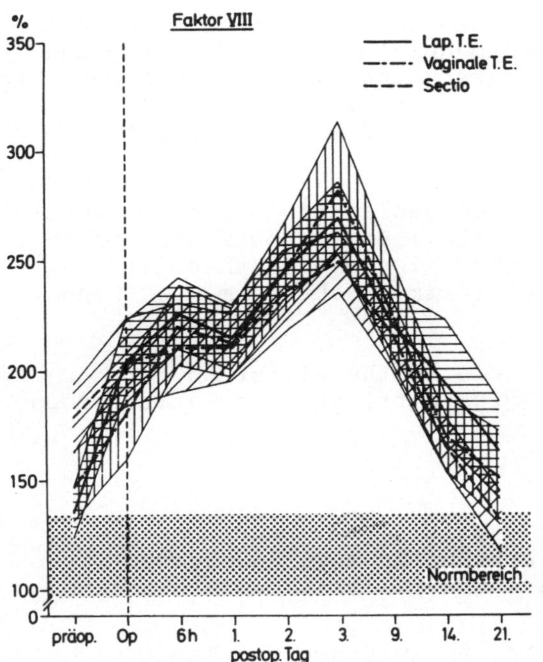

Abb. 8. Verhalten der Faktor VIII-Aktivität bei Patienten mit gynäkologischen Operationen. (Nach SCHANDER [21])

durch eine spezifische Funktion verbraucht werden kann. Einige Tierversuche sprechen dafür, daß Antithrombin III auch vermehrt synthetisiert wird und daß der Katabolismus erhöht ist [20].

122

In Abbildung 7 und 8 ist der Anstieg von Fibrinogen und Faktor VIII
bei Patienten mit gynäkologischen Operationen dargestellt [21].

Die Zunahme der Fibrinogen-Konzentration führt zu einer Viskosi-
tätszunahme des Blutes und ist dadurch als thrombose-fördernder
Faktor anzusehen bei Erkrankungen, die mit einer Akut-Phase-
Reaktion einhergehen, sowie bei Operationen. Potenzierend wirkt
die gleichzeitige Abnahme des Antithrombin III.

Über den Mechanismus der Synthesesteigerung der Akut-Phase-Proteine gibt es eine umfangreiche Literatur. Zahlreiche Mechanismen und Mediatoren wurden und werden diskutiert, letztendlich
ist aber unklar, wie es zur Synthesesteigerung dieser Proteine
kommt. Vermutet werden lysosomale Enzyme, die bei Gewebeschäden
frei werden, vasoaktive Amine, unbekannte Proteolyse-Produkte
und Granulocytenprodukte [22].

Neuere Untersuchungen sprechen gegen eine Beteiligung der Leukocyten an der Synthesesteigerung von Fibrinogen [23].

Interessant ist, daß die Synthese von Faktor VIII nicht in den
Hepatozyten stattfindet, sondern im RES. Eine vermehrte Ausschüttung von Faktor VIII, wie man sie unter vielen Streßsitua-
tionen beobachtet, scheint aber nicht alleine für den Aktivitäts-
anstieg verantwortlich zu sein, da die Aktivitätszunahme über
Wochen und Monate anhalten kann.

Direkte Schädigungen der Leber wie bei der Hepatitis, gehen mit
einer Störung der Synthese von prokoagulatorischen Faktoren und
Inhibitoren einher. Bei akuten Lebererkrankungen sind die Faktoren
II, VII, IX, X und V vermindert, ebenso Fibrinogen, F XIII und
AT III. F VIII C und VIII RAG sind stark erhöht (Übersichten
s. [16, 17].

Häufig wird ein abnormales Fibrinogen gebildet, dessen Polymeri-
sationsfähigkeit eingeschränkt ist [24]. Bei chronischen Leberfunktionsstörungen, z.B. der Cirrhose, ist die Syntheseleistung
der Leber stark eingeschränkt. Bei starkem Faktorenmangel kann
es zu Blutungen kommen.

Ein sehr relevanter Parameter für die Syntheseleistung der
Leber sind die Prothrombinzeit (Quick-Wert) und das Antithrombin
III [16, 17].

<u>Zusammenfassung</u>

1. Durch entzündliche Noxen und entzündliche Veränderungen wird
das Hämostasesystem über zelluläre und plasmatische Mechanismen
aktiviert.

Wichtige Interaktionen laufen dabei ab zwischen den Komponenten
des Hämostasesystems (Gefäße, Thrombocyten, plasmatische Gerinnungsproteine) und dem reparativen System der Fibrinolyse.

2. Das aktivierte Hämostasesystem greift stimulierend in das Entzündungsgeschehen ein.

Wichtige Interaktionen laufen dabei ab zwischen dem aktivierten Hämostasesystem und den anderen Abwehrsystemen: Komplementsystem und Kallikrein-Kinin-System. Eine besondere Bedeutung hat dabei die Kontaktivierungsphase (F XII) des plasmatischen Gerinnungssystems und der Thrombocyt als proinflammatorisch wirkende Zelle, besonders durch die Freisetzung von Entzündungsmediatoren.

3. Entzündliche Noxen beeinflussen die Leber als Syntheseort von Gerinnungsproteinen. Über diesen Mechanismus findet wiederum eine Wechselwirkung mit dem plasmatischen Gerinnungssystem und den anderen Abwehrsystemen statt.

Literatur

1. MILLS DCB (1981) The basic biochemistry of the platelet. In: Haemostasis and thrombosis, BLOOM AL, THOMAS DP (eds), Churchill Livingstone, Edingburgh, London, Melbourne and New York, p. 50
2. NIEWIAROWSKI S (1981) Platelet release reaction and secreted platelet proteins. In: Haemostasis and thrombosis, BLOOM AL, THOMAS DP (eds), Churchill Livingstone, Edingburgh, London, Melbourne and New York p. 73
3. BENVENISTE J, VARGAFTIG BB (1982) The role of thrombocytes in inflammation. In: Marker proteins in inflammation, ALLEN, BIENVENU, LAURENT, SUSKIND (eds), Walter de Gruyter, Berlin-New York, p. 57-65
4. GRAFF KS, LEDDY JP, BRECKENRIDGE RT (1976) Platelet Function in Man, a Requirement for C5. J Immunol 116: 1735
5. JOCHUM M, LANDER S, HEIMBURGER N, FRITZ H (1981) Effect of human granulocyte elastase on isolated human antithrombin III. Hoppe-Seyler's Z Physiol Chem 362: 103-112
6. CHESNEY CM, PIFER DD, COLMAN RW (1983) The role of platelet factor V in prothrombin conversion. Thromb Res 29: 75-84
7. MÜLLER-BERGHAUS G, SCHNEEBERGER R (1971) Hageman factor activation in the generalized Shwartzman reaction induced by endotoxin. Brit J Haematol. 21: 513-527
8. KIRCHHOF BRJ, VERMEER C, HEMKER HC (1978) The determination of prothrombin using synthetic chromogenic substrates; choice of a suitable activator. Thromb Res 13: 219-232
9. JELJASZEWICZ J, PULVERER G (1980) Bakterielle Aktivatoren der Blutgerinnung. Das Ärztl Laboratorium 26: 97-100
10. PULVERER G, WEGRZYNOWICZ Z, KO HL, JELJASZEWICZ (1980) Influence of pseudomonas aeruginosa proteases on prothrombin, plasminogen and fibrinogen. Zbl Bakt Hyg I Abt Orig A 248: 99-109
11. ØSTERUD B, BJØRKLID E (1982) Human factor VII associated with endotoxin stimulated monocytes in whole blood. Biochem Biophys Res Commun 108: 620-626
12. ØSTERUD B, FLAGSTAD T (1983) Increased tissue thromboplastin activity in monocytes of patients with meningococcal infection: related to an unfa vourable prognosis. Thromb Haemostasis 49: 5-7
13. SCHMIDT W, EGBRING R, HAVEMANN K (1974) Effect of ELP and CLP from human granulocytes on isolated clotting factors. Thromb res 6: 315-326
14. GRAMSE M, BINGENHEIMER CH, HAVEMANN K (1980) Degradation of human fibrinogen by chymotrypsin-like neutral protease from human granulocytes. Thromb Res 19: 201-209

15. LECHNER K (1982) Blutgerinnungsstörungen, Laboratoriumsdiagnose 2:
    hämatologische Erkrankungen. Springer-Verlag Berlin, Heidelberg, New
    York, S. 73-84
16. BROZOVIC M (1981) Acquired disorders of blood coagulation. In: Haemo-
    stasis and thrombosis, BLOOM AL, THOMAS DP (eds), Churchill Living-
    stone, Edingburgh, London, Melbourne and New York, p. 411-438
17. LECHNER K (1982) Blutgerinnungsstörungen, Laboratoriumsdiagnose 2:
    hämatologische Erkrankungen. Springer-Verlag Berlin, Heidelberg, New
    York, S. 53-58
18. KUSHNER I (1982) The phenomenon of the acute phase response. Ann New York
    Acad Sci 389: 39-48
19. LAURENT P, BIENVENU J (1982) Acute inflammatory process. In: Marker
    proteins in inflammation, ALLEN BIENVENU LAURENT SUSKIND (eds), Walter
    de Gruyter, Berlin-New York, p. 33-43
20. KOJ A, REGOECZI E (1979) Br J Exp Path 59: 473-481
21. SCHANDER K (1976) Veränderungen der Blutgerinnung und Fibrinolyse bei
    gynäkologischen und geburtshilflichen Operationen in Verbindung mit
    anderen Stoffwechselparametern. In: Struktur und Funktion des Fibrinogens,
    Blutgerinnung und Mikrozirkulation, SCHRÖER M (ed), Schattauer-Verlag
    Stuttgart, S. 235
22. WEIDNER N, ITTYERAH TR, WOCHNER RD, SHERMAN LA (1979) Investigation of
    an inflammatory humoral factor as a stimulator of fibrinogen synthesis.
    Thromb Res 15: 651-661
23. KERNOFF L, COLMAN J (1982) Neutropenia fails to prevent the acute phase
    stimulation of fibrinogen synthesis. Thromb Res 28: 47-57
24. PLASCAK JE, MARTINEZ J (1977) Dysfibrinogenemia associated with liver
    disease. J Clin Invest 60: 89-95

Eingeladene Diskussionsbemerkung

Reaktionsmuster von Gerinnungsfaktoren bei Krankheiten mit akut-entzündlichen Veränderungen

T.H.Schöndorf

Zu den vorgestellten Wechselwirkungen zwischen Entzündungsme-
daitoren und Gerinnungsproteinen möchte ich zwei Beispiele
beitragen, die das unterschiedliche Reaktionsmuster von Gerinnungsfaktoren bei Kranheitsbildern mit akut entzündlichen Veränderungen darlegen.

Abbildung 1 zeigt die unmittelbar nach dem Operationstrauma
einsetzende Zunahme des Fibrinogens und die gleichzeitige Abnahme des thrombinsensiblen Faktor XIII bei elektiven Hüft-
gelenksimplantationen. Das unterschiedliche Reaktionsmuster
der beiden Gerinnungsproteine verdeutlicht, daß ein Operationstrauma einerseits eine Akutphasenreaktion auslöst mit signi-
fikantem Fibrinogenanstieg und zum anderen, daß eine Operation
zur spezifischen Aktivierung mit konsekutiver Thrombinbildung
im plasmatischen Gerinnungssystem führt (F XIII-Abnahme). Als
weitere Ursache für die Abnahme von Gerinnungsproteinen ist
neben der gesteigerten Verbrauchsreaktion noch der Blutverlust
durch ein großes Operationstrauma zu erwähnen.
Die spezifische Umsatzsteigerung der Gerinnungsfaktoren wird
neben der F XIII-Abnahme zusätzlich durch das intravasale Auf-

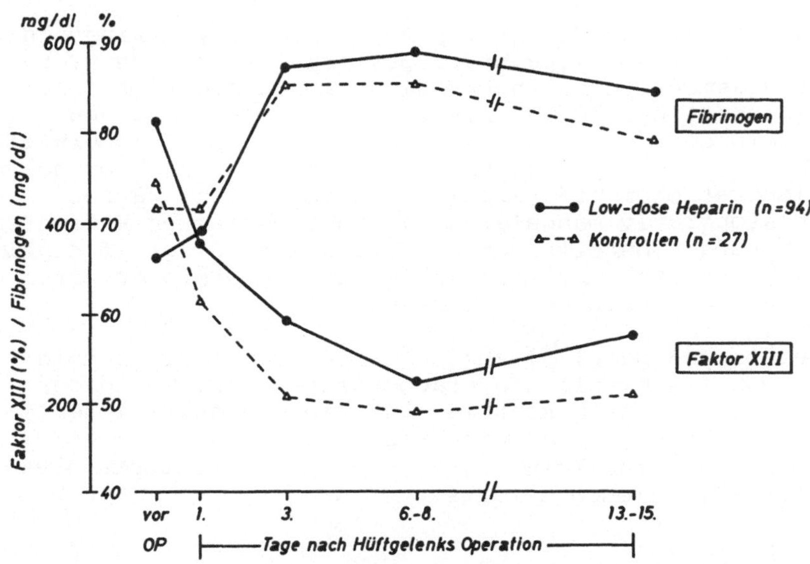

Abb. 1. Veränderungen von Fibrinogen und Faktor XIII nach Operationen

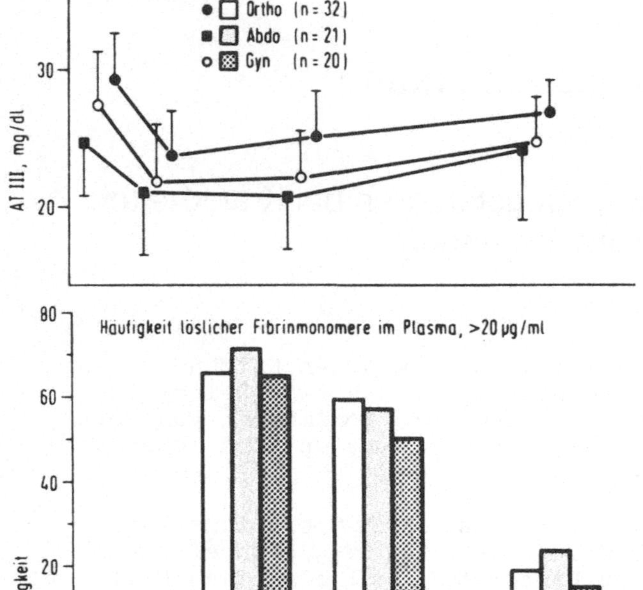

Abb. 2. Nachweis der Umsatzsteigerung durch postoperativen Anstieg der Fibrinmonomere im Plasma und Abnahme der Antithrombin-III-Konzentration bei operativer Traumatisierung. (Aus SCHÖNDORF u. TRÜSCHLER 1982)

treten von thrombininduzierten Fibrinmonomeren untermauert.
In Abb. 2 ist zu sehen, daß Fibrinmonomere sowohl am ersten als auch noch am dritten postoperativen Tag bei über 70% der Patienten mit verschiedenen Operationsarten nachzuweisen sind, gleichzeitig kommt es bei allen drei Operationsgruppen zu einer signifikanten Antithrombin III-Erniedrigung, die länger als die Halbwertszeit von 2,8 Tagen des Antithrombin III andauert.

Neben den erwähnten Einflüssen (Akutphasensituation, gerinnungsspezifische Umsatzsteigerung, Blutverlust) spielen bei den Veränderungen der Plasmaproteine in Akutsituationen auch katabole Prozesse eine wesentliche Rolle. Sie seien an folgenden, von uns erhobenen Befunden dargelegt, s. Abb. 3. Die Antithrombin III-Aktivitäten lagen sowhl bei den gynäkologischen als auch orthopädischen Wahloperationen präoperativ im Normbereich, während die prä- und postoperativ mangelernährten notoperierten Patienten der Abdominalchirurgie bereits vor dem operativen Eingriff signifikant niedrigere Antithrombin III-Werte als die wahloperierten beiden anderen Patientengruppen aufwiesen.

Abbildung 4 zeigt, daß parallel zum Verhalten des Antithrombin III mit signifikant unterschiedlichen präoperativen Werten und der signifikanten postoperativen Abnahme sich die Konzentrationen von Präalbumin und Transferrin verhalten, die als kurzlebige Proteine allgemein als Indikator einer Katabolie für postaggressive Stoffwechselsituationen herangezogen werden.

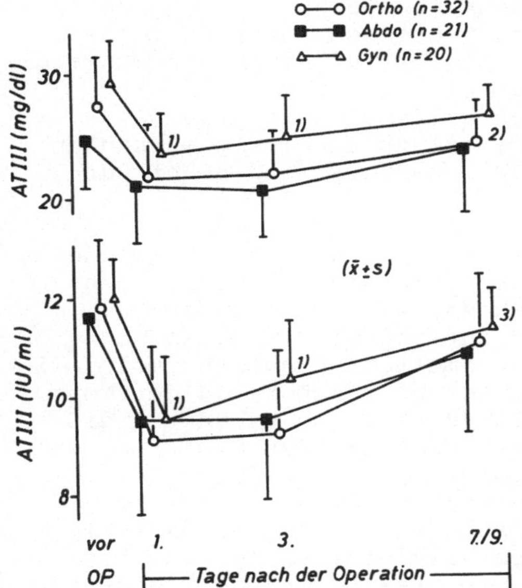

Abb. 3. Veränderung der Antithrombin-III-Konzentration und -Aktivität nach Operationen. (Aus SCHÖNDORF u. TRÜSCHLER 1982) Signifikant gegenüber präoperativ: *1* alle Gruppen, *2* Orthop. u. Gyn. u. Abd. Op

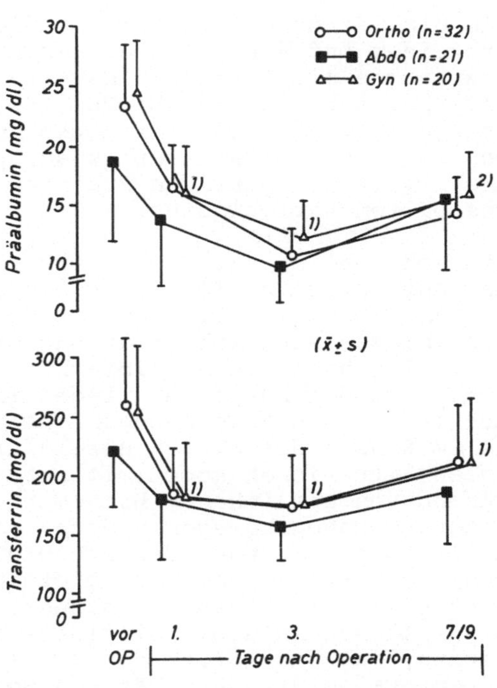

Abb. 4. Veränderung der Konzentrationen von Präalbumin und Transferrin nach Operationen. [Aus SCHÖNDORF (1982)]

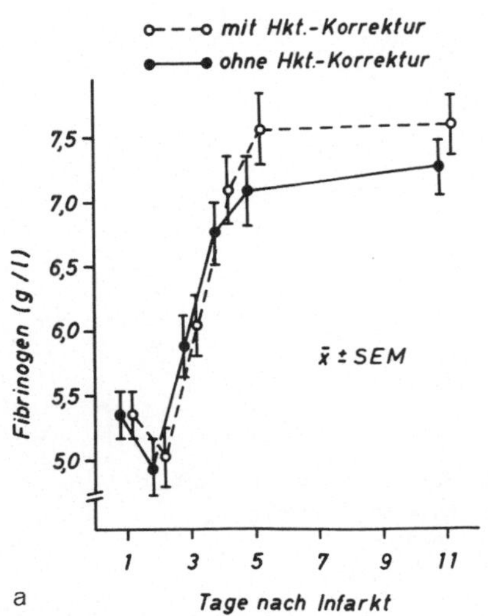

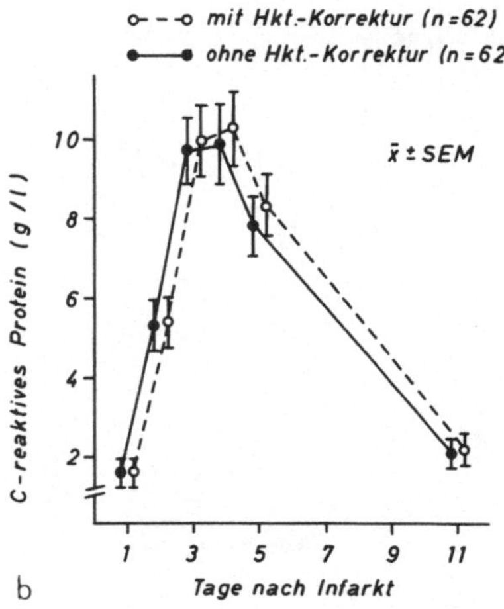

Abb. 5 a,b. *a* Veränderung der Fibrinogen-Konzentration nach Myokardinfarkt. [Aus OEHLER et al. (1983)]. *b* Veränderung der CRP-Konzentration nach Myokardinfarkt. [Aus OEHLER et al. (1883)]

Als ein weiteres Beispiel für die Reaktionsweise von Akutphasen-
proteinen und spezifischen Gerinnungsproteinen untersuchten wir
- zusammen mit Herrn OEHLER - Patienten mit einem akuten Myokardinfarkt: Abb. 5a und 5b: Unmittelbar nach dem akuten Infarkt-
ereignis steigt das Fibrinogen hochsignifikant auf etwa das
Doppelte des Ausgangswertes an, parallel zu einem signifikanten
Anstieg des C-reaktiven Proteins (CRP) und des hier nicht dargestellten Haptoglobins.

Wie schließlich aus Abb. 6 ersichtlich ist, verhält sich wiederum
das Antithrombin III im Gegensatz zur Reaktion des Fibrinogens.
Das Antithrombin III nimmt in der Phase des akuten Infarkt-
ereignisses signifikant ab und erreicht seinen minimalen Wert
am 4. Tag nach dem Herzinfarkt. Die gemittelten Antithrombin III-
Werte bei den Patienten liegen im unteren Grenzbereich der Norm.
Aus früheren Untersuchungen (MATTHIAS/HEENE) ist bekannte, daß
es im Rahmen des akuten Herzinfarktes ebenfalls zu hyperkoa-
gulen Situationen kommt mit inravasaler Thrombinbildung, die
anhand von löslichen Fibrinomeren nachzuweisen sind. Unsere
Untersuchungen belegen jedoch, daß auch katabole Einflüsse eine
Rolle spielen. Neben der erneuten parallelen Verminderung der
labilen kurzlebigen Plasmaproteine wie Präalbumin und Transferrin, die in Postaggressionsstoffwechsellagen vermindert
sind, können katabole Einflüsse darüber hinaus dadurch dargelegt
werden, daß das Antithrombin III unter einer hochkalorischen
parenteralen Standarddiät weniger stark abnimmt als bei den
Patienten mit oraler Ernährung und verminderter Kalorienzufuhr,
die anhand eines individuellen Ernährungsprotokolls errechnet
wurde.

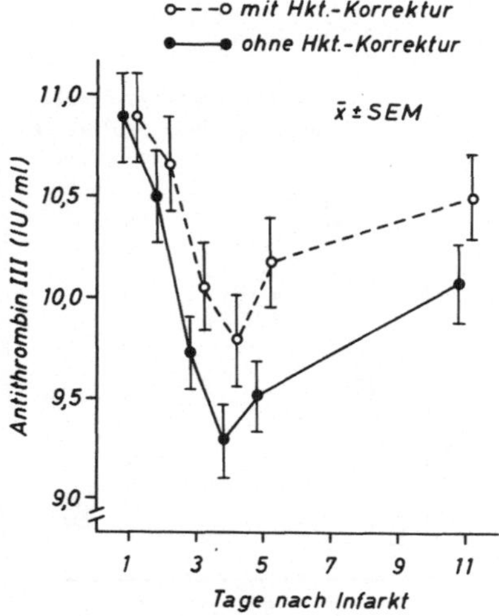

Abb. 6. Veränderung der Antithrombin-III-
Aktivität nach Myokardinfarkt. [Aus
OEHLER et al. (1983)]

Literatur

SCHÖNDORF TH (1982) Hämostasestörungen und ihre Therapie bei polytraumatisierten Patienten. In: HENSCHEL WF (Hrsg.), Klinische Primärversorgung
     Polytraumatisierter. W. Zuckschwerdt-Verlag, München, Bern, Wien, S. 91-100
SCHÖNDORF TH, TRÜSCHLER A (1982) Antithrombin III-Verminderung durch Umsatzsteigerung und Katabolie. Verh Dtsch Ges Inn Med 88: 1165
OEHLER G, BÜNDINGER M, HEINRICH D, SCHÖNDORF TH (1983) Veränderungen des
     Antithrombin III (AT III) nach Myokardinfarkt. Verh Dtsch Ges Inn Med
     89: 1116-1120
MATTHIAS FR (1978) Soluble plasma fibrin and platelet prostaglandin endoperoxides following myocardial infarction. Haemostasis 7: 273-281

Diskussion

Frau Barthels:
Es war notwendig, daß Frau WITT diese klare Übersicht für die
Nicht-Hämostaseologen gegeben hat. Das Referat war so klar,
daß ich den Advocatus Diaboli spielen und ein paar Probleme
aufwerfen möchte:

Erstens: Bezüglich des Faktor XII, der als zentraler Faktor
dargestellt wurde, möchte ich einwenden, daß es für mich immer
wieder faszinierend ist festzustellen, daß Patienten mit angeborenem Faktor XII-Mangel (wir übersehen 10 bis 15 Fälle),
weder eine Wundheilungsstörung noch eine Blutungsneigung haben,
das heißt, daß der Organismus anscheinend ausgezeichnet sowohl
in der Hämostase als auch beim Entzündungsgeschehen ohne den
Faktor XII auskommt.

Zweitens: Weiter möchte ich bemerken, daß bei banalen Infektionen nur extrem selten schwerwiegende Störungen im Hämostasesystem auftreten. Es ist fast ausschließlich die Thrombocytopenie, die häufiger, insbesondere im Kindesalter, vorkommt.
Im übrigen verfügt der Organismus offensichtlich über aus-
reichende Kompensationsmechanismen.

Drittens: Sie haben darauf hiengewiesen, daß die Synthese-Steige-
rung, besonders für den Faktor VIII, die Thromboseneigung begünstigt. Das möchte ich bezweifeln. Wir beobachten eine Erhöhung der Faktor VIII-Aktivität zwar bei einer Unmenge von
Krankheitsbildern, die häufig mit Thrombosen einhergehen,
aber zum einen tritt die Faktor VIII-Aktivitätssteigerung
postoperativ zu einem Zeitpunkt auf, zu dem die Thrombose
bereits abgelaufen ist, und zum anderen kennen wir den Faktor
VIII als Akut-Phase-Protein bei vielen Erkrankungen, z.B. bei
der akuten Hepatitis, bei denen keine erhöhte Thromboseneigung
besteht und das übrige Gerinnungspotential noch nicht so vermindert ist, daß man von einer Kompensation sprechen könnte.
Es ist zweifelhaft, ob man einfach eine Synthesesteigerung
gleichsetzen kann mit einer erhöhten Thrombosebereitschaft.

Frau WITT:
Zu Ihrer ersten Bemerkung möchte ich sagen: Die Tatsache, daß
Personen mit einem Faktor XII-Mangel keine Blutungsneigung
haben, sondern eher eine erhöhte Thromboseneigung, ist seit
langem bekannt und steht nicht im Gegensatz zu der Bedeutung
des Faktor XII als zentraler Faktor bei der intravasalen Aktivierung des endogenen Gerinnungssystems und der gleichzeitig
ablaufenden Aktivierung des Kallikrein-Kinin-Systems, des
Komplementsystems und des Fibrinolysesystems.

Zur zweiten Bemerkung: Die Mitbeteiligung des Hämostase-Systems
bei Entzündungen ist sowohl vom Ausmaß der Organschädigung im
Rahmen der Erkrankung als auch von der Art der Infektion (bakte-
riell oder viral) abhängig.

Und zu Ihrer dritten Bemerkung: Man kann die Synthesesteigerung
eines Gerinnungsfaktors nicht mit einer erhöhten Thromboseneigung gleichsetzen. Die Entstehung einer Thrombose hängt von
sehr vielen Faktoren ab. Für das erhöhte Thromboserisiko nach
Operationen ist sicher eine Vielzahl von Veränderungen verantwortlich, von denen ich nur einen kleinen Teil darstellen
konnte. Isolierte Veränderungen kann der Organismus sicher sehr
gut kompensieren, aber wenn weitere Thrombose-begünstigende
Faktoren vorhanden sind, muß man annehmen, daß die zusätzliche
Erhöhung der Aktivität eines Faktors das Thromboserisiko erhöhen kann.

Frau BARTHELS:
Die Frage ist doch, ob man überhaupt die Synthesesteigerung
eines Faktors als auslösenden Faktor betrachten kann.

SCHÖNDORF:
Ich möchte daran erinnern, daß die Hauptursache der Thrombose-
entstehung in der Virchow'schen Trias zusammengefaßt ist. Daraus
geht hervor, daß eine alleinige Synthesesteigerung von Faktoren
prinzipiell nicht als Thrombose-begünstigend anzusehen ist. Eine
Hyperfibrinogenämie geht in der Virchow'schen Trias im Rahmen
der Stase mit einem Hyperviskositätssyndrom und der damit verbundenen Blutflußverlangsamung einher. In diesem Sinne ist eine
ausgeprägte reaktive Hyperfibrinogenämie (entzündlich, postoperativ) als Thrombose-fördernder Faktor zu bewerten.

Außerdem gibt es Untersuchungen, die gezeigt haben, daß bei
bakteriellen Pneumonien im Gegensatz zu viralen Pneumonien und
auch bei Pyelonephritiden die Zahl der tödlichen Lungenembolien
überproportional häufig ist. Sie liegen in der Größenordnung
von 13%.

Bei der Thrombosenentstehung - die natürlich auch ein alters-
abhängiges Phänomen ist - spielen weiterhin lokalisierende
Faktoren eine Rolle, also nicht nur eine systemische Antithrombin
III-Abnahme. Die Antithrombin III-Abnahme ist zwar thrombose-
fördernd, aber wir wissen aus den Untersuchungen von THALER, daß
in über 2/3 der Fälle mit angeborenem Antithrombin III-Mangel
noch andere Faktoren letztlich die Thrombose auslösen. Zu diskutieren ist dabei die Aktivierung des Gerinnungssystems durch
ein Operationstrauma, die Einnahme hormonaler Kontrazeptiva,
eine Schwangerschaft oder Geburt.

KELLER:
In dem Zusammenhang direkt die Frage an Frau WITT, oder Frau
BARTHELS:
Wird die Faktor VIII-Aktivität oder das Faktor VIII-assoziierte
Antigen bestimmt? Und wenn ich noch etwas methodisches fragen
darf: Wobei hat man die größere Präzision? Bei der immunolo-
gischen Bestimmung des Faktor VIII-assoziierten Antigens oder bei
den gerinnungsphysiologischen Tests?

Frau WITT:
Bei der hier gezeigten Untersuchung von SCHANDER wurde der procoagulatorische Anteil des Faktor VIII über die Aktivität gemessen. In der Akut-Phase steigt aber nicht nur der procoagulatorische Anteil des Faktor VIII an, sondern auch das Faktor VIII
assoziierte Antigen.

KELLER:
Und was ist methodisch zuverlässiger? Wobei haben Sie die bessere
Reproduzierbarkeit?

Frau BARTHELS:
Wir haben Untersuchungen dazu durchgeführt. Die bessere Reproduzierbarkeit findet sich bei der gerinnungsphysiologischen
Methode. Das Antigen wird meist mit der Laurell-Elektrophorese
bestimmt und da gibt es zahlreiche Fehlerquellen, so daß die
Präzision wesentlich geringer ist. Das Antigen ist allerdings
meist stärker erhöht als die procoagulatorische Aktivität.

NEUHOF:
Ich wollte etwas zur Entzündung sagen. Man ist ja gewohnt, die
Gerinnung unter dem Aspekt der Blutung zu sehen. Ich glaube,
ein ganz wesentlicher Aspekt ist, daß die Intermediärprodukte
der Gerinnung selbst potente Stimulatoren der Vasokonstriktion
und Permeabilität sind. So führen die Fibrinpeptide zu einer
Permeabilitätssteigerung.

Wir konnten beobachten, daß sowohl am Ganztier als auch an der
isolierten Lunge das Fibrin-Monomer zu einem ganz massiven Release von Thromboxan führt und wahrscheinlich auch von Lipoxy-
genase-Produkten. Es ist also ein sehr potenter Stimulator.
Dabei ist die Lungenstrombahn wesentlich stärker betroffen als
der Gesamt-Kreislauf.

KLEINE:
Sie hatten eingangs erwähnt, daß auch minimale Entzündungen in
das Gerinnungssystem eingreifen, so zum Beispiel, daß freies
Kollagen der Gefäßwand die Thrombocyten aktiviert. Es muß doch
noch einige Zwischenfaktoren geben, die nicht bekannt sind
oder die Sie nicht erwähnt haben.

Frau WITT:
Vermutlich gibt es weitere Mediatoren, die man aber bisher im
einzelnen nicht kennt.

DENGLER:
Ich möchte gerne die prinzipielle Frage stellen, wieweit man
diese Veränderungen in der Tat als Folge einer Entzündung auf-
fassen darf. Denn gerade bei der von Ihnen angesprochenen Meningo-
kokken-Spesis ist es doch so, daß klinisch diese Patienten bereits eine massive Gerinnungsstörung haben, unter Umständen ohne
Meningitis. Ist das nicht eine direkte Interaktion zwischen dem
Eintrom einer großen Anzahl von Bakterien in die Blutbahn und
der Gerinnung?
Zweites Beispiel: Die Infektion der Leber. Sie haben doch genau
die gleichen Veränderungen, wenn Sie eine massive Paracetamol-

Vergiftung haben. Ist es nicht etwas zu sehr unter dem Gesichts-
punkt der Entzündung dargestellt, obwohl die Mechanismen nicht
notgedrungen über eine Entzündung laufen müssen?

Frau WITT:
Die Hämostasestörungen bei einer Meningokokken-Sepsis sind so
gut wie immer die Folge einer Infektion mit Meningokokken, wobei
die klinischen Zeichen einer Meningitis sich erst später zeigen
können. Wie ich eingangs sagte, können die Hämostase-Störungen
bei verschiedenen Erkrankungen so in den Vordergrund treten, daß
sie entscheidend das Krankheitsbild beherrschen. Die Ursache der
Hämostasestörung ist aber immer eine Infektion oder eine andere
Grunderkrankung

*Zur zweiten Bemerkung:*Genauso wie Infektionen führen auch andere
Organschädigungen, z.B. Operationen oder Vergiftungen, zu entzündlichen Reaktionen. Ob bei diesen unterschiedlichen Noxen
die gleichen Mediatoren wirksam werden, ist bisher unbekannt.
Sicher ist jedoch, daß diese Noxen zu den gleichen Erscheinungen
führen, so z.B. zum Auftreten der Akut-Phase-Proteine.

Frau BARTHELS:
Das Hämosetase-System reagiert etwas monoton auf die verschiedenen
auslösenden Reaktionen. Sie haben ja auch bei den verschiedensten
Erkrankungen eine Leukocytose. Entscheidender ist im Einzelfall
der Summationseffekt von Synthese-Rate und Umsatzrate der verschiedenen Systeme, die dann in einer gemeinsamen Endstrecke
einmünden.

DELBRÜCK:
Ich wollte darauf hinweisen, daß es immunologisch nachgewiesene
Immunglobuline gibt, die die Antithrombocyten-Eigenschaften
bestimmen. Wenn diese auf Thrombocyten einwirken, werden Thrombo-
cytenfaktoren freigesetzt, die ja schon aufgezählt wurden, und
die ihrerseits Entzündungserscheinungen als Mediatoren bewirken
können. In der Arbeitsgruppe von Herrn DEICHER wurde bei Patienten
mit SLE und bei Patienten mit chronischer Polyarthritis vermehrt
thrombocytäres Immunglobulin G gefunden. Es werden aber nicht
nur vasoaktive Stoffe freigesetzt, sondern auch eine Reihe von
proliferationsstimulierenden Faktoren, die möglicherweise auch
eine Verbindung herstellen können. Dabei ist nun die Frage, wer
ist Henne, wer ist Ei. Aber es wurde sicherlich auch gezeigt,
daß es zu Beginn einer bakteriellen oder viralen Infektion zu
erheblichen Veränderungen sowohl der Kreislauffunktion und damit
verbunden der Blutzirkulation mit sekundärer Gerinnungsschädi-
gung kommt. Dann laufen diese Dinge wahrscheinlich sich gegenseitig beeinflussend bei der Entzündung ab. Wieweit die Reaktionen des Gerinnungssystems als spezifische Reaktion auf die
Entzündung angesehen werden müssen, scheint mir offen.

GREILING:
Mich interessiert die Bedeutung des β-Thromboglobulins. Es sind
in den letzten Jahren von mehreren amerikanischen Gruppen Untersuchungen durchgeführt worden, die zeigen, daß β-Thromboglobulin
eine gewisse Bedeutung in der reparativen Phase der Entzündung
hat. Man hat es als "Connective Tissue Stimulation Factor"

134

bezeichnet. Es stimuliert das Fibroblasten-Wachstum, ist also
in der reparativen Phase wirksam, und aktiviert auch die Cytolyse.
Meine Frage geht dahin, ob Sie Erfahrungen bzw. Kenntnisse aus
der Literatur haben, die dafür sprechen, daß man das β-Thromboglobulin als Entzündungsmarker ansehen kann.

Frau WITT:
Die Freisetzung von β-Thromboglobulin ist sehr unspezifisch.
Bei Schädigung der Thrombocyten durch die verschiedensten Ur-
sachen kann es zur Freisetzung von β-Thromboglobulin kommen.

KLEESIEK:
Ich wollte bemerken, daß der low-affinity platelet factor 4
in der Aminosäuresequenz bis auf einen kleinen Rest und eine
Sulfid-Bindung mit dem β-Thromboglobulin übereinstimmt. Die eine
Form ist aktiv, nämlich als Wachstumsfaktor, während das β-Thromboglobulin inaktiv ist und keine wachstumsfördernde Eigenschaft
hat.

Frau WITT:
β-Thromboglobulin ist aber kein spezifischer Entzündungsmarker.

NEUMANN:
Sie hatten erwähnt, daß der Zusammenhang zwischen dem geschädigten Gewebe und der Leber bei der Bildung der Akut-Phase-Proteine
noch nicht ganz klar ist. Nun gibt es aus den letzten Jahren
Befunde amerikanischer Gruppen, die an der perfundierten Mäuse-
leber gezeigt haben, daß Produkte von aktivierten Makrophagen,
z.B. Interleukin I, die Bildung von Akut-Phase-Proteinen initiieren können. Zum anderen kann das Auftreten von Akut-Phase-
Proteinen nach zwei Programmen ablaufen: Es gibt die schnellen
Akut-Phase-Reaktanten und diejenigen, die später auftreten bzw.
ansteigen. Sind da nicht doch ganz gezielte, genetische Pro-
gramme im Spiel und unterschiedliche, spezifische Mediatoren?

Frau WITT:
Über die Mediatoren kann ich Ihnen nichts weiter sagen. Man
kennt sie bisher nicht. Daß es Akut-Phase-Proteine gibt, die
sehr schnell anstiegen, ist ja allgemein bekannt. Zu der Gruppe
gehört das C-Reaktive Protein und das α_1-Antichymotrypsin.
Während diese Proteine sehr schnell ansteigen, gibt es andere,
die später ansteigen und länger erhöht bleiben. Welche Mediatoren den Anstieg der Protein-Synthese beiwirken und welches der
Auslösemechanismus ist, darüber gibt es bisher keine zuver-
lässigen Aussagen. Auch die Regulation ist bisher noch unklar,
besonders die Frage, in welchem Zusammenhang die Synthesesteigerung einiger Proteine mit der Konzentrationsabnahme anderer
Proteine steht. Möglicherweise wird die Synthese einiger Proteine
eingeschränkt bzw. ihre Katabolie nimmt zugunsten der Synthesesteigerung anderer Proteine z.B. des Fibrinogens und des C-Reaktiven Proteins, die ja für den Reparationsprozeß gebraucht werden.
Daß die Synthese einiger Proteine zugunsten der Synthese anderer
Proteine eingeschränkt wird, ist aber reine Spekulation.

LORENTZ:
Für das Transferrin ist das gut untersucht, dort liegt die Syntheserate unter der Abbaurate.

FRITZ:
Ich bin jetzt etwas durcheinander, weil ich eigentlich aus alledem, was ich aus der Literatur weiß, ein anderes Bild habe. α_2-Makroglobulin ist doch, soweit bislang am Menschen untersucht, kein Akut-Phase-Protein, ebenso nicht Antithrombin III. Sie haben anklingen lassen, daß Antithrombin III bei einigen Tierspezies eventuell als Akut-Phase-Protein reagiert. Das wäre ja nicht verwunderlich. α_2-Makroglobulin reagiert bei der Ratte als Akut-Phase-Protein mit einem sehr hohen Konzentrationsanstieg, im Gegensatz zum Menschen. Für mich wäre wichtig, um unsere Befunde einordnen zu können: Existieren irgendwelche Hinweise darauf, daß beim Menschen Antithrombin III und α_2-Makroglobulin Akut-Phase-Proteine sind?

Frau WITT:
Dazu kann ich ganz klar sagen: nein. Das α_2-Makroglobulin ändert sich beim Menschen nicht. Es gibt einige Nomenklaturschwierigkeiten: Ich bin der Meinung, daß man nur solche Proteine als Akut-Phase-Proteine bezeichnen sollte, deren Konzentration ansteigt. Es gibt in der Literatur eine Arbeit [1][1], in der gezeigt wird, daß die Synthese von Antithrombin III im Tierversuch ansteigt, daß aber der Katabolismus erhöht ist, so daß die Konzentration von Antithrombin III abnimmt. Beim Menschen gibt es dafür keine Hinweise.

FRITZ:
Dann ist es ganz klar: Akut-Phase-Protein bedeutet höhere Syntheserate und alles andere ist Verbrauch, der über viele ververschiedene Wege ablaufen kann.

Frau WITT:
Es ist eben bei einigen Proteinen sehr schwer zu entscheiden, wie hoch eigentlich die Synthesesteigerung ist, und zwar bei den Proteinen, die durch eine spezifische Funktion abnehmen. Ich glaube, daß die Rolle der Katabolie in den Versuchen sehr klar zum Ausdruck kommt, über die Herr SCHÖNDORF berichtet hat.

TRAUTSCHOLD:
Mit diesem Katabolismus, das ist so eine Sache! Es gibt ja schwere klinische Zustände, bei denen die Protein-Halbwertszeit überhaupt nicht verändert ist. Für mich war die Katabolie immer eine sehr stabile Größe. Wenn sich etwas ändert, dann ist es die Synthese, aber nie der Abbau. Aber ich habe hier dazugelernt, daß es bei diesen labilen Proteinen anders ist.

KEPPLER:
Bei der Besprechung der Rolle der Leber bei Schock und Gerinnung darf ich noch auf einen dritten Aspekt neben der Synthese der Akut-Phase-Proteine und der verminderten Synthese der Gerinnungsfaktoren bei Leberschädigungen aufmerksam machen: Die Leber ist der Hauptort für die rasche Elimination der Leukotriene C, D. E [2][1], die Mediatoren für Bronchokonstriktion, Kardiodepression und Gewebsödem sind [3, 4][1]. Diese Cysteinyl-Leukotriene sind wirksame Stimulatoren der Thromboxanbildung [5][1], so daß ihre verminderte Elimination bei Leberschädigungen zu einer vermehrten Thromboxanbildung führen kann. Die Leber ist auch, zumindest in

der Ratte, nach Arbeiten von COOK u. WISE [6][1]Hauptort der Elimination von Thromboxan. Wenn eine geschädigte Leber Thromboxan weniger extrahiert und eliminiert, so bleiben höhere Plasmakonzentrationen an Thromboxan erhalten. Diese beiden Faktoren, die von der Eliminationsleistung der Leber abhängen, dürften sowohl beim Schock als auch in der Gerinnung sicher eine Rolle spielen.

FRITZ:
Sie haben bemerkt, daß Endotoxine, bakterielle Produkte, den Hageman-Faktor-abhängigen Reaktionsweg stimulieren können. Gibt es da schon nähere Vorstellungen, wie das ablaufen könnte?

Frau WITT:
Für eine direkte Aktivierung des Hageman-Faktors durch Endotoxine gibt es bisher keine Beweise. Vermutlich erfolgt eine Aktivierung von Faktor XII an Endothel, das durch Endotoxin geschädigt wurde. Wichtig ist die Faktor XII-Aktivierung für den Anstoß des Kallikrein-Kinin-Systems sowie des Fibrinolyse- und Komplement-Systems.

Für den Anstoß des Gerinnungssystems ist vermutlich die Aktivierung über das exogene System durch Freisetzung von Thromboplastin aus Leukocyten entscheidend, die durch Endotoxine stimuliert wird.

GUDER:
Auf den Abbildungen von Herrn FRITZ waren die Mastzellen vertreten. Meine Frage ist, ob endogenes Heparin irgendwo im Entzündungsmechanismus eine Rolle spielt und hier vielleicht Verbindungen zum Gerinnungssystem bestehen? Meine zweite Frage ist, was die Ursache für eine hämorrhagische Entzündung ist. Sie haben die Thrombocyten als Beispiel genannt, aber welche lokalen Faktoren gibt es? Ist es die Plasminogenaktivierung, die das Fibrin auflöst oder sind es wandständige, z.B. endotheliale Faktoren?

Frau WITT:
Über das endogene Heparin weiß man eigentlich noch so gut wie gar nichts. Man weiß noch nicht einmal, wieviel eigentlich da ist. Man weiß lediglich, daß es endogenes Heparin gibt. Es gibt die ersten Versuche von Frau DAWES zur Bestimmung von endogenem Heparin mit einer speziellen Technik. Aber ob und wie endogenes Heparin in das Entzündungsgeschehen eingreift, darüber ist überhaupt noch nicht bekannt.

---

[1]
1. KOJ A, REGOECZI E (1979) BR J Exp Pathol: 59: 473-481
2. APPELGREN L, HAMMARSTRÖM S (1982) Distribution and metabolism of [^{3}H] labeled leukotriene C_3 in the mouse. J Biol Chem 257: 531-535
3. HAMMARSTRÖM S (1983) Leukotrienes. Ann Rev Biochem 52: 355-377
4. PIPER PJ (1983) Leukotrienes. TIBS February pp. 75-77
5. FEUERSTEIN N, FOEGH M, RAMWELL PW (1981) Leukotrienes C_4 and D_4 induce prostaglandin and thromboxane release from rat peritoneal macrophages. Br J Pharmac 72: 389-391
6. COOK JA, HALUSHKA PV, TEMPEL GE, WISE WC (1982) Organ sources of arachidonic acid metabolites in endotoxin shock in the rat. Circulat. Shock 9: 173-174

TRAUTSCHOLD:
Herr GUDER, meinen Sie jetzt, wie es zu einer Hämorrhagie kommt
oder zu einer serösen Exsudation?

GUDER:
Nein, mich interessiert, was speziell die Erythrocyten durch
diese Barriere durchbringt.

TRAUTSCHOLD:
Das sind entweder Mikroaneurysmen, die dort entstehen können
oder es sind direkte, cytotoxische Endothelschädigungen.

GUDER:
Mir geht es mehr um den Mechanismus, ob hier ein Defekt im Fibrin-
belag des Endothels ist oder ob eine lokale Gerinnungsstörung
vorliegt.

TRAUTSCHOLD:
Gerade die Lunge ist ja dafür ein Beispiel. Da ist es zum Teil
einfach eine Blutüberfüllung, die aber nicht extravasal ist.
Die Gewichtszunahme beim Lungenödem liegt zum großen Teil einfach
an der verdoppelten Blutmenge, die dort vorhanden ist und die
Ödemmenge ist zunnächst noch relativ klein. Aber das sind natürlich keine Hämorrhagien. Das sind dann Aneurysmen, die da auftreten.

Entzündungsprozesse in der formalen Pathogenese von Lungenfibrosen

U.N.Riede

Der menschliche Organismus kämpft während seiner gesamten Lebensdauer gegen das Entropiegefälle und hält dadurch den molekularen
und zellulären Ordnungsgrad in wunderbarer Weise aufrecht. Eine
Vielzahl von Faktoren wie Elementarpartikel (z.B. ionisierende
Strahlung), Moleküle (z.B. Säuren) und Mikroorganismen (z.B.
Bakterien) dringt unaufhörlich in den Organismus ein und würde
ohne sein Gegentun zu einer irreversiblen Unordnung und somit
zum Tode des Individuums führen. Mit der Fähigkeit zu einer
"Entzündungsreaktion" verfügt der menschliche Organismus über
ein Verteidigungssystem, welches die schädlichen Eindringlinge
- als was alle Entzündungsreize zu bezeichnen sind - bekämpft.
Eine Entzündung stellt somit einen Abwehrvorgang des lebenden
Organismus dar, welcher in einer komplexen Reaktion der Blut-
gefäße, bestimmter Blutplasmabestandteile und Blutzellen sowie
zellulärer und struktureller Bestandteile des Bindegewebes auf
eine lokale Gewebeschädigung besteht.

Die Lunge ist als Gasaustauschorgan sowohl Eintrittspforte für
gas-, dampf- und staubförmige Schadstoffe als auch Ausscheidungsorgan für bestimmte schädliche Agentien wie Alkohol und Harnstoff
(Urämie!). Um dieser Aufgabe gerecht zu werden, ist die Gasaus-
tauschmembran in der Lunge im wahrsten Sinne des Wortes hauch-
dünn, so daß die Lufträume in Form der Alveolen nur durch einen
virtuellen Interstitiumspalt von der Blutbahn in Form der Kapillaren getrennt sind. Dies hat den Vorteil, daß das Lungen-
parenchym auf eine inhalagene oder hämatogene Noxe prompt reagieren kann. Leider ist aber die industriell-technische Entwicklung der biologischen Evolution davongeeilt, so daß der
heutige Organismus mit Schädlichkeiten konfrontiert wird, gegen
die er vom biologischen Standpunkt aus betrachtet einen archai-
schen Abwehrmechanismus einsetzt. Dieser ist zwar für die lokale
Mikrobenbekämpfung äußerst wirkungsvoll, kann bei diffuser
Lungenschädigung jedoch mehr schädlich als nützlich sein. Die
zugrundeliegende unspezifische Abwehrreaktion wird dementsprechend auch als diffuser Alveolarschaden (= "Diffuse "
Alveolar Damage") bezeichnet und kann durch eine Vielzahl von
Noxen inklusive dem Schock ausgelöst werden. Da der Kreislaufschock zu den häufigsten Todesursachen gehört und gleichzeitig
auch am besten untersucht ist, konzentriert sich die vorliegende
Arbeit auf den schockinduzierten diffusen Alveolarschaden (= DAS).

Der DAS verläuft in typischer Weise biphasisch. Er beginnt mit
einer exsudativen Entzündung und mündet in eine proliferative
Entzündung ein. Dementsprechend finden wir am Anfang des DAS
ein interstitielles Lungenödem, später eine interstitielle

Lungenfibrose und als Endstadium schließlich eine Wabenlunge. Dies
sind die pathologisch-anatomischen Eckpfeiler des DAS. Welches
sind aber die dafür verantwortlichen pathogenetischen Faktoren?

Unabhängig davon wie der Kreislaufschock ausgelöst wird, ge-
langen endogene Toxine in Form toxischer Peptide und exogene
Toxine in Form bakterieller Endotoxine in die Blutbahn [1].
Dort schädigen sie entweder direkt durch Interferenz mit dem
Zellstoffwechsel oder indirekt durch Aktivierung des Komplement-
systems auf dem alternativen Weg die Kapillarendothelien.

Exo- bzw. endogene Endotoxine sind primäre Schockauslöser, was
bei der Sepsis mit gram-negativen Erregern praktisch bewiesen
und bei den anderen Schockarten angenommen wird. Die Endotoxine
schädigen die Zelle vor allem dadurch, daß sie den Calciumein-
strom stark erhöhen. Hinweise dafür liefern die Calmodulin-
Antagonisten vom Typ Phenothiazin, welche den letalen Effekt
des Endotoxins aufzuheben vermögen [2]. Andererseits stimulieren
Endotoxine die Biosynthese von Prostaglandinen und Leukotrienen.
Letztere sind imstande, bereits in geringen Mengen die frühen
schockbedingten Lungenveränderungen der exsudativen Phase aus-

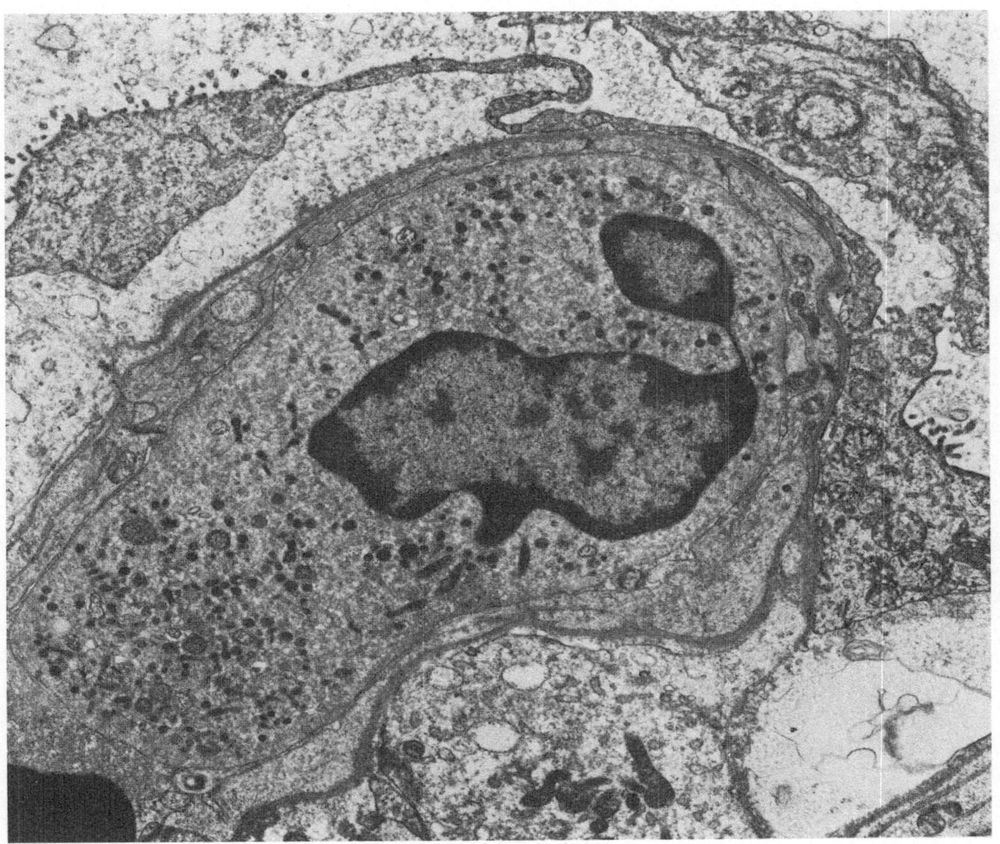

Abb. 1. Ultrastruktur einer Lungenkapillare mit Leukostase beim diffusen
Alveolarschaden (Frühphase). Vergr. 9000 x

zulösen. Neben dieser direkten Zellschädigung übt das Endotoxin
auch eine indirekte Wirkung auf die Lungenendothelien aus. Es
aktiviert auf dem alternativen Weg das Komplementsystem, so daß
C5a entsteht, welches chemotaktisch wirksam ist und die Granulocyten in der Lungenendstrombahn abfängt.

Dieser Prozeß ist histologisch am sog. Leukocyten-sticking in
der Lunge zu erkennen (Abb. 1). Die angelockten Leukocyten (Makrophagen und Granulocyten) sowie auch die Alveocyten Typ II
nehmen das Endotoxin auf. In der Leber besorgen dies die Zellen
des RES und die Hepatocyten [3,4,5]. Dadurch wiederum werden
die Leukocyten aktiviert. Sie geben lysosomale Proteinasen ab
und setzen Sauerstoffradikale und -peroxide frei [6]. Ein
Überschuß an freien Sauerstoffradikalen, die für die Abtötung
der phagocytierten Bakterien bestimmt sind, wird innerhalb der
Zelle durch Antioxydantien-Systeme unschädlich gemacht. Beim
DAS fallen aber die Sauerstoffradikale auch außerhalb der
Phagocyten in genügender Menge an, um eine cytotoxische Wirkung auf die Kapillarendothelien ausüben zu können [7]. Ultrastrukturell läßt sich dieser Vorgang an der Endothelschwellung,
Auflockerung der Zellkontakte (Abb. 2) und erhöhten Durchlässig-
keit der Lungenkapillaren für großmolekulare Stoffe nachweisen.

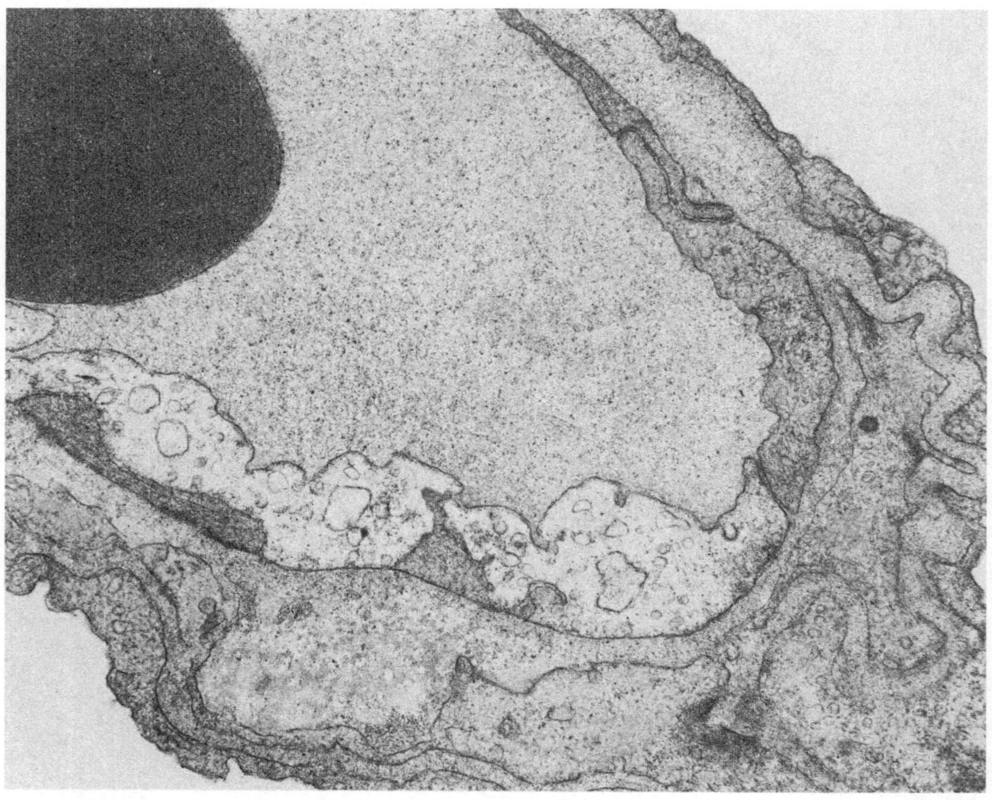

<u>Abb. 2.</u> Ultrastruktur einer Lungenkapillare im exsudativen Stadium eines
diffusen Alveolarschadens (Schock) mit initialem Endothelschaden: Beginn
der exsudativen Alveolitis. Vergr. 10 000 x

Damit aber haben wir die ersten Zeichen der exsudativen Alveolitis vor uns. Da die Alveolarwände selbst keine Lymphgefäße enthalten, staut sich das entzündliche Exsudat zunächst im peribronchovaskulären Bindegewebe und später im Interstitium der Alveolenwand an. Schließlich nimmt die Endothelschädigung solche Ausmaße an, daß oft nur noch leere Basalmenbranrohre zurückbleiben, die geisterhaft auf die früher vorhandene Lungenstrombahn hinweisen.

In der Folge werden wir mit einer Reihe von Lungenveränderungen konfrontiert, die auf die Zerstörung der Lungenendothelien zurückzuführen sind. Ein normales Lungenendothel ist in der Lage, fibrinolytisch dadurch aktiv zu werden, daß es Plasminogenaktivatoren freisetzt. Andererseits können die Lungenendothelien über eine Thrombokinase auch die Blutgerinnung aktivieren [8]. Für die frühe Phase beim Schock ist das Überwiegen der Fibrinolyse recht typisch. Dies läßt sich histologisch dadurch zeigen, daß man einen Krysotatschnitt der Lunge mit Fibrin überschichtet und inkubiert. Dann wird überall dort, wo eine fibrinolytische Aktivität auftritt - ganz ausgeprägt über den Lungengefäßen - das Fibrin abgebaut. Dieser Prozeß ist in der frühen Phase beim Schock gesteigert, was man an den großen Fibrinolysehöfen erkennen kann.

Fibrinthromben treten meist erst später auf. Sie gelten als morphologisches Äquivalent des Schocks und des DAS (Abb. 3). Sie sind einerseits Ausdruck der Endotoxin-bedingten Endothel- und Thrombocytenschädigung und machen andererseits auf die begleitende Verbrauchskoagulopathie aufmerksam. Darüberhinaus beherbergen die normalen Lungenendothelien auch das Angiotensin-konvertierende Enzym, welches einerseits das Angiotensin I in das Blutdruck-aktive Angiotensin II überführt und andererseits Kinine aktiviert. Bei der massiven Lungenendothelzerstörung im Schock gehen dieser Fähigkeiten zumindest teilweise verloren.

Das DAS-induzierte Zellschädigung im Rahmen der exsudativen Alveolitis macht aber nicht bei den Endothelien halt. Sie greift auf die Alveolarepithelzellen über, die sich, nekrotisch geworden, von ihrer Basalmembran ablösen. Diese Epithelnekrose wirkt sich auf die weitere formale Pathogenese des DAS aus: Denn durch die Schädigung der Alveocyten Typ II wird auch die Synthese des antiatelektatischen Faktors beeinträchtigt. Dadurch steigt in den Alveolen die Oberflächenspannung, und der Exsudationsprozeß konzentriert sich in Richtung alveoläres Interstitium. Infolgedessen sickert das serofibrinöse Exsudat an die Alveolenoberfläche und scheidet sich dort als hyaline Membranen ab [9,10]. Durch die erhöhte Oberflächenspannung verkleben die Lungenbläschen, so daß Atelektasen entstehen, die ihrerseits die Belüftung der Lunge erschweren.

Damit haben wir nun die Frühphase des DAS in ihrem zeitlichen Ablauf beschrieben. Sie dauert etwa fünf Tage, was im Tierversuch anhand von Biopsieserien bestätigt werden kann. Hat ein Patient diese exsudative Phase des DAS durchlaufen, so hat er, falls die exsudative Alveolitis zum Stillstand gekommen ist, die Chance zu überleben. Dies trifft aber nicht für alle Fälle

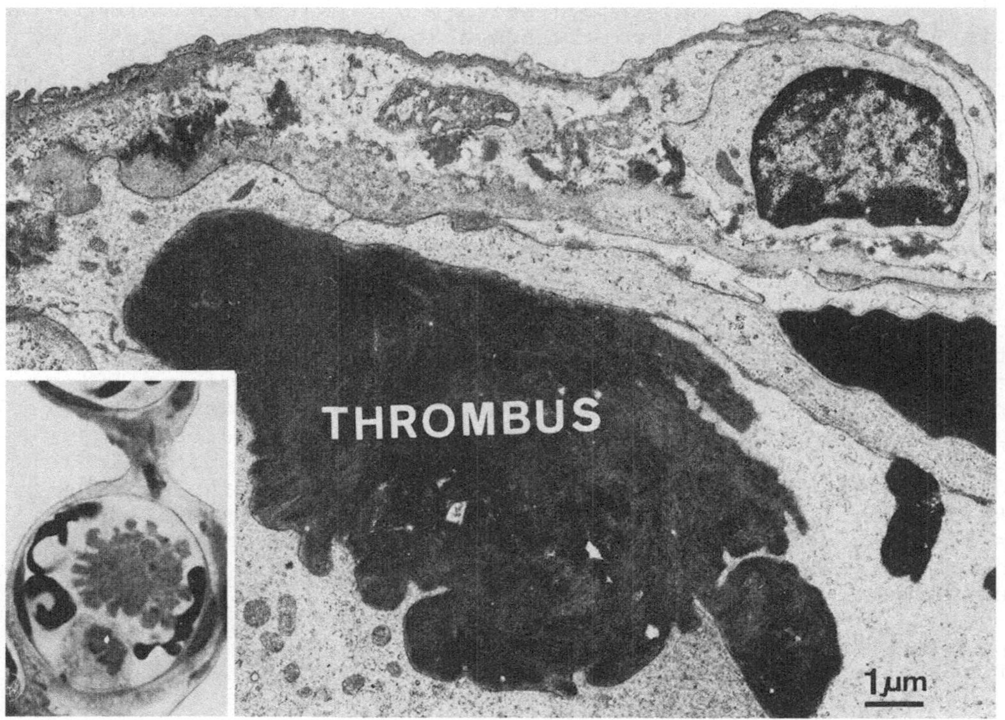

Abb. 3. Mikrothrombus in der Lungenendstrombahn beim diffusen Alveolarschaden. Vergr. 10 000 x

zu. Meist schlägt der pathogenetische Prozeß eine quo ad vitam
maligne Gangart ein. Aus der exudativen Alveolitis wird eine
sklerosierende Alveolitis [9,10], die sich histologisch in einer
intersstitiellen Lungenfibrose äußert. Wenn wir uns einen Semi-
dünnschnitt einer solchen Lunge anschauen, dann ist der Unterschied zur Kontrollunge leicht zu erkennen. Die Alveolarsepten
sind massiv verdickt, zellreich und gefäßarm. Man findet nur
noch wenige, dafür größere Gefäße. Die kleinen Gefäße aber, auf
die es gerade bei der Perfusion der Lunge ankommt, sind verödet
[9,10]. Ultrastrukturell ist der gasaustauschende Apparat ebenfalls
verändert (Abb. 4). Die alveolokapilläre Membran wird durch
dicke Epithelregenerate zugekleistert und die Gasaustausch-
schranke pathologisch verdickt [9,10,11]. Das alveoläre Interstitium ist durch den Fibrosierungsprozeß vollständig verödet.
Dieser entzündungsbedingte Vernarbungsprozeß kann schließlich
so um sich greifen, daß das organoidverfestigte Lungengewebe
als Wabenlunge imponiert.

Fassen wir das bisher Gesagte zusammen: Die Frühphase des schockbedingten DAS wird durch eine exsudative Alveolitis mit einem
interstiellen Ödem beherrscht, die sich in der Spätphase in
eine sklerosierende Alveolitis mit interstitieller Fibrose um-
wandelt. Das bedeutet, daß sich am gleichen histologischen Ort,
wo das entzündliche Exsudat auftritt, in der Spätphase eine
Fibrose bildet. Es läßt sich deshalb spekulieren, daß möglicher-

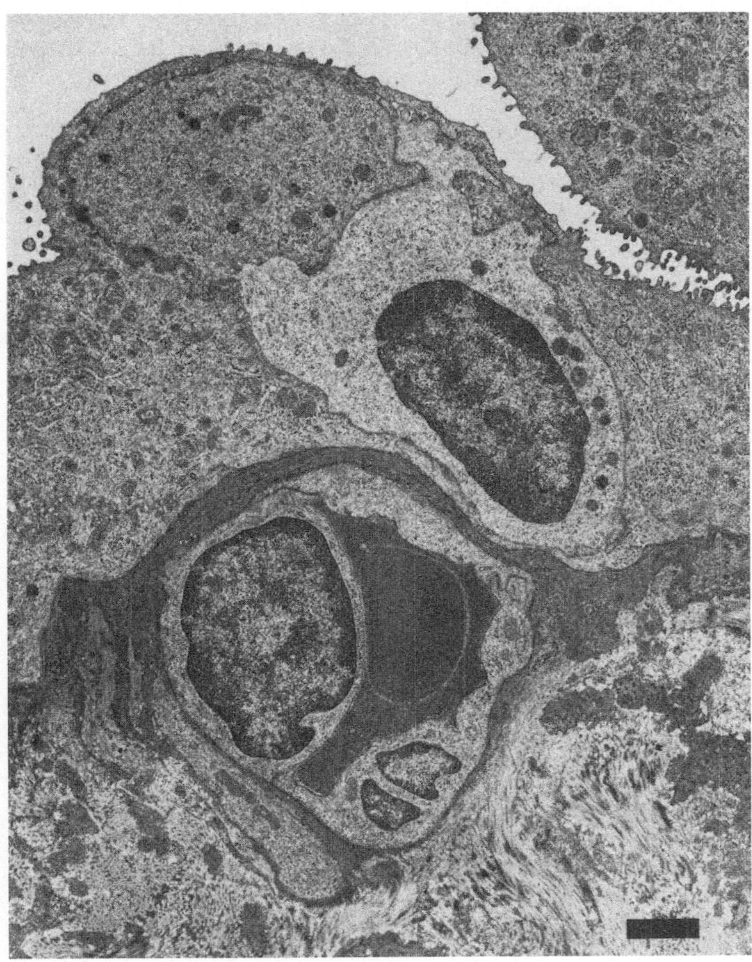

Abb. 4. Ultrastruktur der Alveolenwand beim diffusen Alveolarschaden (Schock) im Stadium der sklerosierenden Alveolitis. Vergr. 8000 x

weise in diesem Exsudat eine Faktorengruppe vorhanden ist, welche die Lungenfibroblasten zur Proliferation bringt und die Lungenfibrose auslöst. Zur Klärung dieser Frage haben wir im Tierexperiment mit Endotoxin einen DAS ausgelöst, die thorakale Lymphe als abtransportiertes Exsudat vor, um und nach dem Schock getrennt gewonnen und Lungenfibroblasten in vitro zugegeben. Dabei konnten wir feststellen, daß normale Lungenlymphe keine Wachstumsstimulation der Lungenfibroblasten auslöst. Wenn man aber Lungenlymphe von Schocktieren den Fibroblasten zugibt, so wird eine starke Proliferation beobachtet [12]. Verabreicht man normalen Ratten parenteral die Schocklungenlymphe, so läßt sich als Ausdruck einer Stimulation des Proliferationsstoffwechsels eine Steigerung der Mitoserate und des H^3-Thymidin-Markierungsindex in erster Linie in den Endothel- und Epithelzellen der Lunge feststellen [13]. Demzufolge haben wir stichhaltige Gründe

zur Annahme, daß die Exsudatflüssigkeit beim Schock eine Faktorengruppe enthält, welche in vivo und in vitro die Zellen der Lungen-
alveolen zur Proliferation bringt.

Bei dem Versuch, diese fibrotische Faktorengruppe zu charakterisieren, haben wir die Lungenlymphe nach Molekülmassen fraktion-
iert. Die normale Lungenlymphe weist ebenso wie die einzelnen
Molekülfraktonen aus der Sephadex-Gelfiltration keine wesentliche Proliferationsaktivität auf. Die Schocklungenlymphe hingegen zeigt in zweierlei Richtung eine wesentliche Veränderung:
Das Verhältnis der Menge der Moleküle mit größerer Molekülmasse
zu der mit mittlerer und kleinerer Molekülgröße verschiebt sich
nachhaltig zugunsten kleinerer Molekülmassen, d.h. die Fraktionen
mit Molekülmassen um 12 500 üben eine 32fach stärkere Proliferation auf die Lungenfibroblasten aus als normale Lungenlymphe. Damit aber sind wir evtl. in der Lage, diesen lungenfibrotischen Faktor anzureichern und zu charakterisieren. Es
handelt sich dabei u.a. um Fibrinspaltprodukte.

Wie entstehen aber beim DAS resp. Kreislaufschock solche Fibrinspaltprodukte? Wie eingangs erwähnt, hat das Exsudat im Rahmen
der exsudativen Alveolitis einen serofibrinösen Charakter. Das
darin enthaltene Fibrin gerät vor allem durch die Endothelschädigung ins Lungeninterstitium [9,10], wo es von den Lungenfibroblasten und auch von den eingewanderten Makrophagen phagocytiert und abgebaut wird [13]. Gleichzeitig findet man ultrastrukturell im Lungeninterstitium kleine Korpuskel, die sich bei
stärkerer Vergrößerung und nach Enzymidentifizierung (saure
Phosphatase) als extrazellulär gelegene Lysosomen entpuppen.
Die Freisetzung solcher Lysosomen in den Extrazellularraum
können wir im Tierexperiment durch Gabe von Prostaglandinen
der E-Reihe beschleunigen [14], wobei dann solche Vakuolen
einen myelinartigen Inhalt sowie saure Phosphatase aufweisen.
Wir deuten das so, daß unter dem Einfluß von Prostaglandin über
eine Alpha-Ketoreduktase (in den Makrophagen gesichert) das
Prostaglandin E2 in Prostaglandin F2α umgewandelt wird, was
eine Stimulation des zyklischen GMP und eine Unterdrückung des
zyklischen AMP zur Folge hat. Damit wiederum wird die Phospholi-
pase der Lysosomen aktiviert. Diese leitet den Abbau der Zell-
membranlipoproteine ein, die das Ausgangsprodukt der Arachidonat-
kaskade darstellen. Andererseits können freigesetzte lysosomale
Proteinasen eingesickertes Fibrin zu Proliferations-stimulie-
renden Spaltprodukten abbauen.

<u>Literatur</u>

1. MORRISON DCR, ULEVITCH J (1978) The effects of bacterial endotoxin on
   host mediation systems. Am J Pathol 93: 527-617
2. FRITZ MM, KEPPLER D (1982) Liver calcium and endotoxin action.
   Naturwiss 69: 147-148
3. FREUDENBERG MA, BØG-HANSEN TC, BACK U, GALANOS C (1980) Interaction of
   lipopolysaccharides with plasma high-density lipoprotein in rats. Infect
   Immunol 28: 373-380

4. FREUDENBERG MA, FREUDENBERG N, GALANOS C (1982) Time course of cellular distribution of endotoxin in liver, lungs and kidneys of rats. Br J Exp Pathol 63: 56-65

5. MATHISON CC, ULEVITCH RJ (1979) The clearance, tissue distribution and cellular localization of intravenously injected lipopolysaccharide in rabbits. J Immunol 123: 2133-2143

6. FANTONE JC, WARD PA (1982) Role of oxygen-derived free radicals and metabolites in leukocyte-dependent inflammatory reactions. Am J Pathol 107: 397-418

7. RINALDO JE, ROGERS RM (1982) Adult respiratory distress syndrome: Changing concepts of lung injury and repair. New Engl J Med 306: 900-909

8. RYAN SF, RYAN US (1977) Pulmonary endothelial cells. Fed Proc 36: 2681-2690

9. RIEDE UN, MITTERMAYER C, Horn R, SANDRITTER W (1982) Pathobiology of the alveolar wall in human shock lung. In: Cowley RA, Trump BE (eds.): Pathophysiology of Shock, Anoxia, and Ischemia. Williams u. Wilkins, Baltimore p. 358

10. RIEDE UN, MITTERMAYER C, ROHRBACH R, JOH K, VOGEL W, FRINGES B (1982) Mikrothrombosierung der Endstrombahn als Ursache schockbedingter Organkomplikationen (unter besonderer Berücksichtigung der Schocklunge). Hämostaseol 2: 3-24

11. BACHOFEN M, WEIBEL ER (1977) Alterations of the gas exchange apparatur in adult respiratory insufficiency associated with septicemia. Am Rev Resp Dis 116: 589-615

12. HIRSCHAUER M, ZIMMERMANN WE, MITTERMAYER C, RIEDE UN (1980) Veränderungen der Lymphe im hämorrhagischen Schock des Schweines und deren Einfluß auf die Entwicklung der Schocklunge. In: Brückner JB (Hrsg.): Anaesthesiologie und Intensivmedizin Bd 125: Kreislaufschock. Springer, Berlin-Heidelberg-New York. S. 58-62

13. SHIMAMURA K, KOZIMA M (1981) Removal of fibrin thrombi in disseminated intravascular coagulation (DIC). Arch Pathol Lab Med 105: 659-663

14. JOH K, RIEDE UN (1982) Medikamentöse Lysosomenentspeicherung bei experimenteller Phospholipidose. Verh Dtsch Ges Pathol 66: 324-328

Diskussion

BRUNE:
Sie haben sich am Anfang etwas skeptisch über in vitro-Versuche
geäußert und wir alle stimmen sicherlich überein, daß in vitro-
Untersuchungen ein Abklatsch der Natur sind und etwas fern der
Realität sein können. Ich habe aber mit Interesse gesehen, daß
Sie am Ende selbst zu diesem System gegriffen haben.

Sie haben weiterhin gesagt, daß die Lunge Alkohol ausscheidet.
Das wundert mich, denn von dem, was wir zu Mittag getrunken haben,
ist bestenfalls 1 bis 2% durch die Lunge ausgeschieden worden.
Ich würde bezweifeln, daß die Lunge ein wesentliches Alkohol-
Eliminationsorgan ist. PGE_2 ist sicher in der Lage, vieles zu tun,
aber daß Sie gelegentlich Lysosomen sehen, wenn Sie PGE_2 gegeben
haben, beweist noch nichts.

Sie haben festgestellt, daß Ihre Zellen, vermischt mit anderen
aus der Lunge, besser wuchsen, wenn Lymphe aus der Lunge zugegeben wird. In vitro wachsen normalerweise Fibroblasten gut,
wenn man sie richtig ernährt und Ihre Kontrollen wuchsen nicht.
Ich muß also den Schluß wagen, daß sie insuffizient ernährt
wurden. Wenn Sie Lymphe dazugaben, wuchsen sie nicht, so wie
sich das gehört, wenn sie korrekt ernährt werden. Ich kann also
nicht auf einen Mediator schließen, sondern nur auf eine verbesserte Ernährung.

Bereits vor 15 Jahren wurde nachgewiesen, daß z.B. Blutplättchen,
wenn sie aggregieren, einen growth factor für Fibroblasten herstellen. Ich frage Sie daher, ist das, was Sie sehen, nicht die
Wirkung der Aggregationsphänomene und damit auch der Freisetzung
von Wachstumsfaktoren?

RIEDE:
Sie haben eine ganze Menge von Fragen bzw. von kritischen Bemerkungen gemacht, und ich muß leider sagen, daß Sie meine Ausführungen nicht immer korrekt interpretiert haben: Zunächst zu
meiner einschränkenden Bemerkung zum Tierversuch bzw. in vitro-
Versuch: Ich habe lediglich versucht auszudrücken, daß das Entzündungsgeschehen eine Reaktion des gesamten Organismus ist und
daß deshalb mit in vitro-Versuchen lediglich Teilaspekte erfaßt
werden können und nie die gesamte Entzündungsreaktion. Nur die
Reaktion des gesamten Organismus kann als Entzündung bezeichnet
werden.

Zweitens haben Sie gesagt, daß Sie nicht zustimmen würden, daß
die Lunge als Ausscheidungsorgan für Alkohol in Frage kommt. Ich
habe nicht gesagt, daß die Lunge den hauptsächlichen Eliminations-
weg des Alkohols darstellt, sondern ich habe gesagt, daß Alkohol
auch über die Lunge ausgeschieden wird.

Drittens haben Sie angezweifelt, daß man aufgrund von morphologischen Beobachtungen kausale Schlüsse auf die durch Prostaglan
dine verursachten Wirkungen ziehen darf. Hier stimme ich Ihnen
zu. Ich bin ein Vertreter meines Faches, der zumindest bemüht
ist, die morphologischen Zusammenhänge nicht zu strapazieren.
Was wir beobachtet haben, ist die Tatsache, daß wir nach Ver-
abreichung von Prostaglandinen in verschiedenen Gebieten, darunter auch in der Lunge, das Auftreten von lysosomalen Kur-
puskeln sehen, die normalerweise in extremer Rarität vorkommen.
Wir haben auch versucht, dies mit verschiedenen Methoden statistisch zu überprüfen.

Schließlich noch ein Wort zu der Bemerkung über die Lungenfibroblasten. Wir haben nicht irgendwelche Zellagglomerate,
Abschabungen oder Kürettagen gezüchtet, wir haben natürlich isolierte Lungenfibroblasten zur Überprüfung dieser Frage herangezogen. Ihre Bemerkung, daß Sie aus dem Nichtwachstum der Zellen
bei den Kontrollen schließen müssen, daß es sich um ein Hunger-
medium handelt, stimmt. Wir sind aber der Auffassung, daß Sie
eine Proliferationswirkung nur an einem Medium feststellen können,
das einen gewissen Mangel hat. Sie müssen Zellen in eine Mangel-
situation bringen, dann erst können sie den Proliferations-
stimulus messen. Wir haben zu diesen Zellen in wachsender Konzentration normale Lymphen zugegeben und konnten trotzdem kein
Wachstum nachweisen. Erst wenn diese Zellen die Schocklymphe
aus dem Ductus thoracicus bekommen haben, haben wir eine Proliferation festgestellt und daraus den Schluß gezogen, daß in
dieser Lymphe eine Faktorengruppe vorliegt, die die Lungenfibroblasten zur Proliferation bringt.

TRAUTSCHOLD:
Ich würde auch in vivo-Versuche vorziehen, und wenn ich Ergebnisse, die ich mit in vitro-Versuchen erarbeitet habe, in einem
morphologischen Substrat wiederfinde, habe ich eine Bestätigung,
daß im lebenden System ein pathogenetischer Mechanismus in einer
gleichen Weise ablaufen kann. Natürlich kann man *nicht nur* von
der Morphologie auf die Pathogenese zurückschließen. Gleiches
gilt aber auch für chemische Reaktionen: Wenn man dafür nicht
spezifische morphologische Nachweismöglichkeiten hat, wie sie
aber jetzt mit histochemischen Methoden gegeben sind. Ich glaube,
man kann sich hier auf einem Mittelweg treffen.

BRUNE:
Ich habe auch Erfahrung in Zellkulturversuchen. Nur wehre ich mich
gegen kausale Schlüsse. Den Wert der Kausalität in der Struktur
müssen wir skeptisch beurteilen. Ein Bild beweist noch nichts.
Ihre Versuche will ich noch einmal kommentieren: Sie haben gesagt, es gibt eine Lungenfibrose. Sie haben nach Faktoren Aus-
schau gehalten, die zur Proliferation führen und haben auch

welche gefunden. Aber wenn Sie mit Fibroblasten arbeiten, dann
proliferieren diese mit nichts anderem als mit gesundem Serum
oder Plasma. Was bedeutet es, wenn Sie eine Mangel-Lymphe benutzen und die Fibroblasten proliferien nicht. Sie nehmen nach
einem Schock-Phänomen die Lymphe und dann proliferieren Fibroblasten, d.h. sie tun das, was sie im normalen Serum sowieso
tun. Ich bezweifle, daß diese Untersuchung ein Beweis für die
Existenz eines zur Lungenfibrose führenden Faktors sein kann.
Daß man mit Mangelmedium arbeiten muß, um ein Phänomen zu definieren, ist zwar richtig, aber für Ihre Kausalitätsüberlegung
nicht gut.

RIEDE:
Ich muß nochmals sagen: Wir haben bei den Kontrollkulturen normale, thorakale Lymphe hinzugegeben.

NEUHOF:
Noch etwas zum Endotoxin-Modell: die tierexperimentellen Untersuchungen sind sehr interessant, aber klinisch nicht relevant,
weil der septische Schock ganz anders erfolgt. Man kann auch
mit Cyclooxygenase-Hemmern die Letalität, den Endotoxin-Schock
verhindern, weil man dadurch die pulmonale Hypertension verhindert. Die Tiere sterben dann nicht in 2 bis 3 Tagen. Die
Entwicklung zeigt aber, daß es keinen Endotoxin-Schock gibt,
bei dem sich eine Schock-Lunge wie beim Menschen entwickelt.
Das heißt, diese Versuche sind nicht ohne weiteres auf den
Menschen übertragbar.

TRAUTSCHOLD:
Ich möchte die Problematik der Lungenlavage aufgreifen, wobei
es über eine Schock-Lunge oder ein Polytrauma zur Sepsis kommen
kann. Kann man bei der Lungenlavage, wobei es durch den Spül-
effekt zur starken Verdünnung kommt, überhaupt Enzymaktivitäten
nachweisen? Es gibt ja Befunde, die zeigen, daß proteolytische
Aktivitäten vorhanden sind. Ist es aus der Sicht des Morphologen
überhaupt verständlich, daß Einwanderungen von großmolekularen
Substanzen in die Alveole stattfinden?

RIEDE:
Von morphologischer Seite her kann man mit Sicherheit davon
ausgehen, daß die Alveolar-Deckzellen abgeschilfert werden,
weil sie dann nach und nach zugrunde gehen. Dementsprechend
findet man in der Lavage auch hochmolekulare Plasmaproteine.

TRAUTSCHOLD:
Im Stadium, in dem sich die Schocklunge entwickelt, wann wäre
nach Ihrer Meinung die günstigste Ausgangssituation gegeben?

RIEDE:
Am zweiten oder dritten Tag.

TRAUTSCHOLD:
Denn später konfluiert ja alles. Sind dann die entsprechenden
befallenen Areale überhaupt noch zugänglich?

RIEDE:
Dem Luftstrom sind sie noch zugänglich, sofern sie nicht atelek-
tatisch sind.

FRITZ:
In letzter Zeit gibt es Informationen, die der Auslegung von
Herrn RIEDE entgegenkommen. Es ist einmal die Erkenntnis, daß
die Kinine Liberatoren des Plasminogen-Aktivators sind. Herr
KLUFT aus Leyden hat gezeigt, daß sie wesentlich wirksamer als
z.B. Histamin sind und daß sie von den bekannten Plasminogen-
Aktivator-Liberatoren diejenigen sind, die den Plasminogen-
Aktivator am potentesten aus den Endothelzellen freisetzen
können. Wenn das passiert, dann haben wir natürlich auch die
Aktivierung des Plasminogens zum Plasmin und somit der Fibrinolyse. Herr RIEDE hat sehr schön gezeigt, daß in der Frühphase
des Schocks Gewebereale mit einer fibrinolytischen Aktivität
nachweisbar sind. Man weiß auch, daß eine überschießende Plasmin-
aktivierung dazu führt, daß viele Spaltprodukte aus Fibrinogen
und Fibrin gebildet werden und daß diese ursächlich an der Ödembildung und damit letztlich an der Fibrosierung beteiligt sind.
Bei diesen Prozessen kommt es ja auch zur Aktivierung des Hagemann-Faktors und damit zur Bildung von Plasma-Kallikrein, wo-
durch wiederum Kinine freigesetzt werden.

Aus pathologischer Sicht entspricht auch folgendes dem Konzept
von Herrn RIEDE: Es ist kürzlich gezeigt worden, daß Papain,
eine Thiolproteinase, die Kininase II (die identisch ist mit
dem Angiotensin-Converting-Enzyme) von der Oberfläche der Endothelzelle ablösen kann. Wenn dieses Enzym aber z.B. durch eine
freigesetzte lysosomale Thiolproteinase (z.B. Cathepsin B) abgelöst und eine Destruktion der Endothelzelle herbeigeführt
wird, können die Kinine in diesem Bereich nicht mehr inaktiviert
werden. Das bedeutet aber, daß sie zur Ödembildung massiv beitragen.

Nun haben wir noch ein zweites Kinin-aktivierendes System im
Hintergrund, das Herr TRAVIS nachgewiesen hat, die Chymase aus
Mastzellen, die ein Angiotensin II-bildendes Enzym und gleichzeitig ein Kinin-abbauendes Enzym ist. Auf ganz ähnliche Weise
kann Cathepsin G, das Chymotrypsin-ähnliche Enzym aus den Granulocyten, wirken. Chymase oder Cathepsin G wirken also einerseits Kinin-abbauend, andererseits aber auch Angiotensin II-
bildend. Beide Mechanismen wirken der Ödembildung entgegen. Wir
haben also außer dem Kininase II-Angiotensin-Converting-Enzyme
der Endothelzellen noch ein zweites Enzymsystem einer Zell-
schicht, das extravasal wirksam ist. Wir müssen in Zukunft lernen,
diese Enzyme diagnostisch zu erfassen.

Es sieht also so aus, daß dieses Konzept zumindest aus bio-
chemischer Sicht, eine reelle Basis haben kann, und daß wir gut
daran tun würden, diese Vorstellungen in Zukunft diagnostisch
zu vertiefen. Dann würden wir sehen, inwieweit wir Morphologie
und Biochemie korrelieren können.

Dritte Sitzung

Moderator: H. Mattenheimer

152

MATTENHEIMER:
Meine Damen und Herren, wir kommen jetzt zum letzten Teil des
Symposiums, und ehe ich Herrn KLEESIEK das Wort erteile, möchte
ich ein paar Worte sagen, die ich im Wesentlichen an Herrn
GREILING richte. Wir kennen uns etwa 30 Jahre, und solange ich
mich erinnern kann, beschäftigt sich Herr GREILING mit dem
Thema, das heute behandelt wird. Das Schicksal wollte es, daß
ich in Amerika jetzt zum Institut von KLAUS KUETTNER gehöre, in
dem dieses Forschungsgebiet im Mittelpunkt steht. Obwohl ich an
diesen Arbeiten nicht beteiligt bin, halten mich enge Kontakte
mit den Kollegen auf dem Laufenden. Und da habe ich festgestellt,
daß die Gilde der Knochen-, Knorpel- und Bindegewebsforscher ein
gemeinsames Gildenzeichen haben, das einfach wie folgt darzustellen ist (Abb. 1).

Irgendjemand hat einmal dieses Modell mit einer Flaschenbürste
verglichen. Stellen Sie sich also bitte vor, meine Damen und
Herren, daß Sie auf kleinen Flaschenbürstchen laufen, die sich
im Knorpel Ihrer Kniegelenke befinden! Um Ihnen die Struktur
genauer vor Augen führen zu können, habe ich ein Modell mitge-
bracht, das mir ein Mitarbeiter von Herrn KUETTNER angefertigt
hat. In diesem Modell wird das Hyaluronat von einem Plastik-
schlauch dargestellt. Eingesteckt sind Flaschenbürsten mit dem
Draht als Core-Protein. Die Borsten sind zum Teil gestutzt, um
das Keratansulfat vom Chondroitinsulfat zu unterscheiden. Es
fehlt nur das Link-Protein. Durch Drehen und Biegen können sterische Beziehungen dargestellt werden.

Ich möchte Herrn GREILING dieses Modell überreichen als Andenken
an diese Tagung und an unsere gemeinsamen Assistentenjahre in
Berlin (Beifall).

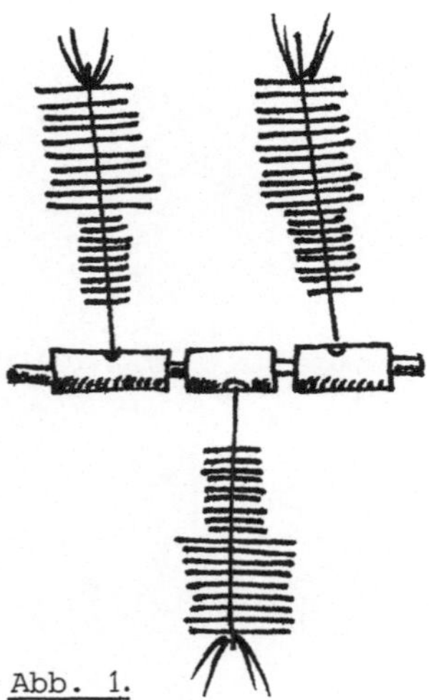

Abb. 1.

Pathobiochemische Prozesse bei entzündlichen Erkrankungen des Zentralnervensystems und deren Nachweis in der Cerebrospinalflüssigkeit

H. Reiber

<u>Einleitung</u>

Im Zentralnervensystem gibt es eine Vielfalt von entzündlichen
Reaktionen, die vom Kliniker entsprechend ihrer hauptsächlichen
Lokalisation als Enzephalitis, Meningitis, Myelitis oder als
Kombinationsform, wie z.B. Encephalomyelitis bezeichnet werden.

Dabei sind sowohl akute als auch chronische Verlaufsformen bekannt. Als Ursache kommen Viren, Bakterien, Pilze, Parasiten,
aber auch einzelne Antigene oder sensibilisierte T-Lymphocyten
in Frage.

In der Pathogenese haben alle entzündlichen Erkrankungen des
Zentralnervensystems (ZNS) eines gemeinsam: Das pathogene
Agens - ob Zelle oder Einzelmolekül - muß zuerst durch die Blut-
Hirn-Schranke in das Zentralnervensystem gelangen.

Daran, daß sehr viele infektiöse Erkrankungen im Gesamtorganis-
mus ablaufen, ohne daß das ZNS beteiligt ist, wird die Bedeutung
der Blut-Hirn-Schranke in diesem Zusammenhang deutlich. Diese
Funktion ist um so wichtiger, als das ZNS keine dem Gesamt-
organismus adäquate Immunabwehr hat. Es gibt im ZNS nur wenige
Hinweise auf lymphbahnähnliche Strukturen, vor allem sind aber
im gesunden Organ kaum immunkompetente Zellen (B-, T-Lymphocyten) vorhanden.

Wie nun das ZNS auf das jeweilige pathogene Agens reagiert, ist
sehr verschieden: Drastische Änderung der Schrankenpermeabili-
tät, Zellvermehrung im Liquor, lokale Synthese von Antikörpern,
Liquorabflußbehinderung, Phagozytose, Markscheidenabbau und
Cholesterinesterablagerung, um nur einige der vielen beobachteten
Ereignisse zu nennen.

Bei chronischen Erkrankungen kann über viele Jahre hinweg eine
konstante Produktion von Antikörpern der verschiedenen Klassen
(IgG, IgA, IgM) nebeneinander im ZNS stattfinden. Die Bedeutung
der zellulären Immunreaktionen mit ihren vielfältigen Wechselwirkungen und der verschiedenen Stoffklassen, die diese Zellen
produzieren (Immunmediatoren, Interferon, Prostaglandine, Leukotriene) läßt sich für die Pathogenese entzündlicher Erkrankungen
des ZNS kaum abschätzen. Dieses Gebiet ist in einer derart
explosiven Entwicklung begriffen, daß es schwierig ist, einen
Überblick zu bekommen. Jedoch: Die Mechanismen der Schranken-
passage und intrathekale Lokalisation der Zellen, die Auslösung

154

der Proliferation im ZNS und die Differenzierung dieser Zellen
im Gehirn sind Fragen, die sehr spezifisch für dieses Kompartiment beantwortet werden müssen.

Die Frage nach den *organspezifischen Reaktionen* ist durch unsere
spezielle Thematik hier besonders zu berücksichtigen. Die *Blut-
Liquor-Schrankenfunktion* [1-3] ist sicher durch ihre Komplexität verschieden von anderen Schranken, aber dennoch gibt es
funktionelle Analogien bei anderen Kompartimenten, wie z.B. bei
der Blut/Kammerwasser [4] oder der Blut/Synovial-Flüssigkeits-
Schranke [5].

Die *lokale Immunreaktion im ZNS* ist zumindest von den Immun-
abläufen im Blut verschieden. Aber auch für andere Kompartimente, z.B. Kammerwasser ist eine lokale Antikörpersynthese zu
beobachten.

Die *Entmarkung* der zentralen markscheidenhaltigen Nerven [6-8]
die besonders bei einigen chronischen Erkrankungen des ZNS vorkommt, ist ein ausgesprochen organspezifischer pathologischer
Vorgang.

Die Markscheide ist eine vielschichtige Wicklung von Myelin-
membranen um das Axon. Myelin besteht zu über 70% aus Lipiden,
die wiederum einen hohen Cholesterinanteil neben Galaktolipiden
und spezifischen Phospholipiden enthalten. Eines der Haupt-
proteine ist das Basische Myelinprotein (BMP), dem autoaller-
gene Eigenschaften zugeschrieben werden, und das als eines
der wichtigen Proteine des Myelins für die Kompaktierung der
inneren cytoplasmatischen Membranseiten angesehen wird.

Eine ausführliche Darstellung von 40 Jahren Myelinforschung hat
Morell [6] publiziert. Für eine spezielle Übersicht über Patho-
logie, Immunologie und Biochemie der Entmarkung möchte ich
auf verschiedene Monographien [7, 8] hinweisen. Für eine Darstellung der Myelinforschung habe ich die in Abb. 1 gezeigte
Übersicht zusammengestellt [9]. Darin werden die verschiedenen
Struktur- und Organisationsebenen deutlich, in denen Beiträge
zur biologischen Funktion und Stabilität des Myelins zu beobachten sind. Ich möchte diese Darstellung etwas erweitern und
vor allem unter Berücksichtigung der Erkenntnisse zur zellulären
Immunreaktionen, einige mögliche Pathomechanismen der Entmarkung aufzeigen - um so beispielhaft deutlich zu machen,
wie komplex die Diskussion von Pathomechanismen im ZNS sein muß.

In Abb. 1 sehen Sie oben die makroskopische Ebene des Gesamt-
gehirns mit grauer und weißer Substanz. Die weiße Substanz repräsentiert die markhaltigen Nervenfasern. In diesem Bereich
wären Entmarkungen als graue Plaques mit bloßem Auge gut sichtbar.

Im Liquor taucht als Zeichen des pathologischen Myelinabbaus
Basisches Myelinprotein (BMP) auf [10]. Im Blut werden in der
Folge der Demyelinisierung Antikörper gegen BMP und auch BMP-
sensibilisierte cytotoxische Zellen gefunden [11, 12].

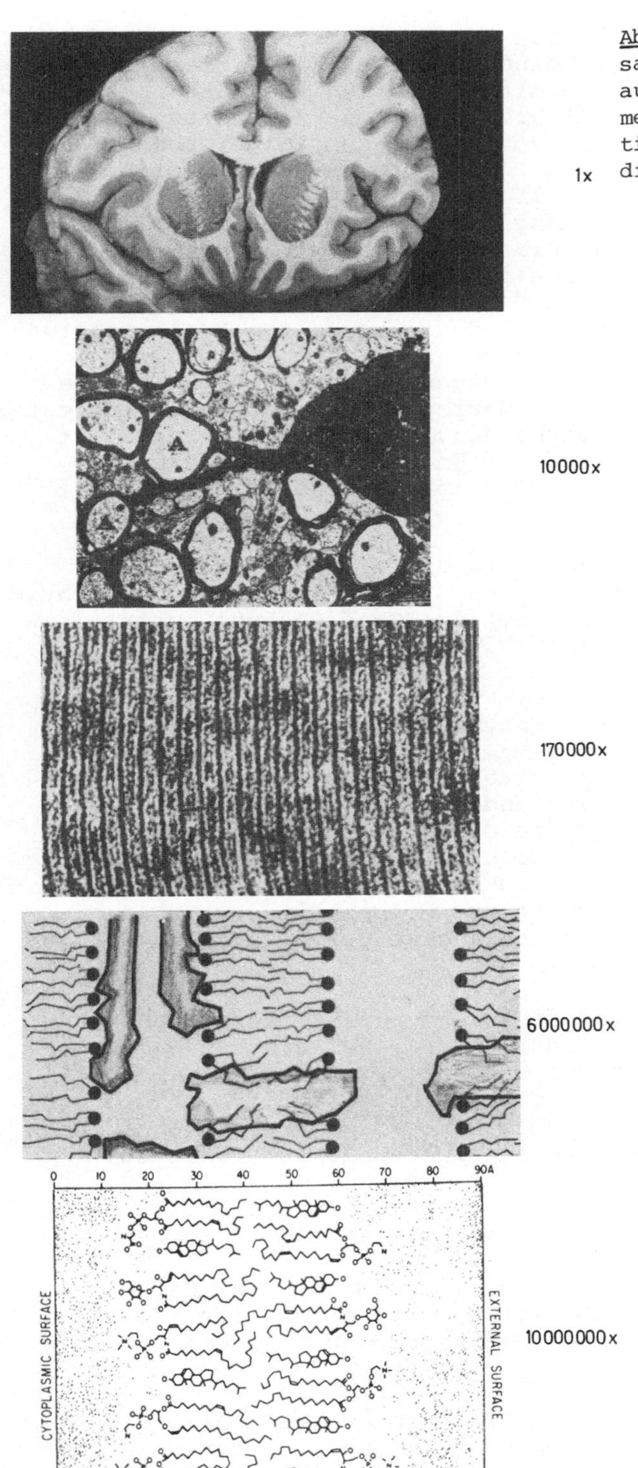

Abb. 1. Biologische Organisations- und Strukturebenen, auf denen die Pathomechanismen der Entmarkung zu diskutieren sind. Die Zahlen geben 1x die relativen Maßstäbe an

Auf der nächsten, der zellulären Ebene spielt der Oligodendrocyt
als die myelinbildende Zelle eine wichtige Rolle. Hier ist die
Verbindung von Oligodendrocyt mit den verschiedenen Markscheiden-
internodien an den Axonen (A) sichtbar. Jede Zerstörung des Oligodendrocyten muß einen Abbau von Myelin zur Folge haben. Bei
Anwesenheit von freiem BMP und sensibilisierten cytotoxischen
Lymphocyten im ZNS würde der Oligodendrocyt lysiert werden
können; für die komplementabhängige Lyse ist dies in Zellkulturen bereits gezeigt (BORNSTEIN in [7]. Ein lokaler Mangel
an Suppressorzellen könnte hier z.B. ausschlaggebend sein.

Auf der nächsten Strukturebene sind die kompakten Myelinmembran-
schichten zu betrachten. Hier werden evtl. Antikörper gegen
BMP angreifen können - und Makrophagen werden beobachtet, wie
sie Myelin phagozytieren. Diese Makrophagen produzieren Choleste-
rinester, die im Überschuß vorhanden, im Parenchym abgelagert
werden. Welche Prozesse zu der bei Entmarkung beobachteten
initialen Hydratisierung [8] der Membranaußenseiten führt,
ist dabei unklar.

Auf der nächsten Stufe beginnen die Protein/Lipid-Wechsel-
wirkungen und die damit verbundenen Stoffwechselprozesse wichtig
zu werden. Kann der Oligodendrocyt den Stoffwechselumsatz
dieser Komponenten garantieren?

Wo findet die Synthese statt, wie werden die Stoffe transportiert? - Gibt es limitierende Enzymaktivitäten, die bei Störung des Oligodendrocyten eine Myelin-Instabilität bewirken?
Die biologisch-relevanten Aktivitäten des Cerebrosid/Sulfatid-
stoffwechsels sind hier Gegenstand vieler Untersuchungen gewesen. Möglicherweise regelt die Cerebrosid-Konzentration die
aktuelle BMP-Menge im Myelin, so daß eine Fluktuation der
Cerebrosid-Konzentration eine Fluktuation der für die Kompaktierung nötigen BMP-Menge im Myelin zur Folge hätte, wenngleich
eine Kompaktierung des Myelins auch ohne Cerebrosid möglich ist
(BORNSTEIN in [7].

Auf der untersten Stufe sind die Lipid-Lipid-Interaktionen und
deren *Selbstorganisation auf der Basis physikalisch-chemischer
Prozesse* zu betrachten. In der Myelinmembran liegt zumindest in
einer Hälfte der Membran Cholesterin unter Sättigungsbedingungen
vor [13]. Inwieweit dies Ausdruck eines nicht mehr biologisch
kontrollierten Cholesterinesterstoffwechsels ist, wäre zu
fragen.
Durch biologisch normale, lokale Schwankungen der Lipid-Konzen-
tration könnten Cholesterinclusterbildungen mit folgender Chole-
sterinveresterung ablaufen.
Bei einer vorliegenden entzündlichen Erkrankung bei der die
Cholesterinester-Hydrolase Aktivität erniedrigt ist [14] wäre
auch hierbei an einen Beitrag zu Pathomechanismen der Entmarkung zu denken.

Eine Reihe von *lokalen Prozessen* wäre so denkbar, die bei Störung der Regulation, z.B. durch den Oligodendrocyten oder das
Immunsystem, zu einer lokal hohen Konzentration von freiem BMP
führt und damit eine autokatalytische Progression der Entmarkung bedingt.

Ich habe hier jetzt nur den einen Aspekt unter mehreren möglichen herausgegriffen, daß nämlich Entmarkung im Sinne einer autoallergischen Reaktion gegen das BMP als Neuroautoantigen abläuft.
BMP spielt sicher eine Rolle in den Pathomechanismen - aber an welcher Stelle in der Kausalkette ist unklar. BMP kann im Tierversuch eine experimentelle allergische Encephalomyelitis auslösen. Dies ist aber auch durch BMP-sensibilisierte T-Lymphocyten möglich [12]. Seit wir wissen, daß solche sensibilisierten T-Lymphocyten auch in jedem nicht behandelten Tier vorkommen, ist daran zu denken, ob nicht lediglich eine lokale Konzentrationsfluktuation im Zell- und Antikörpergleichgewicht des immunologischen Netzwerkes [15] den Ausschlag für eine pathologische Entgleisung geben. In diesem Zusammenhang wäre auch die Art der Entmarkung als *fokales* Ereignis und deren auch zeitlich diskontinuierlicher, schubförmiger Verlauf zu diskutieren. Hier spielen also möglicherweise physikalisch-chemische Wechselwirkungen, Biosyntheseprobleme des Oligodendrocyten als organspezifische Komponenten mit allgemein immunologischen Prozessen zusammen. Möglicherweise ist auch die spezielle neuroimmunologische Situation ungeeignet, ein hinreichend gut kontrolliertes Netzwerk aufzubauen - was zur Progression der Erkrankung beitragen könnte.

Ich habe in einem stark vergröberten Bild versucht, die Komplexität der Pathomechnismen der Entmarkung anzudeuten.

Inwieweit die Entmarkung selbst wiederum in der Pathogenese chronischer Erkrankung für die Progression eine kausale Rolle spielt oder ein zufälliges Epiphänomen darstellt, ist ebenfalls nicht geklärt.

Nach diesen allgemeinen einleitenden Darstellungen möchte ich in meinen folgenden Ausführungen zwei Aspekte ausführlicher beschreiben. Beide Aspekte zielen darauf ab, *Liquoranalytik* zur *Diagnose* entzündlicher Erkrankungen als auch zur *Identifizierung von Pathomechanismen im ZNS* qualifiziert einsetzen zu können.

Es ist dies

1. *Die Blut-Liquor-Schrankenfunktion*
   und
2. *Die lokale humorale Immunreaktion im ZNS*

Ich werde mich hauptsächlich auf vergleichende Untersuchungen zur Encephalomyelitis disseminata, auch als Multiple Sklerose bezeichnet, und der chronisch rezidivierenden experimentellen allergischen Enzephalomyelitis (crEAE) des Meerschweinchens, als Tiermodell, beziehen.

<u>Die Blut-Liquor-Schrankenfunktion als Grundlage für die klinisch-chemische Diagnostik der Erkrankung des ZNS</u>

Die Cerebrospinalflüssigkeit (Liquor cerebrospinalis, auch kurz als Liquor bezeichnet) [1, 3, 16] ist im Normalfall eine fast zellfreie klare Flüssigkeit, in pH und Osmolarität etwa dem

Blut entsprechend. Niedermolekulare Komponenten haben Liquor-
konzentrationen in etwa derselben Größenordnung wie im Blut.
Dagegen ist der Gesamtproteingehalt im Liquor nur 1:200 des
Blutwertes. Für einzelne Proteine variiert dieser Wert je nach
Molekülgröße, z.B. 1:200 für Albumin und 1:1000 für α_2-Makro-
globulin.
Die Cerebrospinalflüssigkeit wird seit 90 Jahren zu diagnostischen Zwecken entnommen.
Über diesen Zeitraum wurden auch Gesamteiweiß und Zellen analysiert. Vor allen die Entwicklung neuer immunchemischer Methoden für die Bestimmung der einzelnen Proteine und Kenntnisse
über die Blut/Liquor-Austauschprozesse [2, 3] haben dazu geführt, daß in den letzten 10 Jahren die Liquor-Analytik eine
zunehmende Bedeutung für die Diagnose und auch Erforschung
neurologischer Erkrankungen spielt. Ich werde mich im folgenden
auf die Proteinaspekte beschränken und die Bedeutung von Zell-
differenzierung und Analyse niedermolekularer Verbindungen hier
unter Hinweis auf die Literatur [1-3] vernachlässigen. Ich
möchte für diejenigen, die mit dem Gebiet weniger vertraut sind,
einige Bemerkungen zur *Anatomie und Physiologie* voranstellen.

In Abb. 2 ist die Liquorzirkulation im Gehirn dargestellt. Der
Liquor wird zum größten Teil (70%) in den Hirnventrikeln durch
den Plexus chorioideus sezerniert, fließt im Subarachnoidalraum
zwischen den beiden Hirnhäuten Arachnoidea und Pia mater um das
Gehirn und das Rückenmark und verläßt den Liquorraum über die
Arachnoidalzotten in das venöse Blut.

In Abb. 3 ist nochmals in anderer Schnittebene, systematisiert,
der Verlauf der Liquorräume gezeigt. Nach Verlassen der Ventrikel verteilt sich der Liquor in den äußeren Liquorräumen in corti-
kale und lumbale Subarachnoidalräume. Die Erweiterungen der
Subarachnoidalräume sind die Zisternen. Für die Diagnostik
wird bevorzugt der lumbale Liquor unterhalb des in Abb. 3

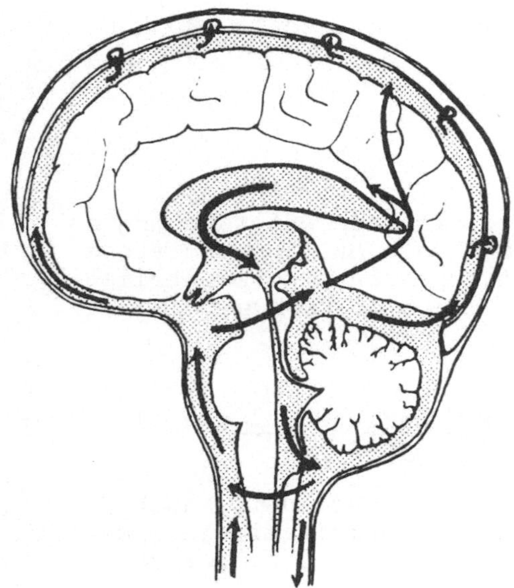

Abb. 2. Liquorzirkulation im Gehirn.
(Aus WOOD [3])

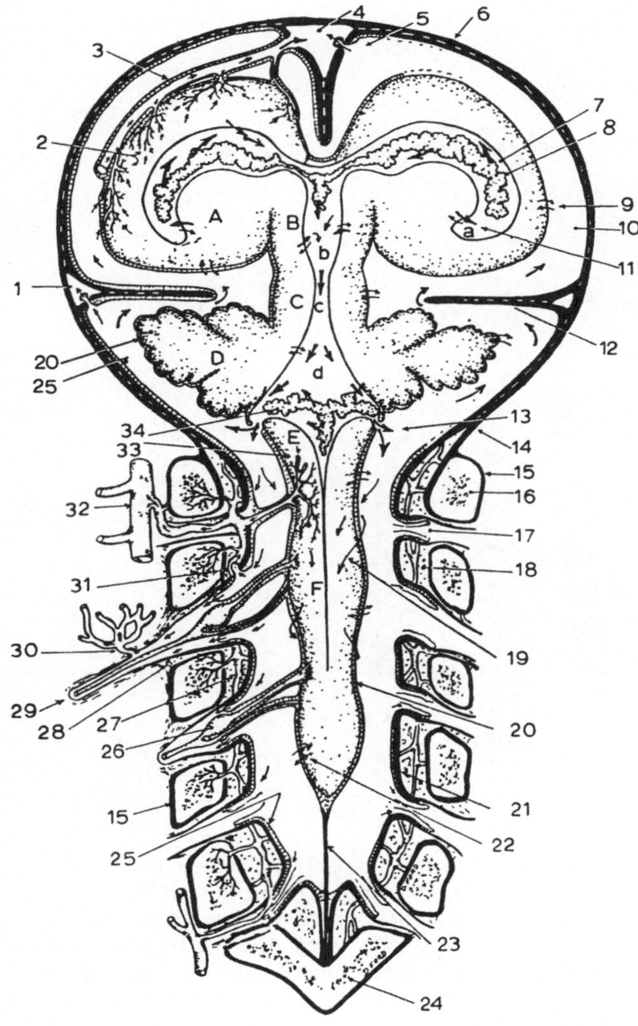

Abb. 3. Innere und äußere Liquorräume. Systematische Darstellung. [Nach Kaplan A u. FORD DH (1966) The Brain Vascular System, Elsevier, Amsterdam]
a Seitenventrikel, b 3. Ventrikel, c Aquädukt d 4. Ventrikel

verkürzt dargestellten Rückenmarks entnommen. Die Liquorzusammensetzung ist nicht in allen Bereichen gleich, so gibt es z.B. einen Konzentrationsgradienten für Proteine. Die Konzentration von Proteinen, die aus dem Blut stammen, nimmt vom Ventrikel über cisternalen Liquor zum lumbalen oder cortikalen Liquor zu. Zum Verständnis der verschiedenen Einflüsse auf die Liquorzusammensetzung habe ich in Abb. 4 die Liquorgrenzflächen systematisch dargestellt. Der Liquor wird u.a. als Funktion des arteriellen Blutdrucks als eine Art Ultrafiltrat aus den Blutkapillaren im Plexus chorioideus (a in Abb. 4), in einem energieverbrauchenden Prozeß produziert und bewegt sich als Gesamtflüssigkeit zu den Arachnoidalzotten (g in Abb. 4), wo er im Sinne eines Überdruckventils in den venösen Blutstrom entlassen wird. Zusätzlich zum *Liquorfluß*, finden an sämtlichen inneren und äußeren Liquorgrenzflächen *Austauschvorgänge* statt, durch welche die Stoffzusammensetzung des Liquors kontinuierlich beeinflußt wird.

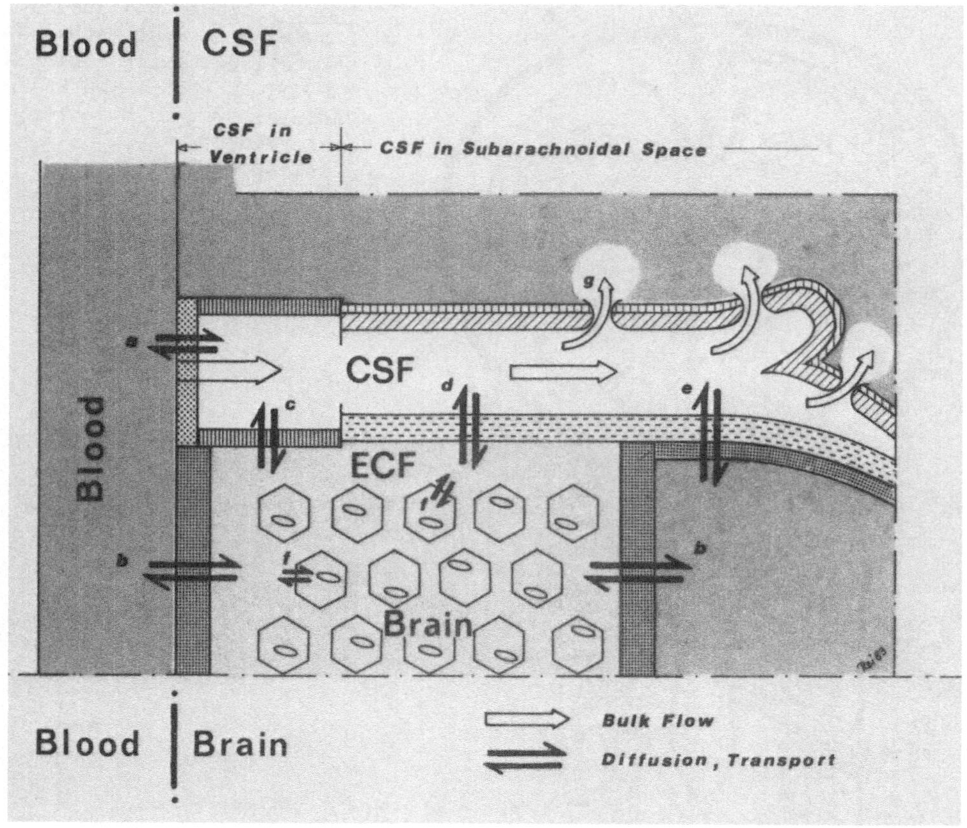

Abb. 4. Die Blut-Liquor-Schrankenfunktion. Blut, Gehirn mit Extrazellulärflüssigkeit, *ECF*, und Cerebrospinalflüssigkeit, *CSF*. Entsprechend den
Druckdifferenzen fließt die Cerebrospinalflüssigkeit vom Plexus chorioideus
durch die Ventrikel und die Subarachnoidalräume und wird durch die Subarach-
noidalzotten in das venöse Blut entlassen. Zusätzlich zum Fluß der gesamten
Lösung gibt es noch molekulare Austauschprozesse (Diffusion, erleichterter
und aktiver Transport) der einzelnen Komponenten der Cerebrospinalflüssigkeit
an den Grenzen *a-f*. Die Abgrenzungen sind bezeichnet mit *a* "Blut-Liquor-
Schranke", Plexus chorioideus (Endothel, Glia, Ependym); *b* "Blut-Hirn-
Schranke" (Endothel, Basalmembran, Glia); *c* Ventrikel/Hirn-Passage (Ependym-
zellen); *d* Hirn/Liquor-Passage; ECF/CSF (Glia/Pia mater); *e* Liquor/Meningeale
Gefäße (Pia/Gefäßwand); *f* Hirnzellen/ECF (Zellmembran); *g* Arachnoidalzotten

Neben der Schranke zwischen Blut und Liquorraum gibt es eine
wichtige Stoffaustauschfläche zwischen den meningealen Blutge-
fäßen und dem Gehirn - die sog. Blut-Hirn-Schranke. Diese beiden
Grenzflächen sind frei passierbar für Wasser, die Blutgase,
(O_2, CO_2), oder auch Fremdstoffe wie z.B. Äther.

Wieder andere Substanzen können je nach *Lipidlöslichkeit* und
Polarität mehr oder weniger gut passieren.
Für Natrium ist ein *aktiver Transport* beschrieben, für Amino-
säuren ein *Carrier-vermittelter, erleichterter Transport*.

Proteine passieren ohne solche Mechanismen aufgrund der Diffusion, möglicherweise auch durch Pinocytose [3]. Blut steht also
im Stoffaustausch mit dem Liquor - als Blut-Liquor-Schranke bezeichnet - und im Austausch mit der extrazellulären Flüssigkeit
des Hirnparenchyms - auch als Blut-Hirn-Schranke bezeichnet.
Die Stoffwechselprozesse der Zellen, vor allem Gliazellen,
Neurone und im pathologischen Fall auch eingewanderte Leukocyten,
tragen ebenfalls zu der Zusammensetzung der Extrazellulärflüssigkeit bei.
Diese beiden Kompartimente, Liquor und Extrazellulärflüssigkeit
stehen wiederum untereinander in Verbindung. Über die Pia/Glia-
Membran/Zellschicht werden die Stoffe leichter ausgetauscht als
über die Blut-Hirn und Blut-Liquor-Schranke. Es ist deshalb
nicht richtig, von einer Hirn-Liquor-Schranke zu sprechen.

Jede verschiedene Schraffur in Abb. 4 bedeutet eine morphologisch
verschiedene Grenzfläche.
Bei der Vielzahl dieser Austauschprozesse ist es sinnvoll, statt
von der *Schranke* von einer Blut-Liquor-*Schrankenfunktion* zu
sprechen [1].
Damit wird deutlicher, daß es sich hier nicht um eine einheitlich
definierte morphologische Struktur, sondern einen Fließgleich-
gewichtszustand vieler verschiedener dynamischer Prozesse handelt,
die außerdem für verschiedene Stoffe verschieden sind.

Ich möchte zusammenfassen, was zur Konzentrationserhöhung z.B.
eines einzelnen Proteins im Liquor beitragen kann:

1. Erhöhung der Blutkonzentration dieses Proteins
2. Zunahme der Schrankenpermeabilität
3. Verlangsamung des Liquorflusses und nicht zuletzt
4. die lokale Synthese in Hirnzellen oder in den Leukocyten, die
   aus dem Blut eingewandert sind.

Damit ist deutlich, daß die alleinige Analyse der absoluten
Konzentration eines Liquorproteins wenig für die Differentialdiagnose neurologischer Erkrankungen hergibt.

Da Albumin nur in der Leber, aber nicht im ZNS synthetisiert
werden kann, ist der Konzentrationsgradient Albumin (Liquor)/
Albumin (Serum) ein geeignetes Parameter, um Veränderungen der
Schrankenpermeabilität anzuzeigen.

Wie ich zuvor dargestellt habe, bewirken natürlich Änderungen
der Liquorproduktion und Störungen der Liquorzirkulation ebenfalls eine Veränderung des Albuminquotienten, was bei der
klinisch relevanten Interpretation der Albuminquotienten berücksichtigt werden muß.

Repräsentation der lokal im ZNS synthetisierten
Immunglobuline im Liquor

Das im Blut eines Individuums vorhandene Muster von Antikörpern
besteht aus Tausenden von Antikörpern verschiedener Spezifität,
die von entsprechend vielen verschiedenen B-Lymphocyten-Klonen
synthetisiert werden. Man spricht von einem polyklonalen Muster.

162

Diese Antikörper sind auch im Liquor und im Gehirn in derselben
relativen Zusammensetzung aber in wesentlich niedrigerer Konzentration vertreten.

Findet nun eine lokale humorale Immunreaktion im ZNS statt, so
wird durch die im ZNS proliferierten und stimulierten B-Lympho-
cyten Immunglobulin synthetisiert, das zusätzlich zu dem aus
dem Blut eingewanderten Immunglobulin im Liquor auftaucht. Diese
zusätzliche Immunglobulin-Fraktion kann sowohl quantitativ im
Quotientenschema [17] als auch qualitativ durch den Nachweis
zusätzlicher sog. *oligoklonaler Fraktionen* im Liquor identifiziert werden [18].

Quantifizierung der humoralen Immunreaktion im ZNS

Durch den von FELGENHAUER [19] dargestellten Zusammenhang
zwischen dem Serum/Liquor-Konzentrationsgradienten eines Proteins und dem effektivem hydrodynamischen Radius hat die Liquordiagnostik eine entscheidende Grundlage für eine systematischere
Auswertung bekommen.
Damit ist ein physikalisch-chemischer Parameter vorhanden, der
nicht vom einzelnen Individuum abhängt.

In Abb. 5 ist der empirische Zusammenhang für Immunglobulin G
und Albumin für ein Kollektiv von Kontrollpersonen dargestellt.
Diese Art von Diagramm wurde ursprünglich von GANROT u. LAURELL
eingeführt [17].
Auf der X-Achse ist der Konzentrationsquotient von Albuminkonzentration im Liquor durch Albuminkonzentration im Serum als
Schrankenpermeabilitätsparameter dargestellt.
Auf der Y-Achse ist der Liquor/Serum-Konzentrationsquotient von
IgG aufgetragen. Die einzelnen Punkte stellten die Datenpaare
von 330 Kontrollpersonen ohne neurologische Erkrankungen dar
[17].

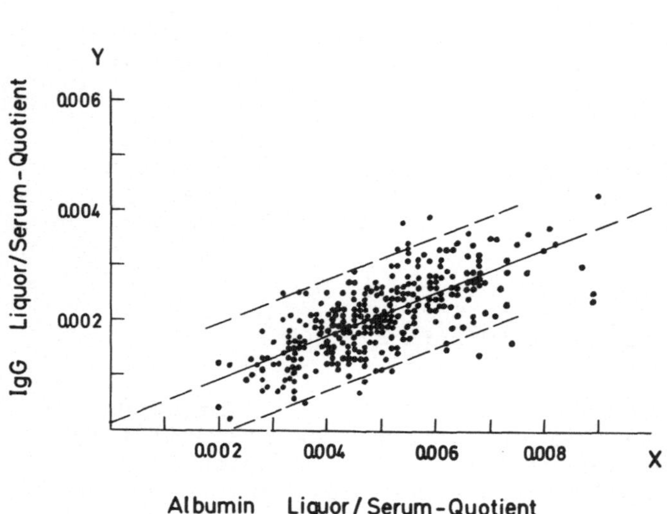

Abb. 5. Liquor/Serum-
Quotienten von Immun-
globulin G und Albumin
von Referenzpersonen.
Die Konzentrationen von
IgG und Albumin wurden im
Liquor und Serum bestimmt
und daraus die Quotienten
y=IgG (Liquor)/IgG
(Serum) und x=Albumin (Liquor)/
Albumin (Serum) gebildet.
Die Regressionsgerade
y=0,41x+0,00014 und
der Vertrauensbereich
$\pm 2S_{y \cdot x}$=0,001 sind dargestellt im Gültigkeits-
bereich 0,0018<x<0,0074.
[REIBER H (1979) J Clin
Chem Clin Biochem 17:
587-91]

Ein großer Albumin-Quotient ist Ausdruck einer hohen Permeabilität, d.h. relativ größeren Albuminkonzentrationen im
Liquor. Mit wachsender Permeabilität für Albumin wächst auch
die Permeabilität für IgG. Die Steigung der Regressionsgeraden
ist Ausdruck der unterschiedlichen Molekülgrößen. Je größer
das Molekül, desto langsamer die Diffusion und desto kleiner
die relative steady-state-Konzentration im Liquor und desto
flacher die Regressionsgerade gegenüber Albumin. Zwischen dem
IgG-Quotienten (I) und dem Albuminquotienten (A) findet man,
statt Y/X=1 für gleich große Moleküle, ein Verhältnis I/A=0.43.

Wie in Abb. 6 gezeigt, ist dieses Quotientenverhältnis I/A im
gesamten Liquorraum des Menschen (lumbal, cisternal, ventri-
kulär) konstant, d.h. unabhängig von den sehr unterschiedlichen
absoluten Protein-Konzentrationen in diesen verschiedenen Bereichen (Einschübe in Abb. 6) und auch unabhängig von Alter
und geschlechtsbedingter Variation der Schrankenpermeabilität.

Auf der Basis dieser Erkenntnisse wurde von mir das in Abb. 7
gezeigte Schema vor Jahren besonders für das Grundprogramm
der Liquordiagnostik zur Differenzierung von Schrankenstörungen
und humoraler Immunreaktion entwickelt [17].

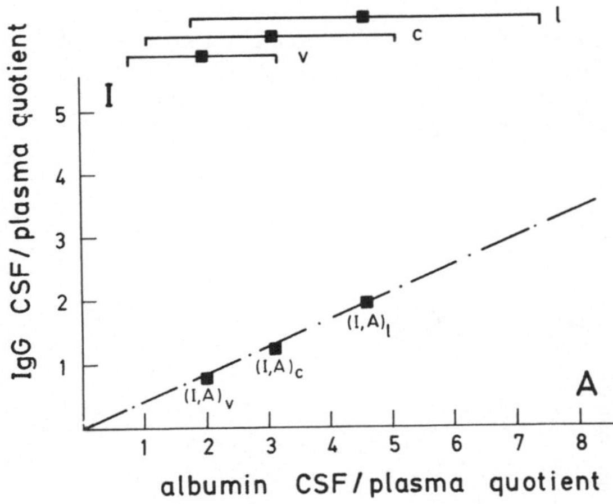

Abb. 6. Vergleich der molekülgrößenabhängigen Blut-Liquor-
Schrankenpermeabilität im Bereich
des lumbalen (l), cisternalen (c)
und ventrikulären (v) menschlich-
chen Liquors. Die Regressionsgerade
ist I=0,43 A. Die Einschübe (l,c,v)
charakterisieren den Normalbereich
des jeweiligen Albumin-Quotienten
($A{\pm}2s_x$). Unabhängig von der zuneh-
menden Protein-Konzentration im
Liquor ($v{\to}c{\to}l$) ist das Verhältnis
der Liquor/Serum-Konzentrations-
gradienten von IgG (I) und Albumin
(A) konstant. [REIBER H u. THIELE P
(1983) J Clin Chem Clin Biochem 21:
199-202]

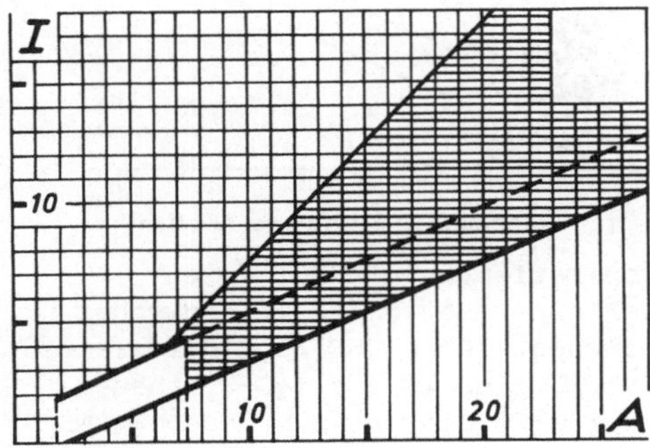

Abb. 7. Diagramm zur Auswertung des Liquor-
Profils [17] für Albumin und Immunglobulin G. Die Konzentrations-Quotienten sind
definiert als I=IgG(Liquor)/IgG(Serum)$\cdot 10^3$
und A=Albumin(Liquor)/Albumin(Serum)$\cdot 10^3$.
Die Werte beziehen sich auf lumbalen Liquor

164

Der Normalbereich entspricht dem in Abb. 5 gezeigten Kontroll-
kollektiv auf der Basis der 96%-Grenzen (± 2S).
Prinzipiell lassen sich zwei pathologische Bereiche einteilen,
das sind einmal der Bereich einer erhöhten Schrankenpermeabilität (mit Albuminquotienten größer als 7,4 in diesem
Kollektiv) und andererseits der Bereich, der *oberhalb* des
Normalbereiches liegt und Ausdruck dafür sein muß, daß zusätzlich zu der passiv über die Schranke in den Liquorraum diffun-
dierten Immunglobulinmenge eine lokale IgG-Synthese im Zentralnervensystem stattfindet.
Im Falle einer Schrankenfunktionsstörung kann einmal unter Bei-
behalt dieser Molekülfilterfunktion das Verhältnis I/A trotz
allgemein erhöhter Permeabilität gleich bleiben (Verlängerung
des Normalbereiches I=0,43 A+1) oder aber als Grenzfall beï
Verlust der Filterfunktion maximal den Wert 1 annehmen, was der
45°-Linie im Diagramm entspricht. Dies ist eine theoretische
Obergrenze. Oberhalb dieser Linie *muß* eine lokale IgG-Synthese
vorliegen. Im Gegensatz dazu ist die von LINK [21] u. FELGENHAUER
[5] beschriebene Grenzlinie mit I=0.69 A bzw. I=0.76 A eine
empirische Grenze, die im Bereich der Schrankenstörungen prakti-
kabel ist, aber dennoch eine Reihe von Fällen ausschließt [17],
die keine lokale IgG-Synthese, sondern eine Schrankenstörung
unter Verlust der molekülgrößenabhängigen Differenzierung haben.
Durch die im folgenden beschriebenen ergänzenden Methoden ist
diese Unsicherheit im Übergangsbereich (lokale IgG-Synthese ja
oder nein) problemlos geworden.
In diesem Diagramm gibt es also zwei wichtige Grenzlinien: Werte
oberhalb der oberen Begrenzungslinie sind verursacht durch eine
IgG-Konzentration im Liquor, die größer ist als durch eine
passive Diffusion aus dem Blut bedingt sein kann und ist damit

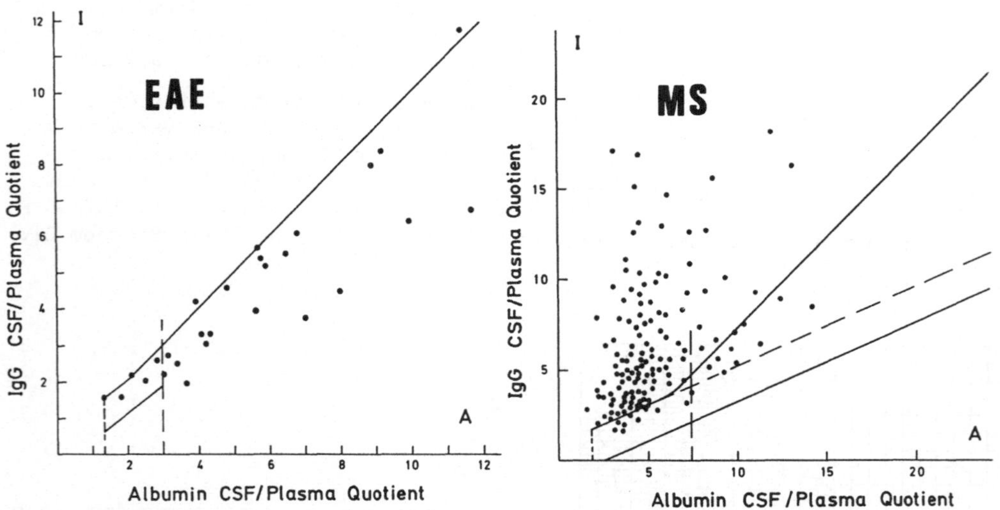

Abb. 8. Vergleich der Liquorproteinprofile von Patienten mit Multipler
Sklerose (*MS*) und an chronisch rezidivierender experimenteller allergischer
Enzephalomyelitis (*EAE*) erkrankten Meerschweinchen. I=IgG(CSF)/IgG(Serum)·10³,
A=Albumin(CSF)/Albumin(Serum)·10³. Während für *MS* eine lokale IgG-Synthese
deutlich ist [21], ist bei allen *EAE*-Fällen keine lokale IgG-Synthese im ZNS
nachweisbar [23]

Ausdruck einer lokalen IgG-Produktion im ZNS. Die zweite Begrenzungslinie ist die alters- und geschlechtsbedingte Obergrenze des Albumin-Quotienten, der eine Schrankenfunktionsstörung anzeigt.

Als Anwendungsbeispiele sind in der nächsten Abb. 8 zwei Krankheitsbilder miteinander verglichen:
Rechts: Ein Kollektiv von Multiple Sklerose Patienten, die
dominierend eine lokale IgG-Synthese haben und nur in wenigen
Fällen zusätzlich eine leichte Schrankenstörung. Einige Fälle
sind auch im Normalbereich [21].
Links daneben ein Kollektiv von Versuchstieren, die eine chro-
nisch-rezidivierende experimentelle allergische Enzephalomyelitis haben. Obwohl der klinische Verlauf und eine Reihe von biochemischen Pathomechanismen diese Tiererkrankung als Modell
der Multiplen Sklerose erscheinen lassen [22], liegt hier eine
reine Schrankenstörung ohne lokale IgG-Synthese vor [23].
In beiden Fällen liegen zwar erhöhte IgG-Konzentrationen im
Liquor vor - in einem Fall aber als Ausdruck einer schweren
Schrankenstörung und auch IgG-Vermehrung im Blut [23].

Zur Ergänzung solcher statistischer Aussagen gibt es die Analyse
von oligoklonalen Subfraktionen der Immunglobuline. Gerade bei
Befunden im Übergangsbereich ist diese qualitative Bestimmung
mit der Isoelektrischen Fokussierung nützlich.

Qualitativer Nachweis der lokalen IgG-Synthese im ZNS

Bei der humoralen Immunreaktion im ZNS werden sog. oligoklonale
IgG-Fraktionen gebildet, d.h. es werden auf dem Untergrund
eines polyklonalen Antikörpermusters, das aus dem Blut stammt,
durch einige wenige Zellklone *Antikörper eingeschränkter Heterogenität* gebildet. In Abb. 9 sehen Sie einige Beispiele. In
allen Proben ist gleichviel Immunglobulin G aufgetragen. In den
ersten beiden Fällen sehen Sie ein normales polyklonales Antikörpermuster im Liquor, dessen Strukturen gel-abhängige Arte-
fakte sind, Im dritten Fall ist ein MS-Liquor (3. Probe) mit
dem dazugehörigen Serum (4. Probe) dargestellt. In diesem
Liquor ist eine größere Zahl von Banden, d.h. Antikörperspezies
mit eingeschränkter Heterogenität, erkennbar, die im Serum
dieses Patienten mit MS nicht vorhanden sind. Dagegen ist im
Liquor (5. Probe) und Serum (6. Probe) eines Patienten mit
einer Polyradikulitis dasselbe Muster in Liquor und Serum
erkennbar.
In Abb. 10 sind nochmals korrespondierende Liquor- und Serum-
proben von drei Multiple Sklerose-Patienten dargestellt. In
allen drei Liquores sind mehrere intensive Banden, vor allem
im alkalischen pH-Bereich vorhanden, die als oligoklonales
IgG-Muster identifizierbar waren, indem durch Immunoblotting
nachgewiesen wurde, daß es sich dabei wirklich um Antikörper
handelt.
Die unspezifische Proteinfärbung mit Coomassie-Blau oder mit
der 100-fach empfindlicheren Silberfärbung [18] ist von wenigen
Ausnahmen abgesehen, ausreichend. Vor allem Muster in der Art
der Proben in Abb. 10 sind hinreichend deutlich. Dagegen ver-
langen wenige Proben z.B. mit nur wenigen [1-3] schwachen

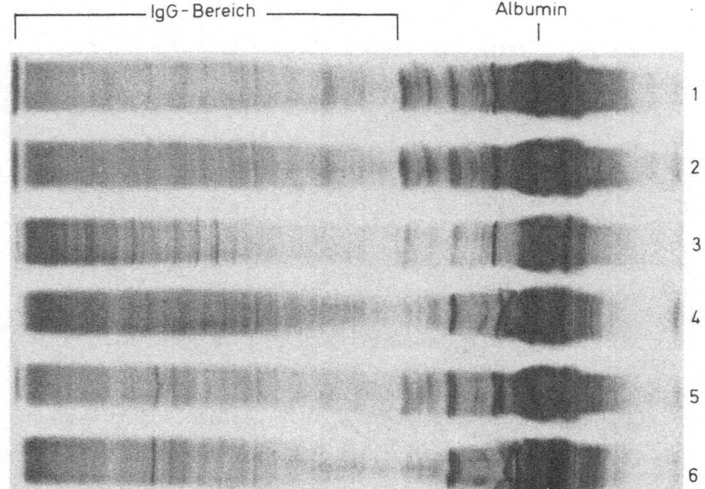

Abb. 9. Oligoklonale IgG-Subfraktionen. Isoelektrische Fokussierung auf Polyacrylamidgel pH 3.5-9.5. Auftrag je 40 µg IgG/Spur. Coomassie-Färbung. Probe *1* und *2* normale Liquores (polyklonales Muster), *3* und *4* Liquor und Serum eines MS-Patienten. In Probe *3* sind in Zahl und pH-Bereich typische "oligoklonale" Banden dem polyklonalen Muster überlagert. Im zugehörigen Serum (Probe *4*) sind diese zusätzlichen Banden nicht vorhanden. Probe *5* und *6* sind Liquor und Serum eines Patienten mit Polyradikulitis. Atypisch kleine Zahl schwacher Banden, die auf ihre molekulare Spezifität (IgG oder anderes Protein) durch Immunoblotting unbedingt geprüft werden müssen. Da beide Proben (Liquor und Serum) dasselbe Muster haben, ist aber in diesem Fall kein im Hirn lokalisierter lokaler Prozeß identifizierbar

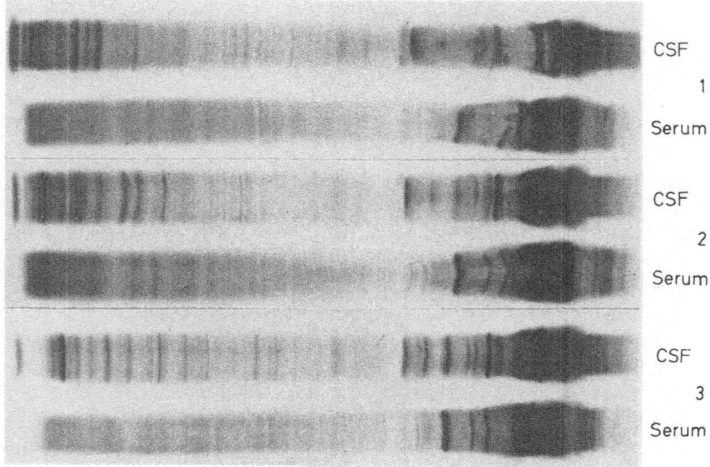

Abb. 10. Oligoklonale IgG-Subfraktionen bei Multipler Sklerose. Isoelektrische Fokussierung auf Polyacrylamidgel pH 3.5-9.5. Auftrag je 40 µg IgG/Spur. Coomassie-Färbung. Die Probenpaare *1-3* sind jeweils Liquor und Serum von *3* verschiedenen MS-Patienten

Banden, wie z.B. Proben 5 und 6 in Abb. 9, eine sorgfältige
Überprüfung, bevor auf Anwesenheit auf zusätzliche Antikörper
geschlossen wird.

*Als Voraussetzungen für eine reproduzierbare qualifizierte
Beurteilung* von isoelektrischen Fokussierungsbildern sind
folgende Punkte wichtig:

1. Es ist absolut notwendig, immer dieselbe Menge Immunglobulin
   aufzutragen pro Spur.
2. Es ist absolut wichtig, daß mehrere Proben gleichzeitig
   laufen, um den artefiziell strukturierten Untergrund von
   einem wirklich oligoklonalen Muster unterscheiden zu können.
3. Bei einem oligoklonalen Bandenmuster im Liquor muß das Serum
   zum Vergleich herangezogen werden.

Die praktische Bedeutung möchte ich in Abb. 11 zeigen. - Hier
sind für dasselbe Kollektiv von MS-Patienten, das bereits in
Abb. 7 dargestellt wurde, beide Methoden kombiniert. Nur in 3%

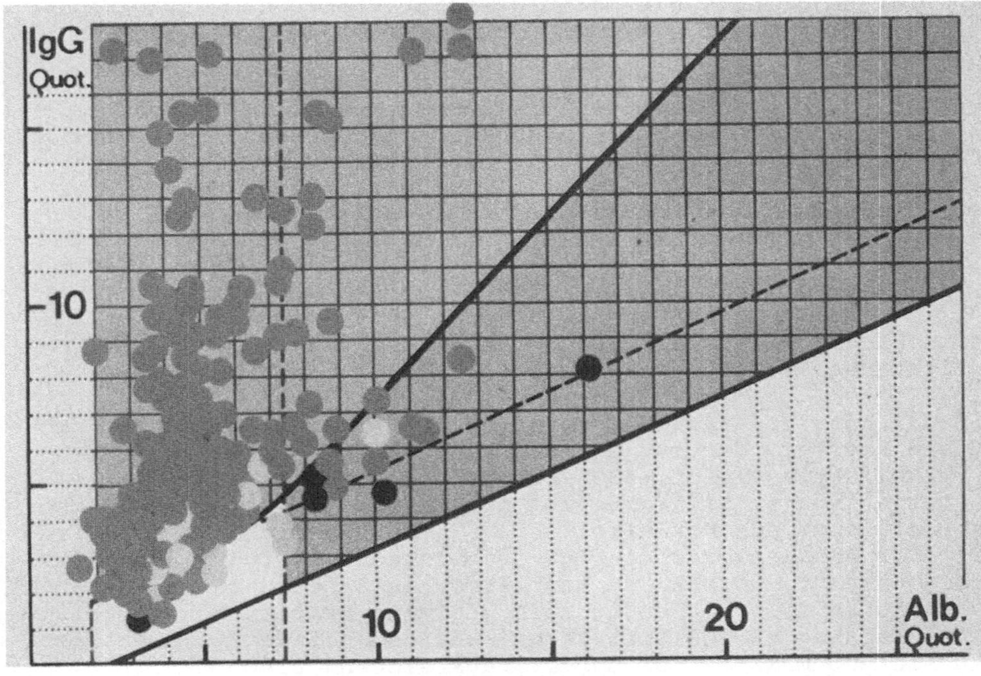

Abb. 11. Vergleichung von Quotientenschema und Isoelektrischer Fokussierung
bei 300 Multiple Sklerose Patienten-Proben. Die Auswertung im Quotientenschema ergibt: 74,6% liegen im Bereich lokaler IgG-Synthese ohne Schrankendefekt. 7,4% haben zusätzlich einen Schrankendefekt; 6,4% haben einen
Schrankendefekt ohne Hinweis auf IgG-Synthese, 11,6% sind im Normalbereich.
Die Auswertung der isoelektrischen Fokussierung ergibt: 97% haben ein "oligoklonales" IgG-Muster, wovon die meisten stark ausgeprägte Banden (*graue*
Punkte) und einige weniger stark ausgeprägte Banden (*weiße* Punkte) hatten,
bei nur 3% (*schwarze* Punkte) waren keine oligoklonalen Banden erkennbar [21]

der Fälle (die schwarzen Punkte) sind keine oligoklonalen
Banden nachweisbar gewesen. In allen anderen 97% waren entweder sehr intensive Muster (die grauen Punkte) oder weniger
intensive aber gesicherte oligoklonale Banden zu sehen (weiße
Punkte).

Durch Zumischversuche haben wir gezeigt, daß je nach Bandenzahl
bereits bei einer relativen Menge von 15-25% oligoklonalem IgG
in der Gesamtfraktion diese als gesichert oligoklonal nachweisbar sind.

Im Falle einer Paraproteinämie, bei der eine noch viel stärker
eingeschränkte Heterogenität beobachtet wird, ist die Empfindlichkeit des Nachweises noch wesentlich besser.

Durch diese relativ zur statistischen Methode hohe Empfindlichkeit der Nachweismethotik hat die isoelektrische Fokusierung
für die Analytik chronisch entzündlicher Erkrankungen eine besondere Bedeutung erlangt.
So kann in vielen Fällen für Patienten, die aufgrund der statistischen Auswertung noch Immunglobulin-Konzentrationsquo-
tienten im Normalbereich aufweisen, anhand der isoelektrischen
Fokussierung bereits ein pathologischer Prozeß nachgewiesen
werden.

Diese Methode hat aber die größte Aussagekraft, wenn *keine* oligoklonalen Banden nachzuweisen sind. Damit kann eine *chronisch*
entzündliche Erkrankung wie z.B. Multiple Sklerose mit einer Wahrscheinlichkeit von 97% ausgeschlossen werden. [21].

Vergleichsweise dazu hat die Tatsache, daß oligoklonale Banden
tatsächlich nachgewiesen werden, eine geringe differential-diag-
nostische Aussagekraft, da sehr verschiedene Ursachen in Frage
kommen können.

Zusammenfassend kann zum Vergleich der statistischen mit der
qualitativen Methode gesagt werden:

Wird die *absolute IgG-Konzentration* des Liquors betrachtet, so
muß ein Patient, der zu gesunden Tagen an der Untergrenze des
Normalkollektivs liegt, 400% *zusätzliches IgG* synthetisieren,
um statistisch signifikant (auf der Basis der 96%-Grenzen) über
die Obergrenze des Normalkollektivs hinauszureichen [17]. Wird
statt der Absolutwerte die IgG-Quotientenauswertung in unserem
Schema gemacht, so kann da noch immerhin eine Synthese von
zusätzlichen 200% notwendig sein, um eine statistisch signifikante Erhöhung zu identifizieren, während bei der isoelektrischen
Fokussierung maximal 30% bereits ausreichend sind.

*Vergleich mit anderen diagnostischen Auswerteverfahren für
die Liquorproteinanalytik*

Das von mir dargestellte Quotienten-Schema beruht letztlich
darauf, daß durch eine funktionell sinnvolle Datenkopplung die
biologische Variationsbreite eines Datenkollektives drastisch
reduziert wird und damit ein pathologischer Wert früher signifikant vom Normalkollektiv unterschieden werden kann.

Man bestimmt mit dem Albumin-Liquor zu Serum-Quotienten die
individuelle Schrankenpermeabilität und kann so einen lokal
im ZNS produzierten Proteinanteil von der aus dem Blut stammenden Fraktion im Liquor trennen.

Auf dieser Basis sind alle Liquor-Proteine und -Enzyme handhab-
barer. Neben den Immunglobulinen sind so auch die Tumormarker
zur Identifizierung von Metastasen im ZNS nach diesem Schema
besser auswertbar.

*Es ist eigentlich heute als Versäumnis zu bezeichnen, wenn Li-
quoranalytik ohne gleichzeitige Bestimmung der Serumwerte gemacht wird.*

Von den anderen Auswerteverfahren ist das von FELGENHAUER ein-
geführte Quotientenschema [5], bei dem die Proteinquotienten als
Funktion der Molekülgrößen aufgetragen werden, das wissenschaftlich Weitestgehende. Das Schema hatte aber praktische Nachteile.
Da inhaltlich zwischen unseren Schemata kein Unterschied besteht,
war es uns problemlos möglich, uns für die Zukunft auf ein gemeinsames Schema zu einigen. Wir wollen dabei die Quotienten
als Liqour/Serum Quotienten verwenden, aber das Schema durch
logarithmische Darstellung mehr auf die schweren Schranken-
defekte ausdehnbar gestalten.

Es gibt eine Reihe von ähnlichen Verfahren, die meist sogar
dieselben Meßdaten benutzen, aber aufgrund einer nicht sinn-
vollen Datenkopplung Information verlieren.
Der Link-Index [20], der numerisch den Quotienten aus dem IgG-
Quotienten und Albumin-Quotienten bildet, läßt eine Schrankenstörung nicht erkennen und gibt bei kleinen normalen Albumin-
Quotienten durch eine andere Definition der Standardabweichung
Abweichungen von unserer Beurteilung. DELPECH u. LICHTBLAU [17]
verlieren durch eine biologisch funktionslose Quotientenbildung
trotz zweidimensionaler graphischer Darstellung die Information
über die Schrankenpermeabilität. Die Formel von TOURTELLOTTE [8]
ist meiner einfacheren Formel [17] analog, sofern seine Formel
mathematisch richtig gekürzt wird, man von der falschen Theorie
dazu absieht, und berücksichtigt, daß er die täglich produzierte
Menge IgG berechnet, indem er die ebenso von uns berechnete
IgG-Konzentration im Liquor mit 5 multipliziert.

Neuroimmunologische Aspekte der humoralen Immunreaktion

Nachdem ich etwas ausführlich die allgemeinen Aspekte der dif-
ferentialdiagnostischen Bedeutung der Blut-Liquor-Schrankenfunktion für die Identifizierung der lokalen humoralen Immunreaktion dargestellt habe, möchte ich einige organspezifische
Besonderheiten der humoralen Immunreaktion im ZNS referieren.
Wie Sie in der vorigen Abbildung gesehen haben, waren die oligoklonalen Bandenmuster in den Liquores von drei verschiedenen
MS-Patienten verschieden. Daß es sich dabei um eine genetisch
bedingte individuelle Reaktion dreht, haben verschiedene Autoren
gezeigt.

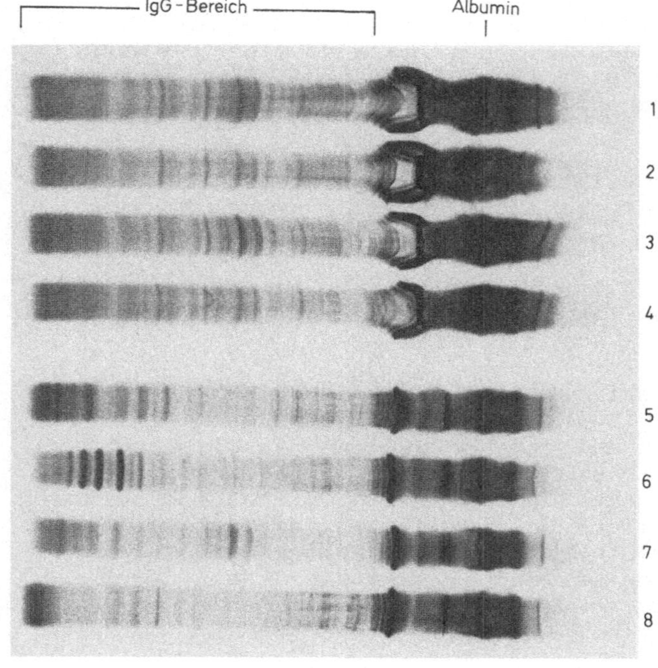

Abb. 12. Isoelektrische Fokussierung der Seren von Meerschweinchen, die mit inkomplettem (IFA) oder mit komplettem Freund'schem Adjuvans (CFA) behandelt wurden. Das Blut wurde 76 Tage nach Inokulation entnommen. Von allen Proben wurde die IgG-Konzentration bestimmt und jeweils 40 µg IgG auf ein Polyacrylamidgel, pH-Bereich 3.5-9.5, aufgetragen. Die Tiere mit IFA-Behandlung (Nr. *1-4*) zeigen ein typisches polyklonales Ig-Bandenmuster, dessen Struktur vor allem von der Ampholin-Verteilung im Gel abhängt. Dagegen ist bei den mit CFA bebehandelten Tieren (Nr. *5-8*) ein typisches oligoklonales Bandmuster zu sehen, das trotz identischer Bedingungen für jedes der Tiere verschieden ist

Es kann also kein krankheitsspezifisches oligoklonales Muster in der isoelektrischen Fokussierung geben.
Selbst bei Meerschweinchen des Inzuchtstammes 13 sind, wie Sie in Abb. 12 sehen, die Antikörper (AK) verschieden in ihrer molekularen Gesamtladung.
In dieser Abb. 12 sind die Seren von Meerschweinchen abgebildet. Die Tiere sind in verschiedener Weise behandelt worden. Den ersten vier Tieren wurden gleichermaßen eine Lipoidsuspension injiziert, was ein polyklonales Immunpattern wie bei unbehandelten Kontrolltieren bewirkt. Die nächsten vier Tiere sind mit derselben Lipoidsubstanz, die aber zusätzlich Mykobakterien enthält, behandelt worden. Alle Tiere sind vom selben Stamm 13, und wurden im selben Alter und mit derselben Menge dieses sog. Freund'schen Adjuvans behandelt. Aus dieser Gegenüberstellung der beiden Gruppen sehen Sie folgendes:

1. In der einen Gruppe oben haben Sie ein einheitliches Muster bei allen vier Tieren, Sie sehen deutlich die unterschiedlichen Intensitäten als Ausdruck eines *artefiziell* vom Gel und von der Ampholinverteilung abhängigen *Musters*. In der zweiten Gruppe wird dieses Grundmuster überlagert von den dominierend oligoklonalen Antikörpern.
2. Sie sehen, daß jedes Tier dieser zweiten Gruppe ein eigenständiges Antikörpermuster hat, obwohl diese Tiere vom selben Inzuchtstamm sind und gleichzeitig mit derselben Menge desselben Immunadjuvans behandelt wurden.

Was die Spezifität dieser oligoklonalen AK betrifft, so sind
90% dieser AK durch Mykobakterienmembranen absorbierbar. Bei
der subakuten sklerosierenden Panencephalitis, zum Beispiel,
ist ebenfalls der Hauptteil der oligoklonalen AK durch ein
einzelnes Agens - nämlich Masernviren absorbierbar.
Bei der Neurosyphilis z.B. ist aber nur ein kleiner Teil der
oligoklonalen AK Treponemen-spezifisch.

Bei der Multiplen Sklerose ist bislang überhaupt keine Zuord-
nung auch nur eines Teils der oligoklonalen AK zu einem bestimmten pathogenen Agens möglich.
Dafür wurden, wie LINK und auch FELGENHAUER zeigten, im Liquor
von MS-Patienten selektiv erhöhte AK-Titer gegen fast alle
gängigen Viren (Masern, Mumps, Herpes) *nebeneinander* gefunden.

Was bei verschiedenen entzündlichen Erkrankungen des ZNS auf-
fällt, ist ein ebenfalls über Jahre beim einzelnen Menschen
konstantes AK-Muster.

Hier ist die Frage zu stellen, ob im ZNS die Regulation immunologischer Prozesse schlecht funktioniert, weil ein Netzwerk [15],
wie es für das Blut mit vielen, sich gegenseitig hemmenden
(Suppressor-) und stimulierenden (Helfer-) Zellen im ZNS nicht
vorliegt oder weniger wirksam ist.

Es wäre denkbar, daß sowohl eine einmal angeworfene Stimulation
auch ohne weitere Persistenz des Antigens weiterläuft und ebenso
auch unspezifisch stimulierte Zellklone nicht mehr inhibiert
werden und so z.B. Antikörper gegen Viren produzieren, die
keine pathologische Rolle in diesem Organ spielen. Zu solcher
Vorstellung würde auch die Beobachtung passen, daß im ZNS lange
Zeit nebeneinander IgG und IgM gebildet werden und das im Ge-
samtorganismus beobachtete "Abschalten" der unspezifischeren
IgM-Abwehrreaktion nach Ausbildung von spezifischeren IgG-
Antikörpern im ZNS nicht funktioniert.

Hier liegen ohne Zweifel organspezifische Besonderheiten vor,
die die Kreation eines gesonderen Arbeitsbereiches Neuroimmuno-
logie rechtfertigen.

Wie FELGENHAUER kürzlich gezeigt hat [24], ist das Verhältnis
der verschiedenen im ZNS synthetisierten Immunglobulinklassen
zueinander von diagnostischer Bedeutung.
Herr FELGENHAUER wird Ihnen dazu noch weitere Informationen ver-
mitteln.

Immunreaktion und Blut-Liquor-Schrankenfunktion

In verschiedenen Zusammenhängen habe ich Daten dargestellt, die
aus meinen Untersuchungen zur chron. rezid. EAE des Meerschweinchens stammen.
Da ich den Einfluß von Immunadjuvans auf die Permeabilität der
Blut-Liquor-Schranke darstellen möchte, muß ich Ihnen noch kurz
dieses Tiermodell erläutern.
Die chronisch rezidivierende experimentelle allergische Enzephalomyelitis (cr.EAE) kann bei verschiedenen Tierspezies

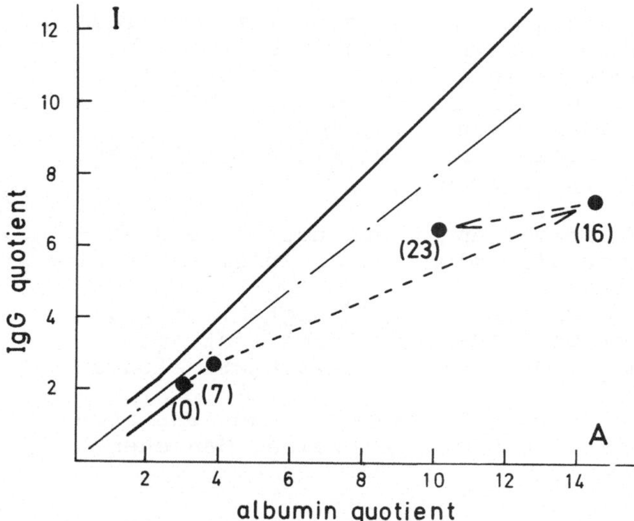

Abb. 13. Änderungen des Liquorproteinprofils bei Meerschweinchen, mit chronisch rezidivierender experimenteller allergischer Enzephalomyelitis. Die Zahlen in *Klammern* bezeichnen die Tage nach Inokulation. Der hier dargestellte Verlauf der Liquor/Serum-Konzentrationsquotienten korrespondiert mit einem klinisch erkennbaren akuten Schub, der ebenfalls einen maximalen Schweregrad am Tag 16 nach Inokulation dieses Tieres erreichte [23]. Die Achsenbezeichnungen sind in Legende zu Abb. 8 dargestellt

ausgelöst werden, indem den Tieren eine Mischung aus homologem Rückenmarkshomogenat mit komplettem Freund'schem Adjuvans subcutan injiziert wird. Diese chronische Form der EAE gilt als das z.Zt. beste Modell einer chronisch entzündlichen Erkrankung des Zentralnervensystems ähnlich einer Multiplen Sklerose [22]. Dies wird mit Ähnlichkeiten im schubförmigen klinischen Verlauf, der perivaskulären Lymphocytenansammlung, histochemischen Entzündungserscheinungen und fokalen Entmarkungen begründet. Wir haben das Liquorproteinprofil bei Meerschweinchen mit cr.EAE charakterisiert [23] mit der speziellen Fragestellung, ob bei der EAE eine lokale humorale Immunreaktion im ZNS abläuft, wie dies für die Multiple Sklerose als eines der markantesten Zeichen im Liquor der Fall ist.

In Abb. 13 sehen Sie, daß die Tiere 7 bis 10 Tage nach der Inokulation eine Schrankenstörung entwickeln, die nach ca. 14 Tagen ein Maximum der Permeabilität erreicht und sich danach nur langsam wieder normalisiert. Dabei ist in keinem der Fälle, wie ich in Abb. 8 im Vergleich mit der MS bereits zeigte, bei diesem Tiermodell eine lokale IgG-Synthese zu identifizieren gewesen [23]. Alle oligoklonalen IgG-Fraktionen im Liquor korrespondierten mit den Banden im Serum. In Abb. 14 sehen Sie den längerzeitlichen Verlauf der Schrankenstörung. Ebenfalls ist dabei die langanhaltende IgG-Konzentrationserhöhung im Blut dargestellt.

Unter diesen im Blut gebildeten Antikörpern sind auch Antikörper gegen Neuroautoantigene wie z.B. Basisches Myelin-Protein, das als Hauptverursacher der EAE gilt. Hier wäre an die eingangs geführte Diskussion anzuknüpfen, welche Rolle die Antikörper gegen Neuroantigene haben. Eines ist jedenfalls aus unseren Daten plausibel: Wenn diese Antikörper überhaupt eine Rolle für die Progression der Erkrankung spielen sollten, z.B. für die Auslösung der fokalen

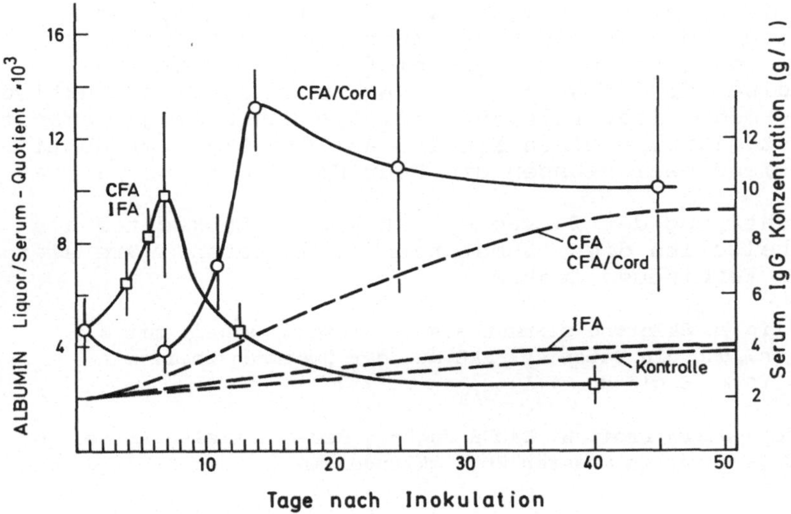

Abb. 14. Änderung der Blut-Liquor-Schrankenpermeabilität und der Serum IgG-
Konzentrationen nach Inkubation mit inkomplettem *(IFA)* und komplettem
Freund'schem Adjuvans *(CFA)* sowie mit *CFA* und Rückenmarkshomogenat *(Cord)*.
Es wurden insgesamt 30 Meerschweinchen Stamm 13 im Alter von 21 Tagen subcutan inokuliert. Die Veränderungen der Schrankenpermeabilität wurde anhand
des Albumin Liquor/Serum-Konzentrationsquotienten bestimmt: *IFA* und *CFA*
zeigen identische Wirkung ( ), *CFA/Cord* (O) wirkt wesentlich protrahierter.
Bei den IgG-Serumkonzentrationen *(gestrichelte Linien)* unterscheiden sich
die mit *IFA* behandelten Tiere nicht von den unbehandelten Kontrollen,
während *CFA* allein eine gleich starke IgG-Vermehrung bewirkt wie *CFA/Cord*

Entmarkung, so ist es offensichtlich unerheblich, ob diese AK
im Blut oder im ZNS selbst gebildet werden, sofern sie nur in
genügend hoher Konzentration ins ZNS der Tiere gelangen.

Da Neuroautoantigene wie z.B. BMP allein keine EAE auslösen,
haben wir die Rolle des normal verwendeten Immunadjuvans etwas
genauer untersucht.
In Abb. 14 ist dargestellt, daß komplettes Freund'sches Adjuvans (CFA) ja sogar das inkomplette Freund'sche Adjuvans (IFA)
allein eine reversible Schrankenstörung auslöst. IFA ist eine
Paraffinsuspension, CFA enthält noch zusätzlich abgetötete
Tuberkelbakterien. Dabei spielt offenbar die humorale Immunreaktion, die bei IFA-Behandlung weder quantitativ noch qualitativ (mit isoelektrischer Fokussierung in Abb. 12 dargestellt)
nachweisbar ist, keine Rolle.

Inwieweit durch IFA eine zelluläre Immunreaktion ausgelöst wird,
ist noch zu zeigen.
Die Beobachtung, daß hier eine Veränderung der Schrankenpermeabilität ohne Beteiligung zumindest der humoralen Immunreaktion
vorzuliegen scheint, könnte auch für das Verständnis der Pathomechanismen entzündlicher Erkrankungen interessant sein.

174

Ich möchte es mir nicht verkneifen, zum Schluß des Referates
darauf hinzuweisen, daß auch das zur Zeit hochaktuelle, um
nicht zu sagen, modische Forschungsgebiet - die Leukotriene
und Prostaglandine für die Wechselwirkung zwischen Immunreaktion
und Schrankenpermeabilität relevant ist. Wie schon lange bekannt
ist, haben Prostaglandine einen Einfluß auf die Liquorproduktion
und die Leukotriene beeinflussen die Blut-Hirn-Schrankenpermea-
bilität.
Unter Berücksichtigung der Tatsache, daß sowohl Leukocyten als
auch die Endothelzellen diese Substanzen produzieren, wäre hier
vielleicht eine Verbindung denkbar.

Die Daten zur Multiplen Sklerose stammen aus der Zusammenarbeit mit H.I.
SCHIPPER, Göttingen, und die Daten zur EAE aus der Zusammenarbeit mit
ANTHONY SUCKLING, York, England.

Ich möchte besonders Herrn Prof. H. BAUER danken, der mit vielen Anregungen
und kompetentem Engagement zu unseren Entwicklungen in der Liquordiagnostik
beigetragen hat.

<u>Literatur</u>

1. BAUER HJ (1975) Liquor cerebrospinalis. In: Befunde in der Differentialdiagnose innerer Krankheiten. 3. Aufl. Kap. XV. S. 532-539, Thieme
   Verlag Stuttgart
2. BRADBURY M (1979) The concept of a blood-brain-barrier, p. 17-37.
   J. Wiley & sons, NY
3. WOOD JH (1980) Neurobiology of Cerebrospinal fluid. Plenum Press, NY
4. QUENTIN CD, REIBER H (1982) Kammerwasser-Protein-Konzentration beim
   Melanom der Aderhaut. Fortschr Ophthamol 79: 199-201
5. FELGENHAUER K (1980) Protein filtration and secretion at human body fluid
   barriers. Pflügers Arch 384: 9-17
6. MORELL P (ed.) (1977) Myelin. Plenum Press, NY
7. WAXMAN SG (ed.) (1978) Physiology and pathology of axons. Raven Press,
   NY
8. HALLPIKE JF, ADAMS CWM, TOURTELLOTTE WW (1983) Multiple Sclerosis.
   Pathology, diagnosis and management. Chapman and Hall, London
9. Myelin und Multiple Sklerose. (1978) Umschau 78: 212-216
10. KOHLSCHÜTTER A, REIBER H, BAUER H (1980) Myelin basic protein in cere-
    brospinal fluid as an indicator of MS process activity. In: BAUER H,
    POSER S, RITTER G (eds.) Progress in multiple sclerosis research.
    Springer, Berlin, Heidelberg, New York, p. 168
11. FRICK E (1982) Cell-mediated cytotoxicity by peripheral blood lympho-
    cytes against basic protein of myelin, encephalitogenic peptide, cere-
    brosides and gangliosides in multiple sclerosis. J Neurol Sci 57:
    55-66
12. BEN-NUN A, WEKERLE H, COHEN IR (1981) The rapid isolation of clonable
    antigen-specific T lymphocyte line capable of mediating autoimmune
    encephalomyelitis. Eur J Immunol 11: 195-199
13. REIBER H (1978) Cholesterol-lipid interaction in membranes. The satu-
    ration concentration of cholesterol in bilayers of various lipids.
    Biochim Biophys Acta 512: 72-83
14. REIBER H, VOSS W (1980) Cholesterol ester hydrolase acitvity in human
    cerebrospinal fluid. J Neurochem 34 (5): 1324-1326

15. JERNE NK (1974) Towards a network theory of the immune system. Ann Immunol 125: 373-389
16. DOMMASCH D, MERTENS HG (eds.) (1980) Cerebrospinalflüssigkeit-CSF. Thieme Verlag Stuttgart, NY
17. REIBER H (1980) The discrimination between different blood CSF barrier dysfunctions and inflammatory reactions of the CNS by a recent evalution graph for the protein profile of CSF. J Neurol 224: 89-99
18. KRUSE H, REIBER H, SCHIPPER HI (1982) Bestimmung oligoklonaler IgG-Subfraktionen in Liquor und Serum. Technik und diagnostische Bedeutung. LKB Instrument application note
19. FELGENHAUER K (1974) Protein size and cerebrospinal fluid composition. Klin Wochenschr 52: 1158-1164
20. LINK H, TIBBLING G (1977) Principles of albumin and IgG disorders. Scand J clin Lab Invest 37: 397-401
21. SCHIPPER HI, REIBER H, BAUER HJ (1981) Oligoclonales IgG im Liquor von MS-Patienten. Proc. IV. South East Eur Neuropsychiat Conf III: 59-68
22. WISNIEWSKI HM, LASSMANN H, BORSNAN CF, MEHTA PD, LIDSKY AA, MADRID RE (1982) Multiple sclerosis - Immunological and experimental aspects. In: MATTHEW WB, GLASER GH (eds.) Recent Advances in Clinical Neurology 3, Edingburgh, Churchill-Livingstone: 95-124
23. SUCKLING AJ, REIBER H, KIRBY JA, RUMSBY MG (1983) Chronic relapsing experimental allergic encephalomyelitis: Immunological and blood cerebrospinal fluid barrier-dependent changes in the cerebrospinal fluid. J Neuroimmunol 35-45
24. FELGENHAUER K (1982) Differentiation of the humoral immune response in inflammatory diseases of the central nervous system. J Neurol 228: 223-237

Liquordiagnostik bei akuten entzündlichen Erkrankungen des Zentralnervensystems

T.O.Kleine

Die akuten entzündlichen Erkrankungen des Zentralnervensystems
(ZNS) können eine verschiedenartige Lokalisation und Ausbreitung
aufweisen: Befall der weichen oder harten Häute des ZNS (Leptomeningitis oder Pachymenintitis), Befall des Gehirnparenchyms
(Enzephalitis), Befall des Rückenmarks und/oder seiner Wurzeln
(Radikulomyelitis), Befall von Gehirn und Rückenmark (Enzephalomyelitis), Befall des gesamten ZNS mit seinen Hüllen (Meningo-
enzephalomyelitis).

Wie bei den akuten Entzündungen anderer Organe, so kommt es
auch im ZNS zu Veränderungen des Kreislaufes und zu Permeabili-
tätsstörungen bei der Blut-Hirn-Schrankenfunktion (Sammelbegriff
für alle Schrankenmechanismen des ZNS [1]) mit vermehrtem Austritt von Bestandteilen des Blutplasmas in den Extrazellularraum und zum Austritt von Granulocyten, gefolgt von lympho-
cytären und monocytären Zellen. Beim Durchwandern der Blutzellen
aus den Kapillaren der Leptomeningen in die Liquorräume findet
eine Anreicherung dieser Zellen in den Leptomeningen statt,
welche (lokal) anschwellen und die Liquorzirkulation, z.B. zu
der lumbalen Entnahmestelle, behindern können. Beim entzündlichen Befall der Plexus chorioidei werden Bildungsrate und Zusammensetzung des Primärliquors [1] vermindert bzw. verändert.
Bei Zellinfiltration mit Austritt von niedermolekularen und
makromolekularen Bestandteilen des Blutplasmas, z.B. von Wasser
und Proteinen in die Gehirnsubstanz, tritt ein Hirnödem auf.
Dieser Pathomechanismus wird auch durch mechanische oder hypoxische Schädigungen, z.B. nach Hirnoperationen, in Gang gesetzt. Der Sauerstoff- und Glucoseverbrauch der entzündeten
Gewebe steigt stark an und die Laktatbildung nimmt zu.

Je Liquorraum-ferner der Entzündungsprozeß abläuft (z.B.
bei Pachymeningitis und Enzephalitis besonders in der weißen
Substanz des ZNS), desto geringer sind die Veränderungen, die
im Untersuchungsgut Liquor, in der Regel lumbal entnommen, auftreten. Die markantesten Veränderungen im Liquor werden bei
Leptomeningitis beobachtet, die häufig vorkommt und hier kurz
Meningitis genannt wird. Die Leptomeningen reagieren jedoch
relativ gleichförmig auf bakterielle oder virale Schädigungen
oder Schädigungen chemischer und physikalischer Art, z.B. bei
Eintritt des eigenen Blutes in die Liquorräume oder durch Röntgen-
bestrahlung; nur der zeitliche Ablauf der verschiedenen Entzündungsphasen kann z.T. beträchtliche Unterschiede aufweisen [2]:
Bei der bakteriellen Meningitis ist die akute Entzündungsphase
mit Anstieg besonders der segmentkernigen und stabkernigen
Granulocytenzahlen in der Liquorprobe (granulocytäre Reaktion)
am ausgeprägtesten und am längsten.

Bei der viralen Meningitis hält diese granulocytäre Zell-Reaktion
nur kurz an und die lymphocytäre Zellreaktion mit Anstieg der
Lymphocytenzahlen (kleine, große aktivierte Lymphocyten, evtl.
Plasmazellen) setzt relativ früh ein und ist stark ausgeprägt
(subakute Proliferationsphase der Entzündung).
Bei der unspezifischen und meningealen Reaktion, ausgelöst durch
chemische, hypoxische und mechanische Reize, kann die granulocytäre Zellreaktion stark ausgeprägt sein, dauert aber nur kurz
an und wird bald von einer überwiegend monocytären Zellreaktion
mit Makrophagen abgelöst (reparative Phase der Entzündung).
Werden alle drei Zellreaktionen gleichzeitig im Liquor ange-
troffen, so weist diese gemischtzellige Reaktion auf den gleichzeitigen Ablauf der drei Entzündungsphasen hin, was gefunden
wird z.B. bei tuberkulöser, granulomatöser oder luetischer
Meningitis oder bei Meningitis, ausgelöst durch Listeriose,
Leptospirose, Mykosen und Parasiten.

In einer fortgeführten multizentrischen Studie [3, 4] konnten
wir zeigen, daß die klinisch-chemischen Kenngrößen Leukocytenzahl und Gesamtprotein in 143 Lumbal-Liquorproben bei akuter
Meningitis in 50 bis 100% der Fälle erhöhte Werte aufwiesen;
deshalb ist eine Unterscheidung zwischen akuter bakterieller
Meningitis und abakterieller (viraler) Meningitis mit diesen
Parametern nicht möglich. Granulocyten- und Erythrocytenzahl
sowie die Aktivität der Laktatdehydrogenase eigneten sich ebenfalls nicht zur Diskriminierung dieser beiden akuten Entzündungen, da die Werte dieser Kenngrößen in 40 bis 60% dieser
untersuchten Liquorproben im jeweiligen Referenzbereich lagen.
Auch mit der Glukosekonzentration konnten beide Entzündungen
nicht befriedigend diskriminiert werden [4].

Da diese 6 Kenngrößen sich bei der Diskriminierung von akuter
Meningitis als wenig aussagekräftig gezeigt haben, sollen hier
vier andere klinisch-chemische Kenngrößen vorgestellt und im
Liquor untersucht werden.

1. *Saures α_1-Glycoprotein* (Orosomucoid; Mol.Gew. 41 000), ein
"Akute-Phase-Protein", das bereits am ersten Tag einer Entzündung von Leberzellen [5] vermehrt gebildet wird, wird auf
der Zelloberfläche von Granulocyten, Monocyten, T und B Lymph-
cyten gefunden, nicht jedoch von Erythrocyten und Thrombocyten [6]. Es wird besonders von aktivierten T und B Lymphocyten synthetisiert und ins Kulturmedium abgegeben [6]. Damit
dürfte saures α_1-Glycoprotein auch von Liquorzellen gebildet
werden und im Liquor besonders bei akuten Entzündungsvorgängen
des ZNS meßbar sein.

2. *Lactoferrin* (Mol.Gew. 83 000), ein Bestandteil der sekundären
spezifischen Granula der neutrophilen Granulocyten [7, 8], kann
durch Zelltod oder bei Phagocytosevorgängen ("regurgitation",
"reverse endocytes") [8] intra- und extrazellulär freigesetzt
werden (Degranulierung). Damit ist das im Liquor gemessene
Lactoferrin eine Kenngröße für die Funktion der Liquorgranulocyten bei akuten Entzündungen des ZNS, zumal der Lactoferringehalt im Plasma normalerweise sehr gering ist [9]. Lactoferrin
kann aber auch als Granulocyten-Markerprotein eine Kenngröße für
die Granulocytenzahl darstellen.

3. Lysozym (Mol.Gew. 14,500), ein Bestandteil der primären und
sekundären Granula der neutrophilen Granulocyten [7, 8] kommt
außerdem in Monocyten und Makrophagen vor [10], nicht jedoch in
Lymphocyten. Lysozym ist somit ein Markerprotein der Granulocyten
und Monocyten und wird bei Phagocytosevorgängen (s.o.) aus Granulocyten mittels Degranulierung [8] sowie aus Makrophagen freigesetzt [10]. Monocytäre Zellen sezernieren außerdem Lysozym
kontinuierlich [10], so daß es normalerweise im Plasma oder
Serum des Menschen gemessen werden kann [11]. Im Liquor werden
deutlich geringere Konzentrationen an Lysozym gefunden als im
Serum, so daß ein Diffusionsgradient Serum/Liquor von > 10 besteht
[4]. Damit dürften erhöhte Lysozymkonzentrationen im Liquor verursacht werden
a) durch gesteigerte Phagocytosevorgänge der Liquorgranulocyten
   während akuter Entzündungsvorgänge im ZNS;
b) durch monocytäre Zellen im Liquor, die besonders bei der reparativen Phase der Entzündung im ZNS und Liquor vermehrt
   vorkommen;
c) durch eine defekte Blut-Hirn-Schrankenfunktion mit vermehrtem
   Eintritt von Lysozym und anderen Plasmaproteinen in den Liquor.

4. Laktat wird im ZNS normalerweise aus etwa 10% der aufgenom-
menen Glucose gebildet und durch ein carrier-vermitteltes Trans-
portsystem im Kapillarendothel aus dem ZNS transportiert. Infolge
der begrenzten Kapazität dieses Transportsystems steigt beim
Anfall größerer Laktatmengen die Laktatkonzentration zuerst im
ZNS und dann im Liquor an, z.B. bei Entzündungsvorgängen mit
vermehrter anaerober Glycolyse, aber auch bei verminderter Zu-
fuhr von Sauerstoff und Glucose, bei Stoffwechelstörungen durch
Intoxikation und gestörtem Abtransport von Laktat, z.B. bei
Hirnödem [4]. Damit ist Laktat eine "indirekte" Kenngröße von
Entzündungsvorgängen im ZNS; andere Ursachen, die zu erhöhten
Laktatkonzentrationen im Liquor führen, müssen diskriminiert
werden. Bei Laktatacidose des Blutes werden keine erhöhten
Laktatkonzentrationen im Liquor gefunden, da die Milchsäure
des Blutes die Blut-Hirn-Schranke nicht zu passieren vermag
[vgl. 4].

Messung im Liquor

Saures α_1-Glycoprotein

Saures α_1-Glycoprotein wird immunnephelometrisch (Gesamtvolumen
0,225 ml mit 35 g/l Polyethylenglycol) mit 0,05 ml entzelltem
Liquor und 0,015 ml monospezifischem Antiserum mit dem Behring-
Laser gemessen (1 h Inkubation) [13].
Folgender Referenzbereich wurde für Lumballiquor ermittelt:
Median 3,7 mg/l, 5. bis 95. Perzentil 1,8-7,0 mg/l [12] unter
folgenden Bedingungen: Leukocyten $\leqslant$ 5 µl, Erythrocyten $\leqslant$ 200/µl,
Gesamtprotein 0,2-0,4 g/l, Elektropherogramm der Liquor-Proteine
im Referenzbereich.

Wird die Konzentration von Albumin (x) gegen diejenige von saurem
α_1-Glycoprotein (y) in 88 Liquorproben gegeneinander aufgetragen

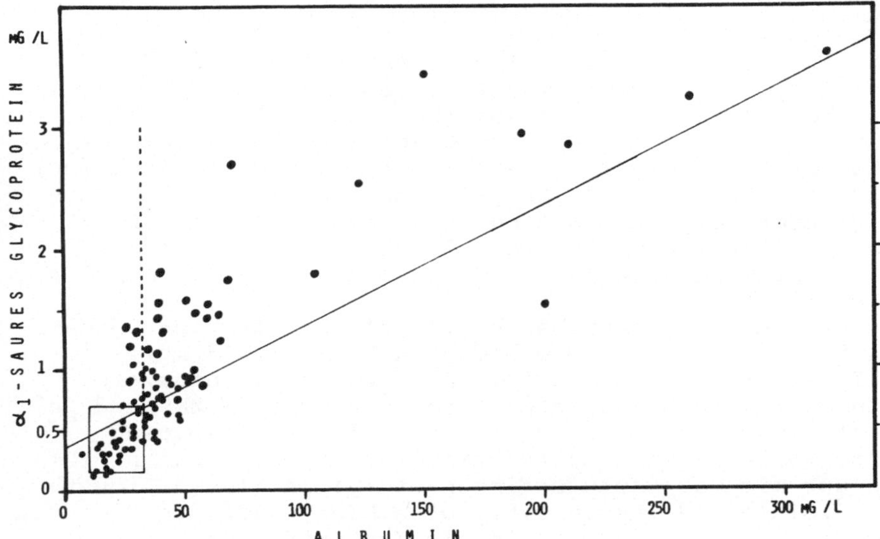

Abb. 1. Der Gehalt an saurem α_1-Glycoprotein (y) in Relation zum Albumin-gehalt (x) in 88 Lumballiquorproben von Patienten mit neurologischen und psychiatrischen Erkrankungen. Die eingezeichnete Gerade hat die Gleichung $y = 0,1x + 3,5$; $R^2 = 0,72$. Das eingezeichnete Viereck enthält Werte des Referenzbereiches für saures α_1-Glycoprotein *und* Albumin. Albumin wurde immunnephelometrisch gemessen [2]

(Abb. 1), so wird folgende Gerade errechnet: $y = 0,1x + 3,5$. Daraus ist zu sehen, daß das kleinere Molekül saures α_1-Glyco-protein (Mol.Gew. 41 000) offensichtlich leichter in die Liquor-räume gelangt als das größere Albuminmolekül (Mol.Gew. 66 300), besonders bei solchen Proben mit vermehrtem Albumingehalt bei defekter Blut-Hirn-Schrankenfunktion (Korrelationskoeffizient $R^2 = 0,72$, s. Abb. 1). Bei 24 Liquorproben mit im Referenzbereich liegender Albuminkonzentration (110-350 mg/l) [4] und Serum/Liquor-Quotienten für saures α_1-Glycoprotein (136-442) [12] war die Konzentration von saurem α_1-Glycoprotein jedoch $\geq$ 7,5 mg/l unter den Bedingungen bei der Erstellung des Referenzbereiches (s.o.): 15 der Liquorproben waren von Patienten mit Bandscheiben-läsionen und psychiatrischen Erkrankungen, 2 von Patienten mit Tumoren des ZNS, 7 von Patienten mit fraglichen Entzündungs-vorgängen im ZNS.

Aus diesen Befunden läßt sich keine Beziehung zwischen Leuko-cytenzahl (diese war $\leq$ 5/μ) und der erhöhten Konzentration von saurem α_1-Glycoprotein im Liquor feststellen. Vielmehr ist aus diesen Befunden zu folgern, daß sich saures α_1-Glycoprotein zur Diagnostik von entzündlichen Erkrankungen des ZNS nicht eignet, da die im Lumballiquor erhöhten Konzentrationen von saurem α_1-Glycoprotein offensichtlich aus dem Blutplasma stammen. Saures α_1-Glycoprotein ist vielmehr ein empfindlicher Parameter der Blut-Hirn-Schrankenfunktion, empfindlicher als Albumin.

Lactoferrin

Lactoferrin wird immunnephelometrisch (Gesamtvolumen 0,225 ml
mit 0,15 mol/l NaCl) mit 0,05 ml entzelltem Liquor und 0,015 ml
monospezifischem Antiserum (Behringwerke, Marburg) mit dem
Behring-Laser nach 2 h Inkubation gemessen (Nachweisgrenze
2 mg/l; Meßbereich 5-35 mg/l). Die Methode ist zu unempfindlich,
so daß der Referenzbereich für Lumballiquor bei ⩽ 5 mg/l Lactoferrin liegt unter folgenden Bedingungen: Leukocyten ⩽ 5/µl,
Erythrocyten < 300/µl, Gesamtprotein 0,2-0,4 g/l, Laktat < 2,5
mmol/l bei 134 Patienten beiderlei Geschlechts 1 bis 70 Jahre alt.

Von 795 untersuchten Liquorproben hatten 21 Lactoferrin-Konzen-
trationen ⩾ 5 mg/l (Abb. 2). Die höchsten Werte (⩾ 15 mg/l)
wurden bei 7 bakteriellen Meningitiden gefunden; 7 intrazerebrale Blutungen in die Liquorräume, zwei Abszesse im ZNS und je
eine abakterielle (virale) Meningitis und ein Sepsiszustand
zeigten Werte von < 15 mg/l Lactoferrin. Die Leukocytenzahl (x)
korrelierte gut mit dem Lactoferringehalt (y) in diesen Liquorproben: $y = 0,01x + 7,77$; $R^2 = 0,82$. Dies könnte auf die Eignung
des Granulocytenmarkers Lactoferrin als Kenngröße für Granulocytenzahlen in Liquorproben hinweisen. Da aber bei gleichen
Leukocytenzahlen verschieden hohe Lactoferrinkonzentrationen
gemessen werden, stehen unterschiedlich ausgeprägte Degranulierungsprozesse der Granulocyten in den hier untersuchten
Liquorproben im Vordergrund, wobei akute bakterielle Meningitiden
die höchste Freisetzungsrate aufweisen. Hier sei daran erinnert,

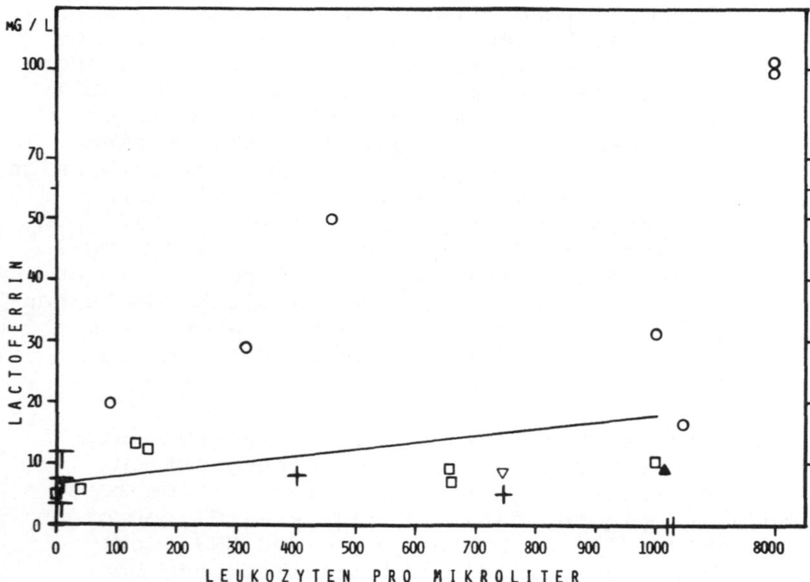

<u>Abb. 2.</u> Der Gehalt an Lactoferrin (y) in Relation zur Leukocytenzahl (x) in
21 Lumballiquorproben. Die eingezeichnete Gerade hat die Gleichung
$y = 0,01x + 7,77$; $R^2 = 0,82$. Bedeutung der Symbole: O bakterielle Meningitis;
▲ abakterielle (virale) Meningitis, ▢ intrazerebrale Blutung in die Liquorräume, ▽ allgemeine Sepsis, + Abszeß im ZNS, T primäre und sekundäre Tumoren
des ZNS

daß Granulocyten im Liquor nur eine kurze Lebensdauer haben.
Besonders in Liquorproben bei bakterieller Meningitis verhält
sich ein Teil der Granulocyten bei Vitalfärbung [14] avital
(KLEINE, unveröffentliche Untersuchungen). Bei 3 sekundären
Tumoren des ZNS (2 maligne Lyomphome sowie multiple Metastasen
eines unbekannten extrazerebralen Primärtumors) wurden erhöhte
Lactoferrinwerte bei normaler Leukocytenzahl gefunden (Abb. 2).
Dies weist auf erhöhte Freisetzung von Lactoferrin aus Granulo-
cytenanhäufungen im Tumorgewebe im ZNS bzw. in den Leptomeningen
hin, das dann in den Liquor diffundiert.

Aus diesen Ergebnissen kann gefolgert werden, daß die Lactoferrinkonzentration in Lumballiquorproben sich als Kenngröße
für verschiedene entzündliche Erkrankungen des ZNS eignet; der
hier vorgestellte Test ist jedoch zu unempfindlich. Bei der
Beurteilung der Lactoferrinkonzentration im Liquor kann diejenige im Serum vernachlässigt werden, da sie unterhalb 1 mg/l
liegt [9].

Lysozym

Human-Lysozym wird immunnephelometrisch (Gesamtvolumen 0,225 ml
mit 35 g/l Polyethylenglycol) mit 0,05 ml entzelltem Liquor
und 0,015 ml monospezifischem Antiserum (Behringwerke, Marburg)
mit dem Behring-Laser nach 2 h Inkubation gemessen (Nachweisgrenze 0,3 mg/l; Meßbereich 0,5-20 mg/l). Bei der Aufstellung
eines Referenzbereiches für Lumballiquor konnte nur in einem
Drittel der 173 Proben von 1 bis 70 Jahre alten Patienten beiderlei Geschlechts Lysozym gemessen werden: Median < 0,5 mg/l,
5. bis 95. Perzentil < 0,5 bis 1,8 mg/l Lysozym unter folgenden
Bedingungen: Leukocyten $\leq$ 5 /µl, Erythrocyten $\leq$ 300/µl; Gesamtprotein 0,2-0,4 g/l, Laktat < 2,5 mmol/l.

Bei 107 Liquorproben mit meßbarem Lysozymgehalt (Abb. 3) wurde
bei unbehandelten bakteriellen Meningitiden in allen Fällen
eine Lysozymkonzentration $\geq$ 3 mg/l beobachtet, bei 26 behandelten bakteriellen Meningitiden nur in 7% der Fälle. Dieser
Befund weist auf erhöhte Degranulierungsprozesse, besonders
bei akuter bakterieller Meningitis hin, welche aber offensichtlich nicht mit der Leukocyten- bzw. Granulocytenzahl korrelieren, was auch für andere akute Entzündungsvorgänge wie
abakterielle (virale) Meningitis, intrazerebrale Blutungen in
die Liquorräume, Abszeß im ZNS und andere entzündliche neurologische Erkrankungen gilt: Der Lysozymgehalt der Liquorproben
(y) korreliert weder mit der Leukocytenzahl (x): R^2 = 0,25
(Abb. 3) noch mit der Granulocytenzahl: R^2 = 0,20 (Abb. 4).
Damit eignet sich der Granulocytenmarker Lysozym nicht als
Kenngröße für die Leukocytenzahl in Liquorproben, vielmehr
muß auch die Herkunft des Lysozyms aus den monozytären Zellen
(Makrophagen) berücksichtigt werden, welche Lysozym sowohl in
das Plasma [15] als auch in den Liquor sezernieren. Obwohl im
Serum etwa 5-15 mg/l Lysozym vorkommt [11], konnte keine Korrelation zwischen dem Gehalt an Gesamtprotein und an Lysozym
in 101 Liquorproben festgestellt werden (R^2 = 0,02), so daß
eine defekte Blut-Hirn-Schrankenfunktion keinen signifikanten
Einfluß auf die Lysozymkonzentration im Liquor haben dürfte.

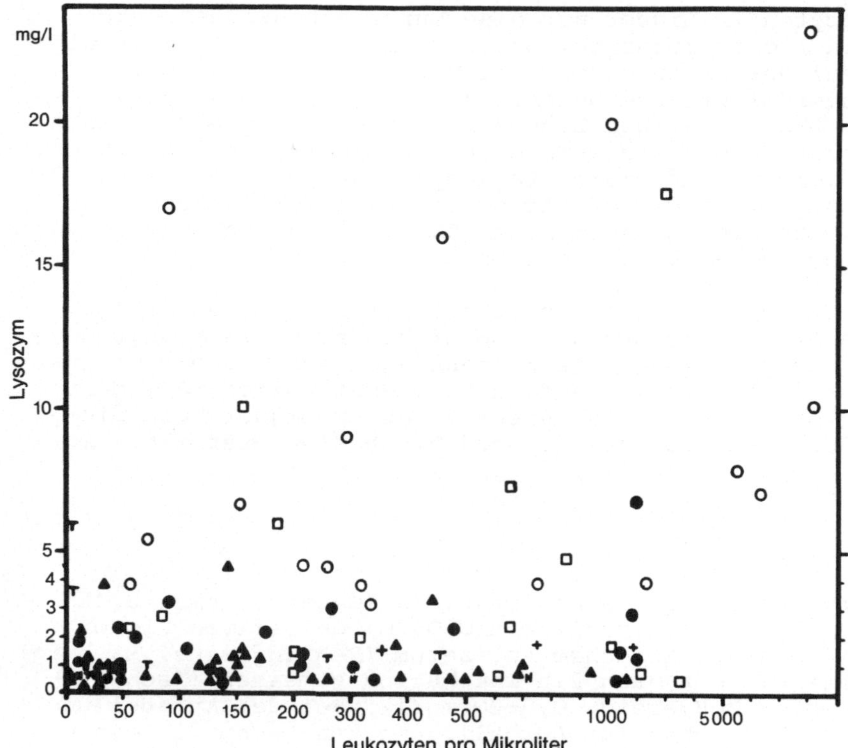

Abb. 3. Der Gehalt an Lysozym (y) in Relation zur Leukocytenzahl (x) in 107 Lumballiquorproben. Bedeutung der Symbole: O unbehandelte bakterielle Meningitis, ● behandelte bakterielle Meningitis, ▲ abakterielle (virale) Meningitis, □ intrazerebrale Blutung in die Liquorräume, + Abszeß im ZNS, T primäre und sekundäre Tumoren des ZNS, N andere entzündliche neurologische Erkrankungen

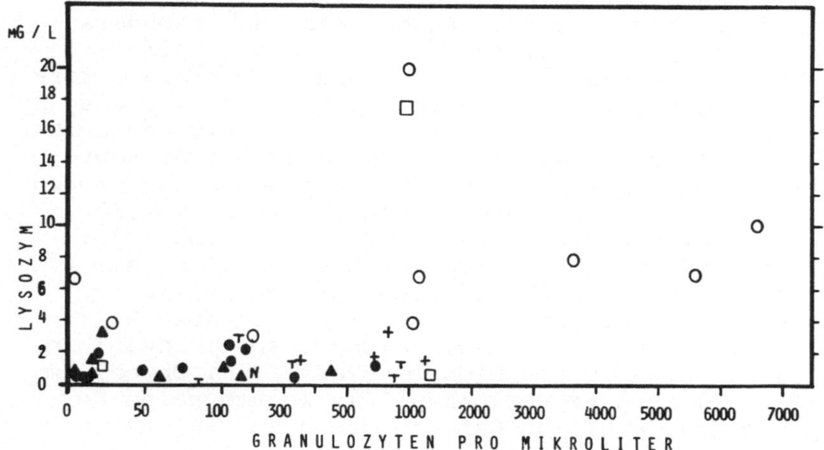

Abb. 4. Der Gehalt an Lysozym (y) in Relation zur neutrophilen Granulocytenzahl (x) in 41 Lumballiquorproben. Bedeutung der Symbole s. Abb. 3

Erhöhte Lysozymkonzentrationen $\geq$ 3 mg/l wurden außerdem beobachtet bei 20% der Fälle von intrazerebralen Blutungen in
die Liquorräume, bei 10% von primären und sekundären Tumoren
des ZNS und bei 3% der Fälle von abakterieller (viraler) Meningitis und Enzephalitis [vgl. 4]. Bei Tumoren des ZNS wurden
erhöhte Lysozymkonzentrationen bei normalen Leukocytenzahlen
in zwei Liquorproben gefunden (Abb. 3), was auf die Freisetzung
von Lysozym aus Monocyten- und Granulocytenanhäufungen im Tumorgewebe hinweist.

Aus diesen Ergebnissen geht hervor, daß der Lysozymgehalt im
Limballiquor als Kenngröße für entzündliche Erkrankungen des
ZNS von Nutzen ist und zur Diskriminierung einer akuten bakteriellen Meningitis von einer abakteriellen (viralen) Meningitis
unter bestimmten Einschränkungen herangezogen werden kann (s.u.).

Laktat

Die Laktatkonzentration in nicht entzellten Liquorproben kann
schnell vollenzymatisch unter Berücksichtigung eines Leerwertes
gemessen werden [3, 4], z.B. im Halbmikromaßstab (Gesamtvolumen:
0,940 ml; Probe: 0,o3 ml). Entzellte Liquorproben haben z.T.
niedrigere Laktatkonzentrationen. Meßbereich, Präzision und
Referenzbereich dieser klinisch-chemischen Kenngröße liegen für
Lumballiquor vor [3, 4]. Trenngröße zwischen akuter unbehandel-
ter bakterieller Meningitis und akuter abakterieller (viraler)
Meningitis und Enzephalitis ist die Laktat-Konzentration $\geq$ 3,5
mmol/l (Treffsicherheit 99,9%) [3, 4]. Der Laktat-Test gewinnt
durch Berücksichtigung der Leukocyten- und Erythrocytenzahl in
der Liquorprobe an klinischer Aussagekraft (Tabelle 1 u. 2),
so daß für akute unbehandelte bakterielle Meningitiden der Predictive Value [16] bei 86% der Fälle liegt und für intrazerebrale Blutungen in die Liquorräume bei 94% der Fälle.

Tabelle 1. Abgrenzung der akuten bakteriellen Meningitiden
von abakteriellen Meningitiden und Enzephalitiden sowie
anderen neurologischen und psychiatrischen Erkrankungen
mittels Lactatgehalt und Leukozytenzellzahl in 748 nicht
entzellten Lumballiquorproben

Lactat-Test		Lactat-plus-Leukozyten-Test	
Sensitivität	100%	Sensitivität	72%
Spezifität	91%	Spezifität	99%
Predictive value	42%	Predictive value	86%
Bedingungen:		Bedingungen:	
Lactat $\geq$ 3,5 mmol/l		Lactat $\geq$ 3,5 mmol/l	
		Leukocyten $\geq$ 800/µl	

Tabelle 2. Abgrenzung der intrazerebralen Blutung in die
Liquorräume von artefiziellen Blutbeimengungen zur
Liquorprobe und von anderen neurologischen und psychiatrischen
Erkrankungen mittels Lactatgehalt und Erythrozytenzahl in
739 nicht entzellten Lumballiquorproben

Lactat-Test		Lactat-plus-Erythrozyten-Test	
Sensitivität	75%	Sensitivität	70%
Spezifität	99%	Spezifität	99%
Predictive value	36%	Predictive value	94%
Bedingungen		Bedingungen	
Lactat > 3,5 mmol/l		Lactat > 3,5 mmol/l	
		Erythrocyten > 1000/µl	

Mit dem Laktat-Test und seinen beiden Kombinationen mit der
Erythrocytenzahl oder Leukocytenzahl (Abb. 5) werden alle artefiziellen Blutbeimengungen in Lumballiquorproben erkannt, nicht
jedoch 25% der Fälle von intrazerebralen Blutungen in die Liquorräume mit niedrigem Laktatgehalt < 3,5 mmol/l. Etwa 28% der
akuten bakteriellen Meningitiden werden nicht mit dem Lactat-
plus-Leukocyten-Test erkannt, können aber mittels einer erhöhten Lysozymkonzentration von ⩾ 3 mg/1 im Lumballiquor identifiziert werden, da andere Liquorproben mit erhöhter Lysozymkonzentration ⩾ 3 mg/l sowohl durch die Laktatkonzentration
(z.B. Tumoren des ZNS, abakterielle Meningitis) als auch durch
den Laktat-plus-Erythrocyten-Test (z.B. intrazerebrale Blutungen
in die Liquorräume) diskriminiert werden können.

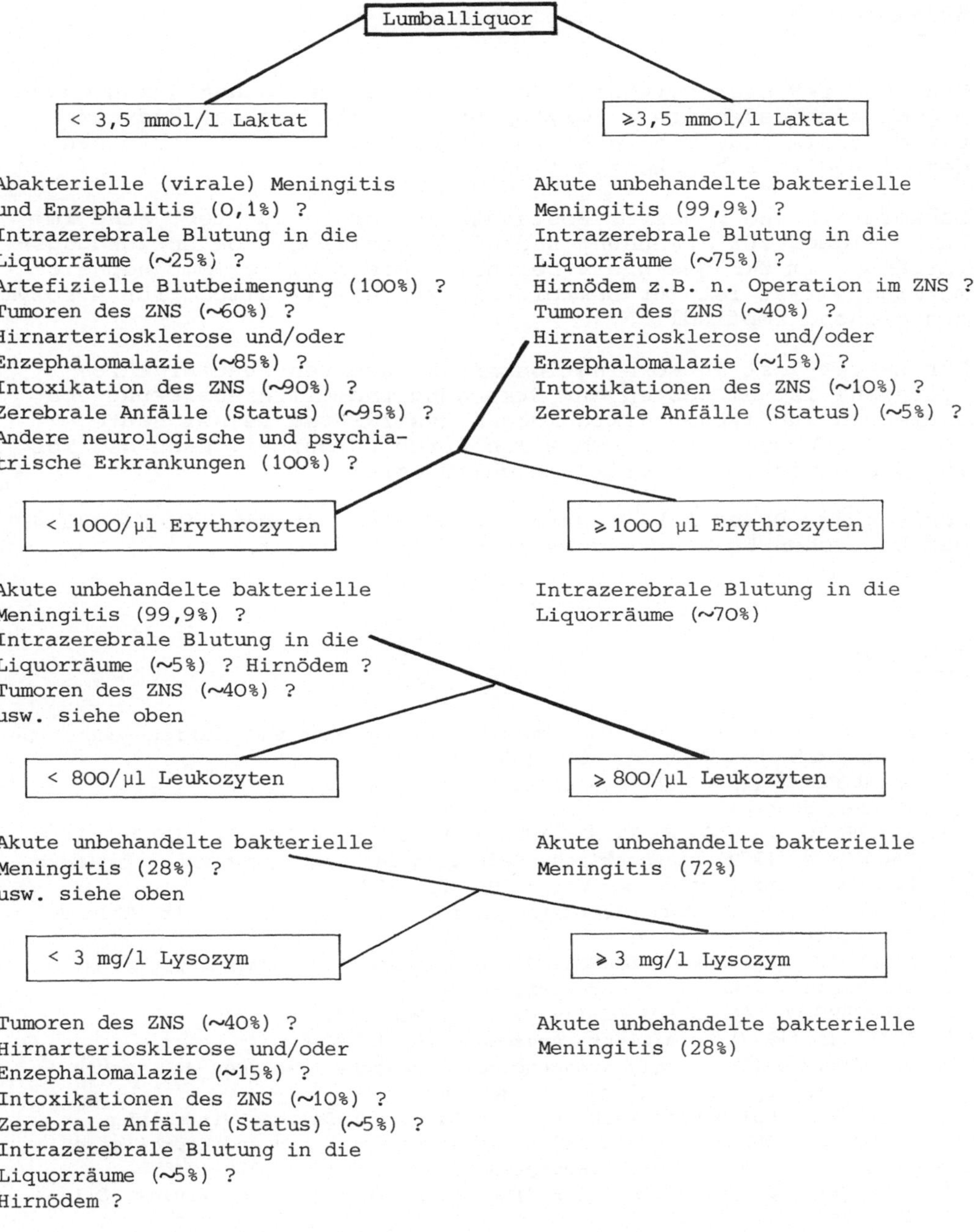

Abb. 5. Schema zur Differenzierung von akuten entzündlichen Erkrankungen des ZNS und seiner Häute. Zahl in *Klammern*: Anzahl in % der untersuchten Fälle

186

Zusammenfassung

Von den vier hier vorgestellten klinisch-chemischen Kenngrößen
eignet sich das saure α_1-Glycoprotein *nicht* als Entzündungsparameter im ZNS, wohl aber zur Erkennung geringer Störungen
der Blut-Hirn-Schrankenfunktion.

Laktoferrin und Lysozym, Bestandteile der Leukocyten, sind im
Lumballiquor zur Erkennung und Differenzierung von Entzündungsvorgängen im ZNS geeignet. Der hier vorgestellte immunnephelo-
metrische Test ist für Laktoferrin zu unempfindlich, für Lysozym
ausreichend empfindlich.

Der Laktat-Test in Kombination mit Leukocyten- und Erythrocytenzahl ist am besten zur Erkennung und Differenzierung von
akuten entzündlichen Erkrankungen des ZNS und seiner Häute
geeignet. Wegen seiner schnellen Durchführbarkeit kann der Test
für die Notfalldiagnostik empfohlen werden.

Danksagung. Diese Arbeit wurde durch die Sachbeihilfe Kl 19314-1
der Deutschen Forschungsgemeinschaft ermöglicht.

Literatur

1. KLEINE TO (1979) Liquor und Kopfschmerz. Ursachen und klinisch-chemische
   Diagnostik. Med Welt 30: 1029-1033, 1094-1097
2. OEHMICHEN M (1976) Cerebrospinal fluid cytology.
   Thieme, Stuttgart
3. KLEINE TO, BAERLOCHER K, NIEDERER V, KELLER H, REUTTER F, TRITSCHLER W,
   BABLOCK W (1979) Diagnostische Bedeutung der Lactatbestimmung im Liquor
   bei Meningitis. Dtsch med Wschr 104: 553-557
4. KLEINE TO (1980) Neue Labormethoden für die Liquordiagnostik. Thieme,
   Stuttgart
5. ALLEN RC, BIENVENU J, LAURENT P, SUSKIND RM (1982) Marker proteins in
   inflammation. Walter de Gruyter, Berlin
6. GAHMBERG CG, ANDERSSON LC (1978) J exp Med 148: 507-521
7. AVILA JL (1977) Acta Cient Venezolana 28: 115-126
8. GOLDSTEIN M (1976) Polymorphonuclear leukocyte lysosomes and immune
   tissue injury. Prog Allergy 20: 301-340
9. HAUPT H (1983) Behringwerke Marburg/Lahn, persönliche Mitteilung
10. GORDON S, TODD J, COHN ZA (1974) In vitro synthesis and secretion of
    lysozyme by mononuclear phagocytes. J exp Med 139: 1228-1248
11. HANKIEWICZ J, SWIERCZEK E (1974) Lysozyme in human body fluids. Clin
    Chim Acta 57: 205-209
12. KLEINE TO (1983) Acid α_1-Glycoprotein, a parameter of minor defects of
    blood-brain-barrier function. Abstract. 2[d] Joint Meeting of the Belgian,
    Dutch, German and British Societies for Clinical Chemistry. Newcastle
    upon Tyne April 1983
13. KLEINE TO, MERTEN B (1983) Determination of α_1-acid glycoproteins in
    human cerebrospinal fluid by an immunonephelometric assay. In: Protides
    of the biological fluids. PEETERS H (ed.), Pergamon Press Oxford,
    p. 239-242

14. KLEINE TO, FLURY R, TRITSCHLER W (1977) Liquorzytology mit vorgefärbten
    Objektträgern. Dtsch med Wschr 102: 1216-1221
15. OSSERMAN EF (1975) New Engl J Med 292: 424-425
16. GALEN RS, GAMBINO SR (1975) Beyond normality: the predictive value and
    efficiency of medical diagnosis. Wiley, New York

Eingeladene Diskussionsbemerkung

Schrankenkonzept und humorale Interaktion im Gewebe

K. Felgenhauer

Rheumatologen und Neurologen haben zur Zeit außer dem lateralen
Kniehöcker wenig Gemeinsames und kommen selten einmal zusammen.
Es gibt unter beiden jedoch Punktionsdiagnostiker und es war
schließlich unvermeidbar, daß eines Tages beide Disziplinen
über die jeweils gewonnene Flüssigkeit zusammentreffen würden.
Dies ist heute der Fall, und ich möchte die Gelegenheit nutzen,
um auf einige Ähnlichkeiten von Synovial- und Zerebrospinal-
flüssigkeit hinzuweisen. Die Ähnlichkeit betrifft die Art der
Entstehung beider Flüssigkeiten. Die Proteinzusammensetzung,
insbesondere des Anteiles, der zweifellos aus dem Serum stammt,
ist nämlich trotz der sehr verschiedenen Konzentrationen keineswegs so verschieden, wie man zunächst vermuten würden. Beide
Flüssigkeiten scheinen nämlich durch überwiegend passiven Trans-
fer zu entstehen, wofür die klare Größenabhängigkeit des Protein-
übertritts aus dem Serum spricht (Abb. 1).

Der meßbare Ausdruck des passiven Transfers aus dem Serum in
das Sekundärkompartment ist eine klare Korrelation zwischen dem
Konzentrationsabfall Serum zu sekundärer Körperflüssigkeit -
angegeben als Quotient - und dem hydrodynamischen Molekül-
radius. Praktisch alle Flüssigkeiten, die direkt aus dem Plasma
entstehen, zeigen eine klare Korrelation zwischen molekularer
Größe und dem Konzentrationsabfall. Von den sehr eiweißreichen
Cystenflüssigkeiten, hier eine subdurale Cyste (A) über die
Synovialflüssigkeit (B), den Liquor cerebrospinalis (C), die
Amnionflüssigkeit (D) bis hin zum Urin (E) findet man eine eindeutige Korrelation, was beweist, daß alle diese Flüssigkeiten
durch einen universellen Molekularsiebprozeß entstehen, wobei
enorme quantitative Unterschiede der Eiweißspiegel bestehen.

Die Zusammensetzung der Eiweiße wird weitgehend bestimmt von der
Steilheit der Geraden, d.h. von dem Verhältnis der klein- zu
den großmolekularen Proteinen. Für die Neigung der Linie können
wir bedenkenlos den Ausdruck Selektivität von den Nephrologen
übernehmen. Beträchtliche Unterschiede bestehen zwischen der
großen Selektivität der Blut-Urin-Schranke und der geringen
Selektivität einer Cystenflüssigkeit. Auch die Synovialflüssigkeit fügt sich zwanglos ein, wenn man Albumin, Transferrin,
Coeruloplasman, die beiden Immunglobuline und das α_2-Makroglo-
bulin aufträgt.

Sehen wir einmal von dem Liquor ab, der eine gewisse Ausnahme
darstellt, wird klar, daß es eine eindeutige Beziehung zwischen
der Permeabilität der Schranke, d.h. dem Proteinabfall zwischen
Serum und Sekundärkompartment und der Selektivität gibt. In der

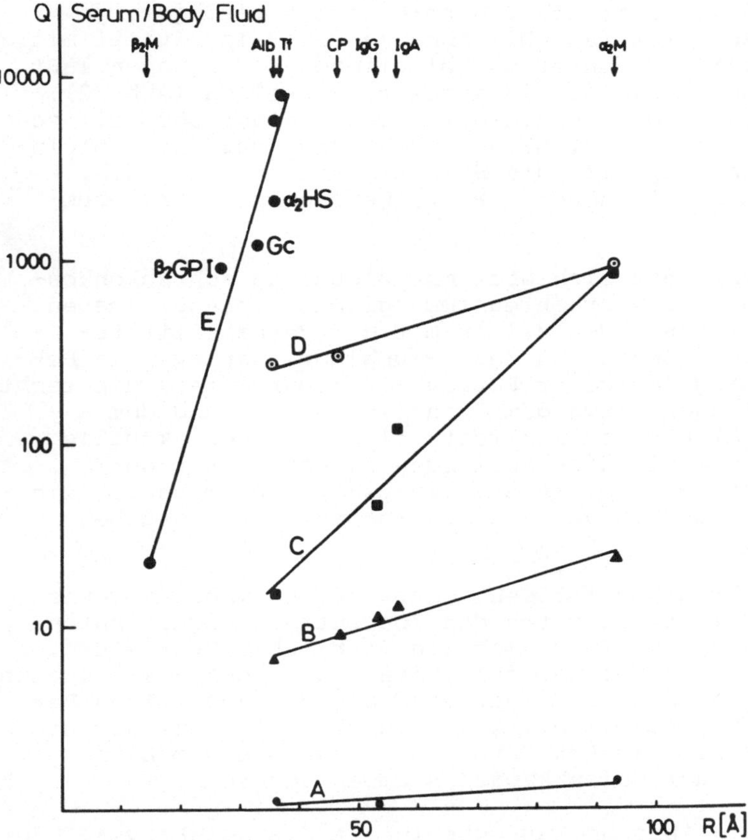

Abb. 1. Abhängigkeit des Übertritts von Serumproteinen in Körperflüssig-keiten von der Größe der Proteine

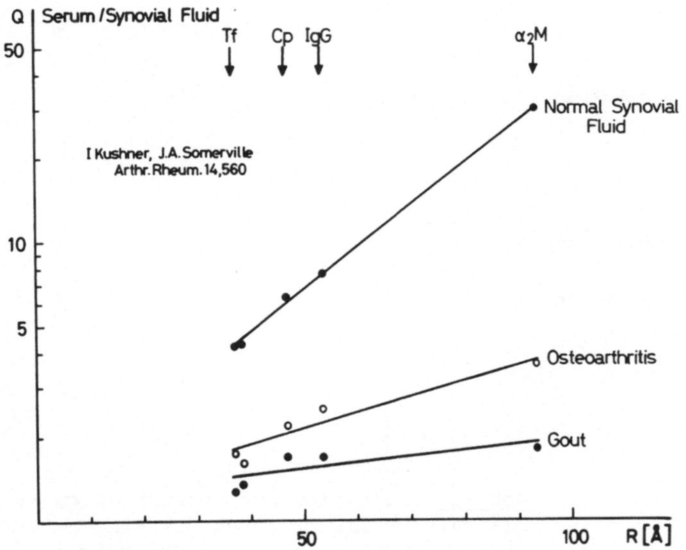

Abb. 2. Selektivität des Übertritts von Serumproteinen unter normalen und pathologischen Bedingungen

Regel ist die Selektivität einer Barriere umso geringer, je
größer die Permeabilität ist. Die Abnahme der Selektivität mit
steigender Permeabilität unter pathologischen Bedingungen läßt
sich sehr schön an der Gelenkflüssigkeit darstellen (Abb. 2).
Vergleicht man die Gelenkflüssigkeit mit der einer unspezifischen
Reizosteoarthritis und einer Gicht, sieht man, daß die Protein-
werte ansteigen und zugleich die Selektivität abnimmt, d.h.
die Flüssigkeit wird mit höheren Proteinspiegeln immer serum-
ähnlicher.

Es ist auch evident, daß sich die Immunglobuline schrankenkonform verhalten, d.h. die erhöhten Immunglobulinspiegel lassen
sich bei diesen Erkrankungen allein mit der Permeabilitätssteigerung erklären. Setzt man den Immunglobulinspiegel in Beziehung zu den Spiegeln zweier Permeablitätsparameter, die rechts
und links davon liegen, etwa dem Transferrin (Tf) und dem α_2-
Makroglobulin (α_2M) könnten wir feststellen, ob der aktuelle
Immunglobulinspiegel mit der jeweiligen Permeabilität der
Schranke übereinstimmt oder eventuell zusätzlich Immunglobulin
lokal ynthetisiert und in das Sekundärkompartment abgegeben
worden ist.

Dies läßt sich sehr schön für den Liquor zeigen (Abb. 3). Die
Schrankenpermeabilität ist durch den Konzentrationsquotienten
von Albumin (Alb) und α_2-Makroglobulin (α_2M) charakterisiert.
Findet man nun Immunglobulinspiegel, die höher oder - mit anderen
Worten - Quotienten, die niedriger sind als dem jeweiligen Per-
merabilitätszustand entspricht, kann man die Differenz auf eine
sekretorische Fraktion zurückführen, die etwa aus dem Hirn-
parenchym oder aus der Gelenkkapsel stammen könnte.

Zum Glück für die klinische Neurochemie ist die Selektivität der
Blut-Liquor-Schranke weitgehend unabhängig von der Permeabilität,
was man etwa bei den Meningitiden beobachten kann (Abb. 4).

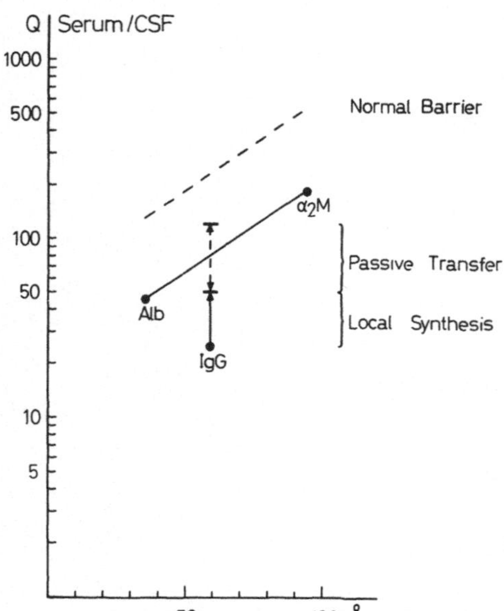

Abb. 3. Definition der Schrankenpermeabilität für Liquor durch das Konzen-
trationsverhältnis Albumin/α_2-Makro-
globulin

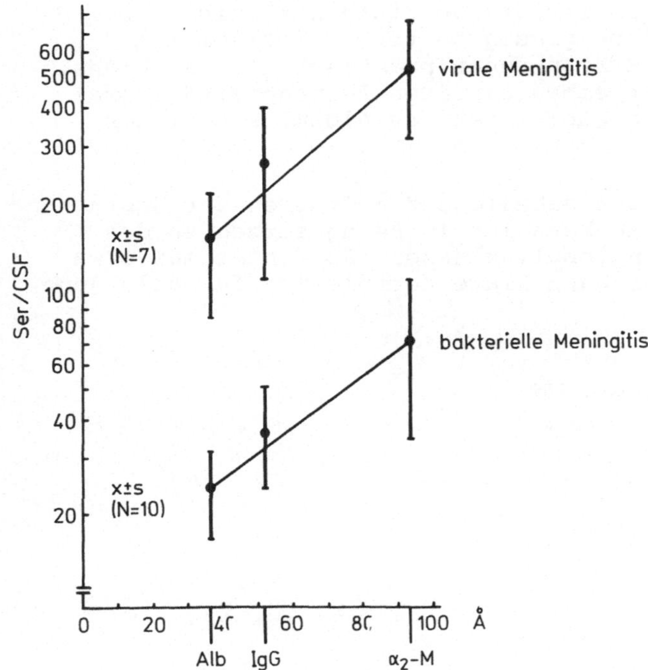

Abb. 4. Unabhängigkeit der Selektivität der Blut-Liquor-Schranke von der Permeabilität

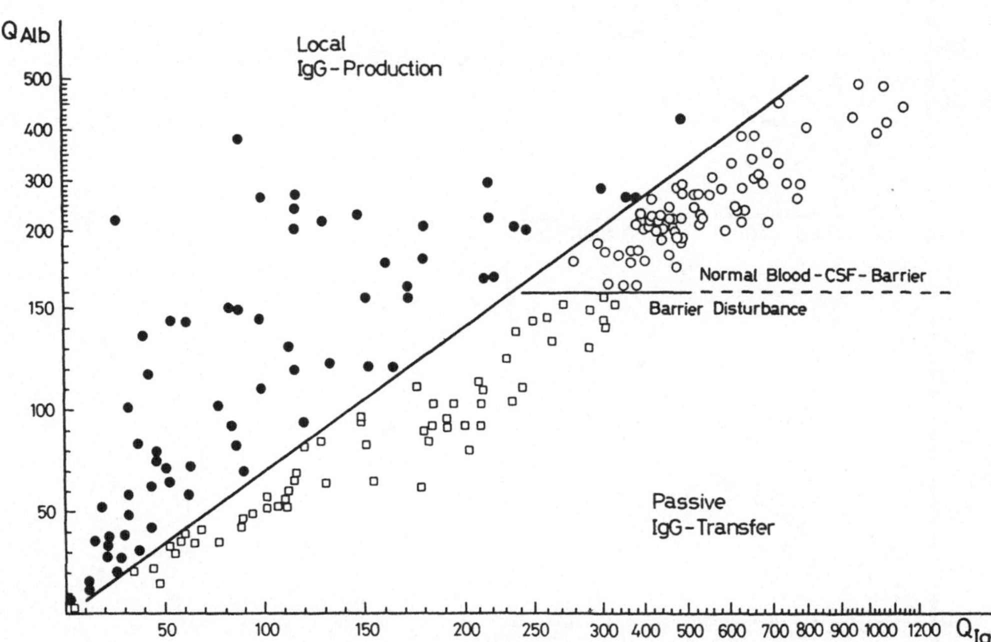

Abb. 5. Der Albuminquotient als Parameter für die Blut-Liquor-Schranke

Bei der viralen Meningitis ist die Schranke nur leicht, bei der
bakteriellen Meningitis hochgradig gestört. Trotzdem ist die
Selektivität bei beiden Erkrankungen praktisch gleich. Deshalb
können wir für den Liquor einen einzigen Permeabilitätspara-
meter verwenden, etwa den Quotienten des Albumins oder des
α_2-Makroglobulins.

Der Albuminquotient ist aus naheliegenden Gründen der Schranken-
parameter der Wahl und man kann ihn in Bezug setzen zu den
Quotienten der drei Immunglobulinklassen. So findet man etwa
für das IgG (Abb. 5) eine ganz klare Korrelation für alle jene

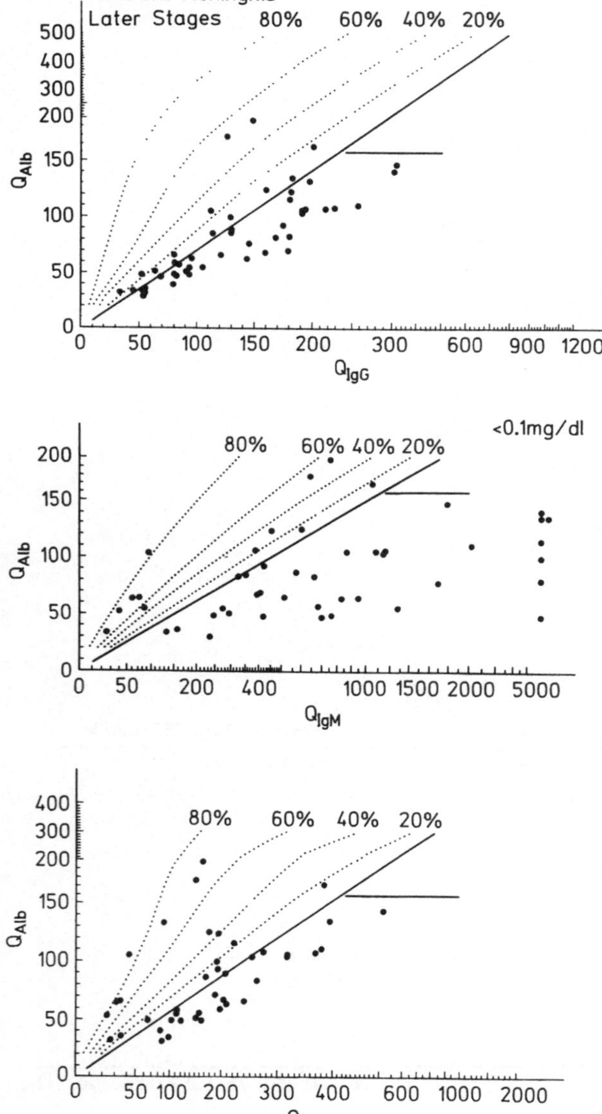

Abb. 6. Korrelation der
Immunglobulinklassen im
Liquor zum Albumin-
quotienten

Krankheiten, bei der vermehrte Immunglobulinspiegel allein auf
einer vermehrten Permeabilität der Blut-Liquor-Schranke beruhen (□), etwa bei Tumoren, Gefäßprozessen, Polyneuropathien
und während der akuten Phase infektiöser Erkrankungen. Oberhalb
dieser Trennlinie, d.h. in dem Bereich, in dem wir Immunglobulin-
quotienten finden, die nicht mit dem jeweiligen Permeabilitätszustand zu vereinbaren sind, finden sich all jene Erkrankungen,
bei denen unabhängig von dem jeweiligen Permeabilitätszustand
der Schranke Immunglobuline in den Liquorraum abgegeben werden (●).
Dazu gehören die Multiple Sklerose, die Neurosyphilis, viele
andere chronisch-entzündliche Erkrankungen des Zentralnervensystems, aber auch akut verlaufende Infektionen, die durch
Viren der Herpes und der Paramyxogruppe verursacht werden.

Man kann eine solche Korrelation auch für die anderen Immunglobuline finden (Abb. 6) und so klinisch relevante Immunkonstellationen aufdecken, die für bestimmte Krankheitsgruppen charakteristisch sind, etwa die eitrige Meningitis. Es findet sich nämlich
in der 2. bis 3. Woche bei einem Teil der Fälle eine humorale
Immunreaktion. Häufig sind es Fälle mit Komplikationen, etwa
einer Abzedierung und Sie sehen, wenn Sie die einzelnen Immunglobulinklassen vergleichen, daß die humorale Immunreaktion
relativ schwach das IgG betrifft (*oben*). Etwas stärker ist die
IgM-Reaktion (*in der Mitte*) und - das scheint charakteristisch
für bakterielle Infektionen - man findet eine relativ starke
lokale Produktion von IgA (*unten*). Diese Konstellation ist
mitunter bei chronisch bakteriellen Erkrankungen differentialdiagnostisch wichtig.

So bestehen Immunkonstellationen, die von differentialdiagno-
stischer Bedeutung sind (Abb. 7). Drei Gruppen sind zu unterscheiden. Die erste Gruppe, bei der die humorale Immunantwort
stark durch das IgG beherrscht wird (Multiple Sklerose und
chronische Encephalitis), eine zweite Gruppe, bei der neben dem
IgG auch die anderen Immunglobuline produziert werden, etwa die

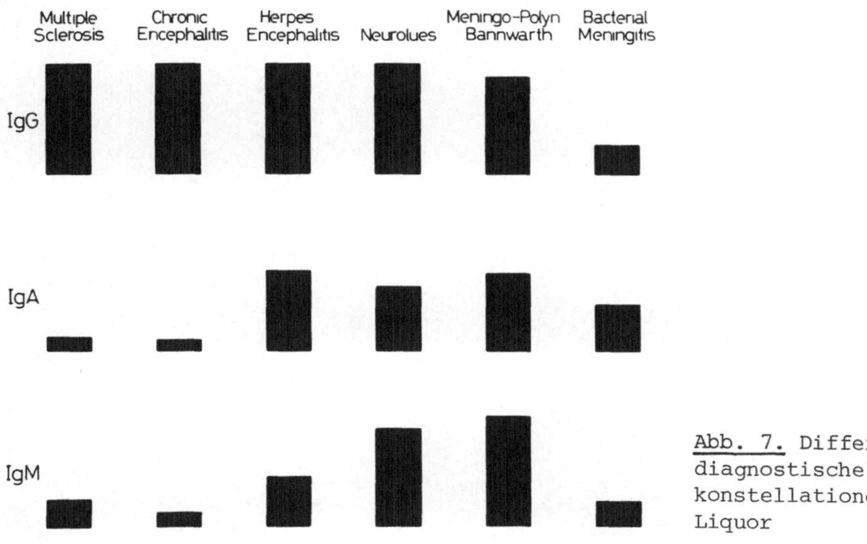

Abb. 7. Differential-
diagnostische Immun-
konstellationen im
Liquor

Herpes simplex-Encephalitis und die Neurosyphilis, schließlich
einige Erkrankungen, bei denen selektiv IgM oder IgA produziert
wird. So wird bei der Meningopolyneuritis Bannwarth, einer in
Deutschland relativ häufigen Polyneuritis, die durch Zecken
übertragen wird, mitunter nur IgM synthetisiert oder die bakterielle Meningitis, bei der mitunter nur IgA synthetisiert wird.

Es ist eine Besonderheit der Immunprozesse im Zentralnervensystem, daß die IgM-Produktion nicht phasenabhängig ist, dargestellt an einem Fall von Meningopolyneuritis Bannwarth unter
Verwendung des Kölner Befundbogens (Abb. 8). In der frühen Phase
der Krankheit besteht eine schwere Schrankenstörung, IgG und
IgA steigen schrankenkonform mit der Permeabilitätssteigerung
an. Die massive Produktion von IgM als selektive und isolierte
humorale Immunantwort ist jedoch keineswegs ein Phänomen der
frühen Phase, wie die Abb. 9 zeigt. Auch hier findet man - die
Schranke hat sich längst wieder normalisiert - eine lebhafte
lokale IgM-Produktion.

Wir haben seit Jahren über diese lokale IgM-Antwort gestaunt
und haben die bisher gängige These, daß es sich um eine Virus-
erkrankung handelt, nicht recht verstehen können, weil es ja
in erster Linie bakterielle Erkrankungen sind, die zu einer
IgM-Reaktion führen, besonders jedoch die Syphilis, und wir
haben deshalb einen Treponemen-ähnlichen Erreger vermutet. Nun
hat Prof. ACKERMANN in Köln vor kurzem den von Zecken über-
tragenen Erreger identifiziert: Es ist eine Borrelie.

Sie sehen, daß man möglicherweise durch eine genaue Untersuchung von sekundären Körperflüssigkeiten, etwa von Liquor
und Synovialflüssigkeit, das erreichen kann, was gestern hier
in der Diskussion als wünschenswert betrachtet worden ist,
nämlich eine Charakterisierung lokaler Entzündungsprozesse,
die sich nicht im Serum widerspiegeln. Die Serumveränderungen
sind ja gewissermaßen nur ein Integral all jener Prozesse,
die sich in den einzelnen Kompartments des erkrankten Körpers
abspielen.

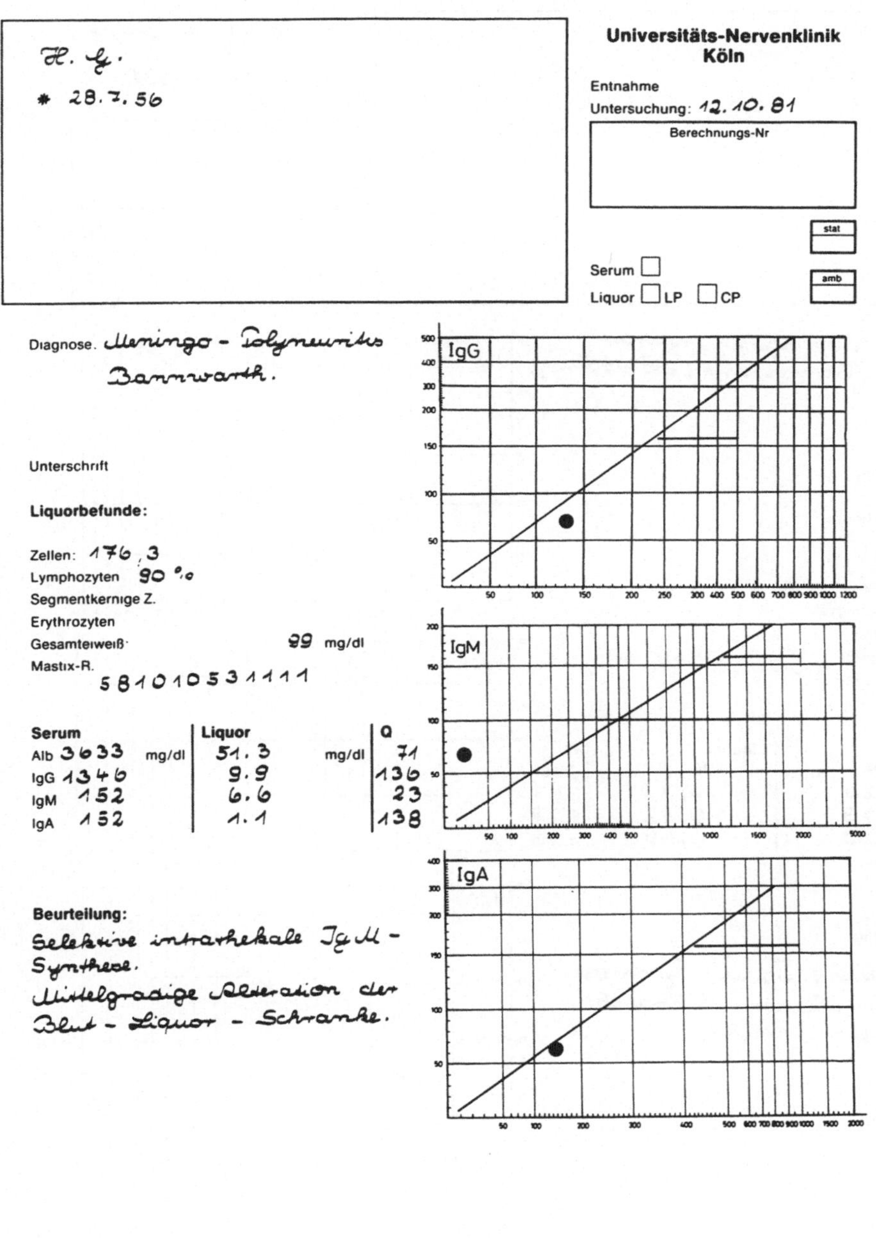

Abb. 8. Unabhängigkeit der IgM-Produktion im ZNS von der Krankheitsphase (Beispiel für Frühstadium)

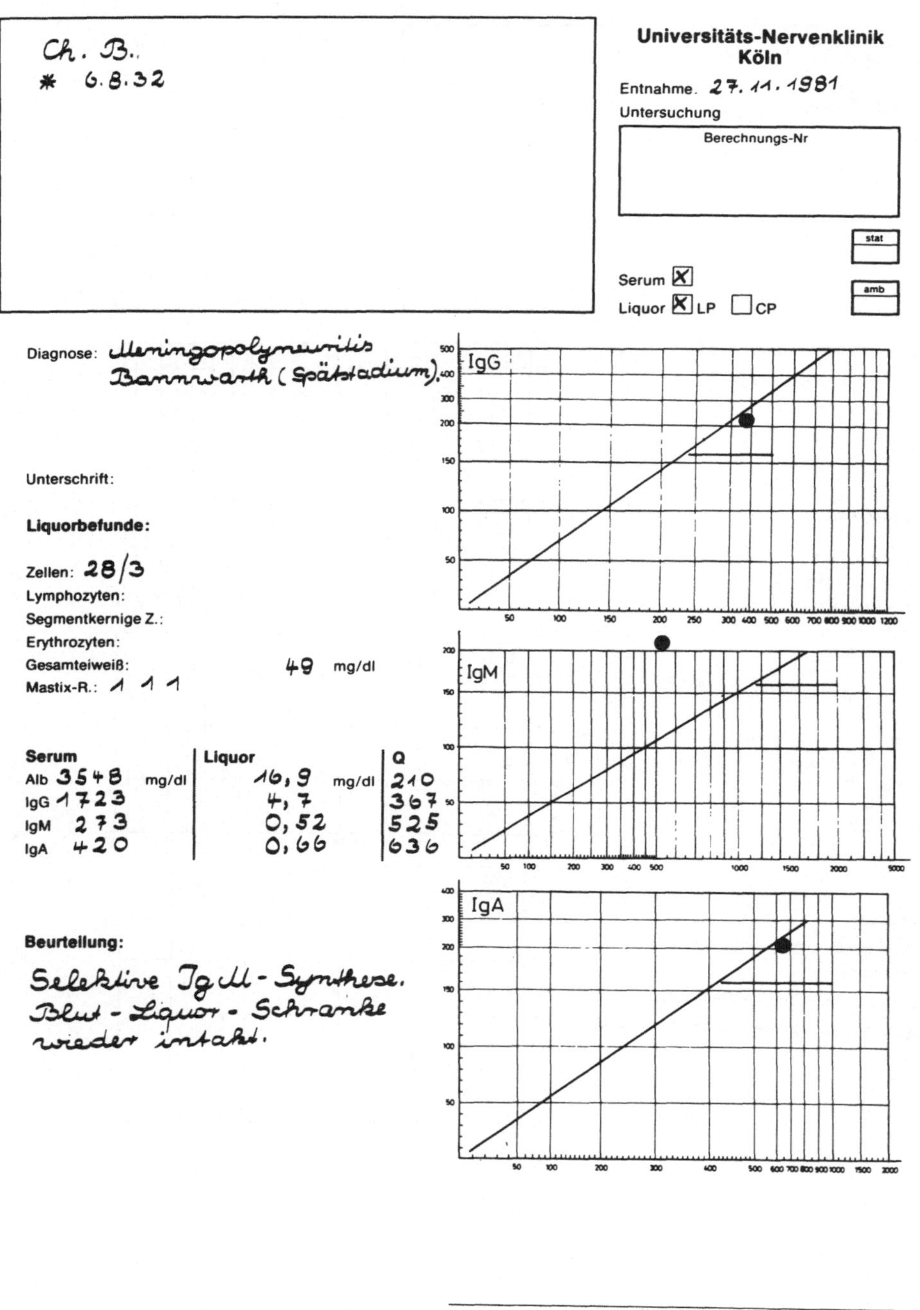

Abb. 9. Unabhängigkeit der IgM-Produktion im ZNS von der Krankheitsphase (Beispiel für Spätstadium)

Diskussion

Frau WITT:
Ich wollte an Herrn KLEINE eine praktische Frage stellen:
Sehen Sie wirklich einen Vorteil der Lactat-Bestimmung zur
Diagnostik der bakteriellen Meningitiden gegenüber der Glucose-
Bestimmung? Wir haben zahlreiche Vergleichsuntersuchungen ge-
macht und gesehen, daß wir mit der Glucose genauso gut fahren
wie mit der Lactat-Bestimmung.

Tabelle 1. Glucosekonzentration im nicht entzellten Lumballiquor von 440
Patienten mit entzündlichen und anderen neurologischen und psychiatrischen
Erkrankungen

Diagnose	Anzahl der Fälle	Glucosekonzentration im Lumballiquor % der Fälle	
		<2,69 mmol/l <49 mg/dl	>4,16 mmol/l >75 mg/dl
Bakterielle Meningitis Unbehandelt	22	45%	9%
Meningitis, behandelt	36	23%	0%
Abakterielle Meningitis Unbehandelt	23	12%	14%
Encephalitis + Para- infektiöse Erkrankungen des ZNS	43	7%	15%
Intracerebale Blutung in die Liquorräume	28	25%	0%
Encephalomalazien	26	0%	0%
Tumoren des ZNS	19	42%	6%
Andere neurologische und psychiatrische Erkran- kungen	243	4%	1%

KLEINE:
Ich kann nur unsere Untersuchungen referieren (s. Tabelle 1):
daß bei der akuten bakteriellen Meningitis nur ungefähr 45-55 %
der Fälle eine erniedrigte Glucose-Konzentration aufweisen,
und einige sogar erhöhte Konzentrationen von Glucose, und daß
bei den abakteriellen Meningitiden 12% (das variiert zwischen
10 und 15%) erniedrigte Werte und 14% auch erhöhte Werte aufweisen; wobei diese Werte nur dann zu verwenden sind, wenn
gleichzeitig auch ein normaler Glucosegehalt im Blut vorliegt.
Das heißt also, diese Befunde, die auch von anderen neurologischen Kliniken publiziert worden sind, zeigen eindeutig, daß
in der akuten Phase das Lactat offensichtlich einen höheren
Aussagewerte hat, als der absolute Glucose-Gehalt im Liquor.

REIBER:
Nach unserer Erfahrung ist die Glucose-Bestimmung nur dann
sinnvoll auszuwerten, wenn der Liquor/Serum-Konzentrations-
quotient verwendet wird, da nur so dem schnellen Austausch
der Glucose zwischen Blut und Liquor Rechnung getragen werden
kann. Da die Blut/Liquor-Austauschprozesse für Lactat vernach-
lässigbar sind, ist es aus praktischen Gründen einfacher, Lactat
zu bestimmen, weil dabei die Bestimmung im Liquor ausreicht.
Außerdem ist die Probenbehandlung einfacher - für die Lactat-
Bestimmung im Liquor müssen keine Enzymhemmer zur Probe zugegeben werden - im Gegensatz zur Glucose-Bestimmung im Blut.

GUDER:
Ich wollte auf ein Bild von Herrn FELGENHAUER eingehen und
eine Frage an Herrn REIBER stellen: Die verschiedene Steilheit
der Kurven, die Sie gezeigt haben für die verschiedenen extra-
vasalen Räume, könnten doch nicht ausschließlich durch Selektivität bedingt sind, sondern auch durch sekundäre Prozesse, die
verschiedene Rückresorptions-Funktionen für die einzelnen
Proteine erlauben. Für die Niere zumindest ist bekannt, daß
die Selektivität nicht nur bei der Filtration, sondern auch
bei dem sekundären Verarbeiten der Protein ansetzt. Aus diesen
Vorstellungen ist mir nicht klar geworden, warum Blutproteine
in der Konzentration zunehmen vom cisternalen Raum zum Lumbal-
raum, während Hirn-eigene Protein abnehmen sollen.

REIBER:
An dem Schema in Abb. 4 (s.S. 160) meines Beitrages ist deutlich
zu machen, daß die Konzentration aller Proteine, die passiv
aus dem Gehirn oder aus dem Blut in den Liquorraum eindiffun-
dieren, mit wachsender Kontaktzeit zwischen Liquor und Umgebung
ansteigen muß. Dies ist letztlich durch den großen Protein-
Konzentrationsgradienten Blut/Liquor bedingt, der für verschiedene Proteine zwischen 200:1 und 2000:1 liegt. Dadurch spielt
die vorhandene Rückdiffusion für Blutproteine praktisch keine
Rolle. Wenn der Liquorfluß z.B. durch einen spinalen Tumor
gestoppt wird, kann im Liquor fast Serumkonzentration erreicht
werden. Was die Hirn-eigenen Proteine anbelangt, habe ich mich
mißverständlich ausgedrückt. Diese Proteine nehmen nicht absolut,
sondern relativ zu den Serumproteinen ab, wenn man den Verlauf
Ventrikelliquor - cisternaler, lumbaler Liquor betrachtet.

Dazu kann Ihnen Herr FELGENHAUER aber sicher mehr sagen.

FELGENHAUER:
Sie haben völlig recht. Die Selektivität, die man mißt, ist im
Grunde nur die Selektivität eines Steady-State in dem Kompart-
ment, das man punktiert. Wenn Sie also lumbal punktieren, muß
nicht notwendigerweise die Selektivität im Ventrikel gleich sein.
De facto bestehen aber keine großen Unterschiede der Selektivität
bei kontinuierlich ansteigenden Proteinspiegeln. Sie haben recht
mit der Feststellung, daß eine Resoprtion, die wiederum nur auf
dem Wege der Diffusion durch Kapillarwände hindurch erfolgt,
die kleinen Moleküle eigentlich im Verhältnis zu den großen
begünstigen müßte, so daß man entlang eines solchen Konzentrie-
rungsprozesses eine relative Anreicherung der großen Moleküle
finden müßte. Das Präalbumin hat im Ventrikelliquor einen
höheren prozentualen Anteil als im Lumbalsack, der absolute
Spiegel ist jedoch identisch. Präalbumin ist ja fast so groß
wie Albumin und müßte also in vergleichbarem Ausmaße rückresor-
biert werden. Hier wissen wir noch zu wenig über andere Faktoren,
die die Resorption beeinflussen könnten, vielleicht spielt auch
die Ladung eine Rolle.

KLEINE:
Präalbumin wurde von Herrn WEISNER ausführlich untersucht.
Danach bleibt die Konzentration des im Hirn synthetisierten
Anteiles im Ventrikel und im Lumbalbereich gleich, sofern für
den aus dem Blut eindiffundierenden Anteil anhand des Albumin-
quotienten korrigiert wird.

BOHNER:
Ich habe eine andere Frage zum Präalbumin: Man weiß ja seit gut
zehn Jahren, daß es im Serum in einem speziellen Komplex vorliegt, nämlich einem Komplex mit dem sogenannten Retinol-bindenden Globulin. Wenn eine Lebersynthesestörung bei einer akuten
Virushepatitis auftritt, gehen beide Proteinkonzentrationen im
gleichen Verhältnis herunter; wenn Sie Glucocorticosteroide
geben, gehen beide gleichermaßen hoch. In welcher Form liegt
das Präalbumin im Liquor vor; wird es im Gehirn im Gegensatz
zur Leber isoliert synthetisiert? Es wäre sicher von Interesse
zu wissen, ob auch im Hirn eine solche Kombination mit dem
Retinol-bindenden Globulin vorliegt.

FELGENHAUER:
Nicht das ganze Liquor-Präalbumin kommt aus dem Gehirn, etwa
85% werden lokal gebildet und 15% stammen aus dem Serum. Bei
einer Schrankenstörung nimmt der Serumanteil zu und der Hirn-
anteil bleibt bemerkenswert konstant. Er ist nahezu unabhängig
von der aktuellen Permeabilität der Schranke und auch unabhängig
von der Erkrankung. Zum Retinol-bindenden Globulin kann ich
leider nichts sagen.

GREILING:
Ich möchte hier den Gedankengang von Herrn FELGENHAUER weiter-
spinnen; den Vergleich Liquorflüssigkeit zur Synovialflüssigkeit. Man kann bei der Synovialflüssigkeit ebenfalls von einer
Synovia-Blutschranke sprechen. Der große Unterschied, das haben
Sie ja schon klar herausgestellt, ist der viel höhere Protein-
gehalt auch der normalen Synovialflüssigkeit, der bei 2 g/100 ml

liegt. Bei der Synovialflüssigkeit kann man sich vorstellen, daß
sie nicht nur ein Dialysat des Blutserums ist, sondern daß das
Blutserum durch ein Hyaluronat-Gel wie bei einer Gelfiltration
durchgepreßt wird und dadurch dieses Muster zustande kommt.
Sobald das Hyaluronat depolymerisiert ist, wird die Gelfiltration verhindert und es kommt noch mehr Protein hinein.

Meine Frage nun: Was ist eigentlich der geschwindigkeitsbestimmende Faktor für die Blut-Liquor-Schranke und für diese
Permeabilitäts-Veränderung? Ist es die Basalmembran oder gibt
es analoge Mechanismen wie beim Gelenk?

FELGENHAUER:
Das hängt einmal von der anatomischen Struktur der jeweiligen
Barriere ab. Die am besten permeable Barriere ist vermutlich
die glomeruläre Membran der Niere. Hier ist alles reduziert auf
eine Basalmembran und weder davor noch dahinter ist eine Endo-
thelschicht, die die Passage behindern könnte. An der Blut-
Liquor-Schranke sind die Verhältnisse komplizierter. Da haben
wir ein fenestriertes Kapillarendothel mit der üblichen Basalmembran, dann eine zweite Basalmembran und dann kommt ein
Epithel, das sehr dicht ist. Es hat wahrscheinlich nur winzige
Poren zwischen den tight junctions, so daß die Durchflußge-
schwindigkeit sehr gering ist. Der Liquorraum wird über die
Pacchionischen Granulationen, ein druckgesteuertes Ventil,
drainiert. Trotzdem ist das Flüssigkeits-Turnover relativ
gering, etwa im Vergleich zur Niere, wo der Filtratraum praktisch
offen ist. Manche Sekundärkompartments sind vergleichsweise
dicht, etwa der Synovialraum oder eine Cyste, wo das Turnover
sehr langsam ist, so daß das Filtrat mehr Zeit hat, sich an die
Serumzusammensetzung anzugleichen. Das passiert etwa auch bei
Rückenmarkstumoren, wenn ein Teil des Liquorraumes abgetrennt
wird. Dann entsteht im Laufe von 2 bis 3 Wochen praktisch eine
Cyste. Der Eiweißwert steigt kontinuierlich an und kommt schließlich sehr nahe dem des Serums. Der Proteinspiegel hängt also
nicht nur von der Permeabilität der Barriere ab, sondern auch
von der Flußgeschwindigkeit oder dem Flüssigkeits-Turnover
im Sekundärkompartment.

KLEESIEK:
Ich wollte nur sagen, daß die Gelenkshöhle sich natürlich etwas
unterschiedet von anderen Körperhöhlen, sie ist ein erweiterter
extrazellulärer Raum ohne jegliche Membranen, die Basalmembran
fehlt in der Synovialmembran, es sind gefenstere Kapillaren
vorhanden, so daß der Übertritt von Blutbestandteilen sehr leicht
geschieht.

FELGENHAUER:
Trotzdem hat diese Struktur aber einen Filtereffekt.

KLEESIEK:
Ja, durch das Hyaluronat-Gel.

FELGENHAUER:
Ist dies ähnlich wie die Basalmembran?

GREILING:
Nein, zwischen diesen beiden Molekülen sind ganz große chemische
Unterschiede. Bei der Basalmembran handelt es sich um definierte
Glykoproteine vom Molekulargewicht von 100 000 bis 200 000.
Beim Hyaluronat-Gel ist das Molekulargewicht 2 bis 6 Millionen.
Man muß hier die Filtration - wie ich schon sagte - mit der
Gel-Filtration vergleichen.

LAUE:
Wie sieht es im Speichel aus?

FELGENHAUER:
Der Speichel repräsentiert, wie die Tränenflüssigkeit und die
Milch, eine ganz andere Art von Körperflüssigkeit, nämlich die
des reinen Sekretes. Man findet in diesen Flüssigkeiten sehr
wenig Serumproteine, der größte Teil der Proteine wird lokal
gebildet und sezerniert. Das sind ganz andere Proteine, die sich
von den Serumproteinen gründlich unterscheiden.

NEUMEIER:
Ich habe zwei Fragen an Herrn REIBER: Zum einen, wie sind die
Grenzen zwischen dem IgG-Quotienten-Bereich, der durch das aus
dem Blut stammende IgG bedingt ist, und dem Bereich in dem
zusätzlich eine lokale IgG-Synthese im ZNS vorliegt, bestimmt
worden? Und die zweite Frage: WIe gut ist die Agarose-Elektro-
phorese im Vergleich mit der Bestimmung oligoklonaler IgG-
Fraktionen in der isoelektrischen Fokussierung auf Polyacrylamidgelen in bezug auf die diagnostische Bedeutung?

REIBER:
Im Bereich normaler Schrankenpermeabilität ist die Obergrenze
für den normalen IgG-Quotienten mittels der Standardabweichung
einer empirisch bestimmten Regressionsgeraden ermittelt worden.
In Abb. 5 meines Beitrages (s.S. 162) ist dies dargestellt.
Bei Ausdehnung des Schemas auf eine pathologisch erhöhte
Schrankenpermeabilität, d.h. erhöhte Albuminquotienten (A)
(Abb. 7. meines Beitrages, s.S. 163), ist diese Obergrenze zu
modifizieren.

Man kann diesen Schrankenstörungsbereich ebenfalls empirisch
beschreiben. LINK und auch FELGENHAUER haben eine Obergrenze
für normale IgG-Quotienten (I), d.h. IgG-Quotienten ohne lokale
IgG-Synthese im ZNS, mit I = 0,7 x Albumin bestimmt. Dies ist
eine statistische Obergrenze - es gibt aber auch oberhalb
dieser empirischen Linie noch Werte, für die dennoch keine
lokale IgG-Synthese vorliegt -. Dies kann man mittels isoelektrischer Fokussierung durch das Fehlen von oligoklonalen
IgG zeigen.

Ich habe es deshalb vorgezogen, eine theoretische Obergrenze
im Schema zu verwenden - die 45°-Linie, die vom Mittelpunkt
des Normalkollektivs ausgeht. Diese Linie charakterisiert die
Fälle, bei denen unter Verlust der Filterfunktion Serum direkt
in den Liquor gelangt - dies kann auch experimentell durch Zu-
gabe von Serum zum Liquor gezeigt werden. Praktisch entspricht
dies z.B. einer Subarachnoidalblutung.

Inwieweit es auch andere Schrankenstörungen gibt, bei denen
eine Änderung der Filterfunktion ("Selektivität") vorliegt, ist
kontrovers. Anhand unserer Daten sollte dies der Fall sein. Wir
haben u.a. auch deshalb die theoretische Obergrenze vorgezogen,
weil wir im Übergangsbereich stets eine isoelektrische Fokussierung machen. Damit ist im Quotientenschema klar, daß alle
IgG-Quotienten oberhalb der Grenzlinie mit einer lokalen IgG-
Synthese im ZNS begründet werden müssen.

Zu der zweiten Frage von Herrn NEUMEIER:
Wir haben keine eigene Erfahrung mit der Agarose-Gel-Elektro-
phorese. Es bedeutet sicher auch für die Agarose-Gel-Elektro-
phorese eine Verbesserung, wenn diese mit Ampholinen ebenfalls
als isoelektrische Fokussierung gemacht wird, so daß eigentlich
der Vergleich zwischen isoelektrischer Fokussierung auf Agarose
mit der auf Polyacrylamidgelen gemacht werden muß.

Die Bilder, die ich bislang von der isoelektrischen Fokussierung
auf Agarose gesehen habe, vornehmlich aus der Arbeitsgruppe um
LINK, haben mich nicht sehr überzeugt; die Darstellung auf
Polyarylamidgelen scheint mir dagegen viel prägnanter. Ich kann
allerdings eine Unterscheidung für die Diagnostik nicht machen.
Jedenfalls reichen bei der von uns verwendeten Methode 20 bis
30% oligoklonales IgG an der Gesamt-IgG-Fraktion zum Nachweis
und bei Fehlen der oligoklonalen Fraktionen kann mit der er-
staunlich hohen Wahrscheinlichkeit von 97% eine chronisch-
entzündliche Erkrankung, wie z.B. Multiple Sklerose, ausgeschlossen werden.

KNEDEL:
Herr REIBER, Sie haben u.a. Schwarz-Weiß-Bilder gezeigt mit
etwas verschiedener Qualität. Waren dies Silberfärbungen? Welche
Gele haben Sie verwendet?

REIBER:
Wir verwenden Polyacrylamidgel-Fertigplatten, die wir von LKB
beziehen, mit einer Schichtdicke von 0,8 mm und Ampholinen für
den pH-Bereich 3,5 bis 9,5. Das waren alles gewöhnliche Coo-
massie-Färbungen. Wir verwenden nur dann eine Silberfärbung, die
etwa hundertfach empfindlicher ist, wenn wir zu wenig Liquor zur
Verfügung haben. Bei der Silberfärbung können wir mit 10-20 µl
unkonzentriertem Liquor arbeiten.

KNEDEL:
Sind diese Trennungen standardisierbar? Wenn sie es wären, könnte
man fragen, ob bei Messungen über die Zeitachse die Kinetik der
einzelnen Banden spezifische Muster entstehen läßt. Mit Hilfe von
Rechnerverfahren - angefangen mit der Computersubtraktion der
Banden - könnte man dabei auch nosologische Fragen bearbeiten,
z.B. ob die Multiple Sklerose eine nosologische Einheit ist, die
stets zu gleichen Mustern führt oder nicht.

VONDERSCHMITT:
Ich kann dazu vielleicht etwas sagen: Wir haben vor etwa einem
halben Jahr in Zürich damit begonnen, diese Frage mit der zwei-
dimensionalen Elektrophorese anzusehen. Man kann diese oligoklonalen Immunglobuline sehr gut auftrennen und sie mit der Silberfärbung einzeln darstellen. Dabei erhalten wir eine Fülle von
neuen Informationen, an deren Auswertung wir zur Zeit arbeiten.

Pathobiochemische Mechanismen bei chronisch-entzündlichen Gelenkerkrankungen

K. Kleesiek, D. Brackertz[1] und H. Greiling

<u>Einleitung</u>

Während die Vorstellungen über die Ätiologie der chronisch-
entzündlichen Gelenkerkrankungen z.Zt. vorwiegend noch speku-
lativer Natur sind, gibt es eine Vielzahl pathobiochemischer
Befunde, die geeignet sind, pathogenetische Teilmechanismen zu
erklären [1]. Zur besseren Übersicht chronisch-entzündlicher
Gelenkprozesse erscheint die Einteilung in 4 verschiedene
Stadien sinnvoll, mit zum Teil fließenden Übergängen und gleich-
zeitigem Ablauf:

1. Primäre Aktivierung des Bindegewebes durch meist unbekannte
   Mechanismen, die zur Synovitis führen.
2. Immunchemische Reaktionen, die den entzündlichen Prozeß
   unterhalten und verstärken.
3. Destruktion der interzellulären Matrixbestandteile (Proteoglykane, Hyaluronat, Kollagen, strukturelle Glykoproteine)
   vorwiegend durch hydrolytische Enzyme und O_2-entstammende
   Radikale.
4. Reparative Stoffwechselprozesse von Synovialzellen und
   Chondrocyten, um durch Neusynthese der Matrixbestandteile
   deren Verlust auszugleichen.

Im folgenden werde ich im wesentlichen die Punkte [3] und [4]
behandeln, d.h. pathobiochemische Mechanismen, die zum Abbau
der Knorpelmatrix und des Hyaluronats führen, sowie einige
regulatorische Einflüsse auf die Biosynthese der Bindesgewebs-
bestandteile in der reparativen Phase der Entzündung.

<u>Die Kompartimente des synovialen Systems</u>

Abbildung 1 zeigt die Kompartimente des synovialen Systems:
Gelenkknorpel, Synovialflüssigkeit, Synovialmembran. Die Synovialmembran bildet durch ihre besondere morphologische Struktur
an der Grenze zwischen Blut und Synovialflüssigkeit die sogenannte Blutsynoviaschranke. Es handelt sich um einen losen
Belag spezialisierter Bindegewebszellen mit einer Tiefe von
1-4 Zellen. Das Fehlen einer Basalmembran und das Vorhandensein
gefensterter Kapillaren erleichtert den Übertritt von Blutbestandteilen in die Synovialflüssigkeit. Glucose passiert die

---

[1] Abteilung Rheumatologie, St. Vincenz- und Elisabeth-Hospital, Mainz

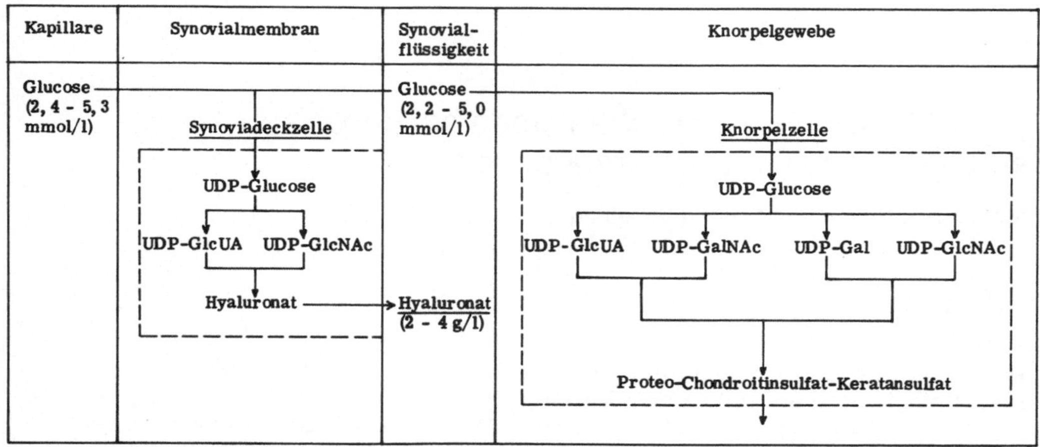

Abb. 1. Schematische Darstellung der Glykosaminoglykan-Biosynthese in den Kompartimenten des synovialen Systems

Blut-Synovia-Schranke praktisch ungehindert, d.h. die Konzentration ist im Blut etwa genau so hoch wie in der Synovialflüssigkeit. Glucose ist die biosynthetische Ausgangssubstanz für das Hyaluronat in der interzelluläre Matrix der Synovialmembran und in der Synovialflüssigkeit sowie auch für den Polysaccharidanteil der Proteoglykane im Gelenkknorpel, d.h. von Chondroitinsulfat und Keratansulfat. An der Bioysynthese des Hyaluronats in den Synovialzellen sind zwei Glykosyltransferasen beteiligt, die alternierend aus den aktivierten Vorstufen UDP-Glucuronsäure und UDP-N-Acetylglucosamin Hyaluronat polymerisieren.

In der Synovialflüssigkeit bildet das Hyaluronat das überwiegende Glykosaminoglykan. Die Konzentration beträgt normalerweise etwa 3 g/l. In der Grundsubstanz des Gelenkknorpels ist es nur in geringen Mengen nachweisbar (etwa 0,05% des Trockengewichtes), besitzt hier aber eine wichtige Funktion bei der Ausbildung der Proteoglykan-Hyaluronat-Komplexe.

Proteoglykan-Hyaluronat-Komplexe im Gelenkknorpel

Nach heutigen Vorstellungen sind etwa 100 Chondroitinsulfat- und 30 bis 60 Keratansulfat-Ketten an ein zentrales Proteincore gebunden [2]. Es besteht eine spezifische nichtkovalente Bindung zwischen der Hyaluronatbindungsregion des Coreproteins und dem Hyaluronat. Ein Hyaluronatmolekül ist in der Lage, bis zu 200 solcher Proteoglykanmonmere zu binden, so daß Aggregate mit einem Gesamtmolekulargewicht von mehreren 100 Millionen erreicht werden. Der Komplex wird durch Linkproteine stabilisiert [3]. Die Immobilität dieser Komplexe zwischen den Kollagenfasern ist entscheidend verantwortlich für die strukturelle Integrität des Knorpels.

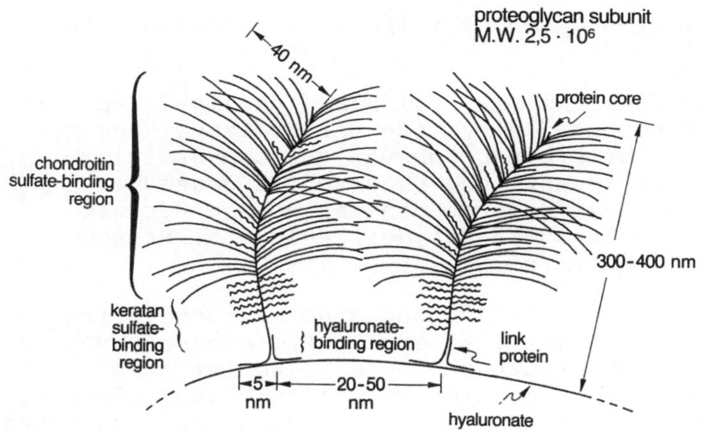

Abb. 2. Proteoglykan-Hyaluronat-Komplex im Gelenkknorpel (Ausschnitt)

In Abb. 2 ist solch ein Modell des Proteoglykan-Hyaluronat-Komplexes dargestellt.

Bevor wir im folgenden auf die Destruktion der Proteoglykan-Hyaluronat-Komplexe bei entzündlichen Gelenkprozessen eingehen, zur Abgrenzung einige Bemerkungen über pathobiochemische Veränderungen bei degenerativen Gelenkerkrankungen.

Katabole Mechanismen

Gelenkdestruktion bei degenerativen Veränderungen

Degenerative Gelenkveränderungen nehmen ihren Ausgang direkt vom Gelenkknorpel. Die pathobiochemischen Prozesse laufen z.T. mit denen des alternden Knorpels parallel und betreffen in der Frühphase der Erkrankung in erster Linie die Struktur der Proteoglykane. Auf Abb. 3 ist die Struktur der Proteoglykane

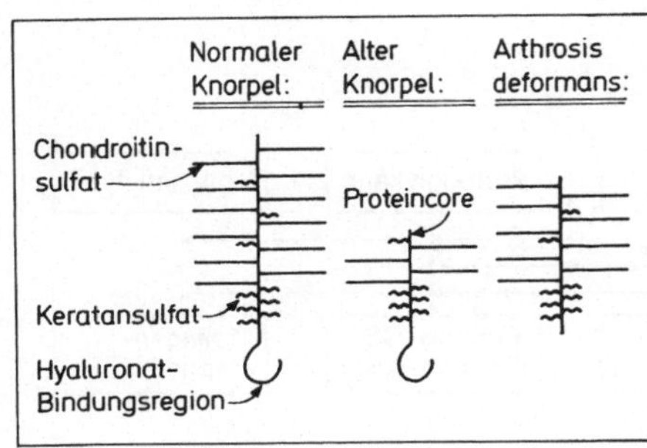

	Normaler Knorpel	Alter Knorpel	Arthrosis deformans
Proteoglykan-Größe	normal	klein	normal (−)
Chondroitinsulfat-Größe	normal	normal	normal
Chondroitinsulfat-Gehalt	normal	niedrig	normal (+)
Keratansulfat-Gehalt	normal	hoch	normal (+)
Proteingehalt	normal	hoch	niedrig
Aggregationsfähigkeit	+	+	−

Abb. 3. Struktur der Proteoglykane im Gelenkknorpel bei der Arthrose und Altersveränderungen (Modifiziert nach [4])

in Abhängigkeit vom Alter und von degenerativen Veränderungen
schematisch dargestellt.

Die Untersuchungen von INEROT et al. [4] haben gezeigt, daß
bei degenerativen Veränderungen die Größe der Proteoglykanmonomere abnimmt, vor allem durch einen Schwund der chondroitin-
sulfatreichen Region. Der wesentliche Unterschied gegenüber
Altersveränderungen ergibt sich durch den teilweisen Verlust
der Hyaluronatbindungsregion und damit der Fähigkeit, Proteo-
glykan-Hyaluronat-Aggregate zu bilden.

Die frühesten degenerativen Veränderungen sind wahrscheinlich
durch eine gesteigerte Aktivität lysosomaler Proteinasen, von
Chondrocyten ausgehend, zurückzuführen. Die Folge ist eine
Lockerung der Knorpelstruktur und eine vermehrte Wasseraufnahme.
Die Penetration proteolytischer Enzyme, die während entzündlicher
Schübe bei der "aktivierten" Arthrose vor allem aus Granulo-
cyten freigesetzt werden, in die Knorpelgrundsubstanz wird er-
leichtert und damit der weitere Abbau der Proteoglykanmonomere.

Gelenkdestruktion bei chronisch-entzündlichen Prozessen

Entzündliche Gelenkprozesse sind primär in der Synovialmembran
und in der Synovialflüssigkeit lokalisiert und dehnen sich erst
sekundär auf den Gelenkknorpel aus. Im Mittelpunkt steht hier
der Phagocyt, Granulocyten und Makrophagen, d.h. die Phagocytose und ihre Konsequenzen für die Struktur der Bindegewebs-
komponenten (Abb. 4). Vor allem während der Phagocytose von
Immunkomplexen und Zelltrümmern durch Granulocyten und Makrophagen werden aktiv Mediatoren der Entzündung sezerniert, wie
lysosomale Enzyme, Superoxidradikale, Hydroxylradikale und
Wasserstoffperoxid. Den neutralen Proteinasen Elastase und
Kathepsin G aus neutrophilen Granulocyten kommt eine zentrale
Bedeutung bei dem Abbau der Proteoglykanmonomere zu, insbesondere

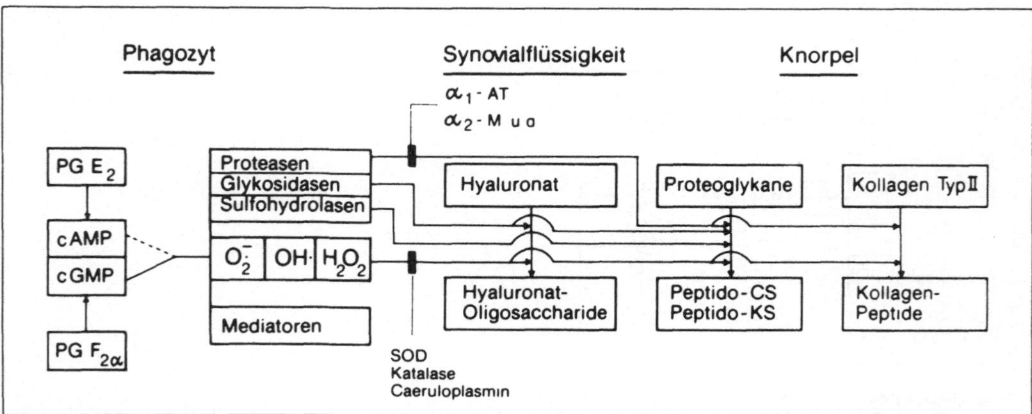

Abb. 4. Abbau der interzellularen Matrixbestandteile bei chronisch-entzündlichen Gelenkerkrankungen durch hydrolytische Enzyme und O_2-entstammende
Radikale

wenn man berücksichtigt, daß der pH-Wert im synovialen System
auch bei entzündlichen Prozessen innerhalb des neutralen Bereiches
bleibt. Besonders die Elastase wird in größeren Mengen freigesetzt. Die kationische Ladung des Enzyms soll die Penetration
in die polyanionische Knorpelgrundsubstanz erleichtern. Elastase
ist in der Lage, das Coreprotein der Proteoglykanmonomere zu
spalten und somit das Proteoglykan-Hyaluronat-Gerüst zu mobi-
lisieren.

In die Regulation der aktiven Sekretion des Phagocyten sind
zyklische Nukleotide einbezogen, und zwar derart, daß durch
einen Anstieg der intrazellulären Konzentration von zyklischem
AMP die Abgabe gehemmt, von zyklischem GMP gesteigert wird
[5, 6]. Die Freisetzung inflammatorischer Mediatoren soll durch
Prostaglandine moduliert werden, und zwar über die Aktivierung
zyklischer Nukleotide, wobei Prostaglandin E_2 die Bildung von
zyklischem AMP und Prostaglandin $F_2\alpha$ die Bildung von zyklischem
GMP stimulieren soll, so daß beide Prostaglandintypen antogoni-
stisch wirksam wären [7].

Proteoglykan-Abbau durch Proteinasen

Die Stellen, an denen die Granulocyten-Elastase das Proteo-
glykanmolekül spaltet, sind auf Abb. 5 durch Pfeile angegeben.
In vitro baut Elastase Proteoglykanmonomere bis auf kleine Pep-
tidochondroitinsulfatreste mit ein oder zwei Chondroitinsulfat-
ketten ab [8]. Außerdem ist dieses Enzym in der Lage, aus den
Proteoglykanomomeren im Bereich der Hyaluronat-Bindungsregion
ein Chondroitinsulfat-freies Fragment mit einem Molekulargewicht
von 20 bis 30 000 herauszuspalten [9]. Weiterhin wird durch die
Elastase auch das größere der beiden Link-Proteine abgebaut [10].

Dieses Enzym bewirkt also den Abbau, die Mobilisierung und das
Herauslösen der Proteoglykane aus der Grundsubstanz des Gelenkknorpels. Die Kollagenfibrillen sind dann schutzlos einem enzymatischen Abbau ausgesetzt, an dem auch die Elastase wiederum
wesentlich beteiligt ist.

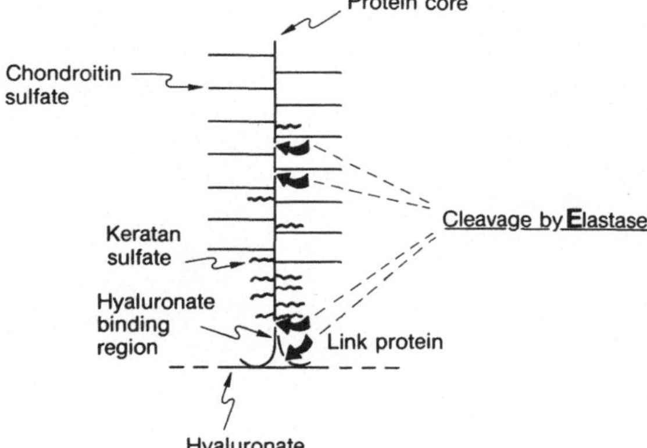

Abb. 5. Abbau des Proteoglykan-
Hyaluronat-Komplexes im Gelenk-
knorpel durch Elastase aus
Granulocyten. Die Pfeile mar-
kieren die Angriffspunkte der
Proteolyse

Tabelle 1. Proteoglykanabbau durch Endoproteinasen im synovialen System

Proteinase	Klasse	Aktivität bei p^H	Wirkungsort	CS-Bindungsregion (Zahl der Seitenketten im Peptido-CS-Fragment)	HA-Bindungsregion	Link-Protein
Elastase[a]	Serin-	6-9	extrazellulär	+ (1-2)	+	+
Cathepsin G[a]	Serin-	6-9	extrazellulär	+ (5-12)	+	+
Plasmin	Serin-	6-9	extrazellulär	+ (>15)		
Cathepsin B	Thiol-	5-6	intrazellulär	+ (1-2)	+	+
Cathepsin D	Carboxyl-	4-6	intrazellulär	+ (5-12)	+	
Metalloproteinase		6-9	extrazellulär	+ (5-12)		

[a]Aus Granulozyten   (CS=Chondroitinsulfat, HA=Hyaluronsäure)

Eine Zusammenstellung wichtiger Proteinasen, die bei entzündlichen Prozessen im synovialen System vorkommen und in vitro
Proteoglykane spalten (Übersicht bei [11]), gibt die Tabelle 1.
Cathepsin B baut wie Elastase Proteoglykanmonomere bis auf
kleine Peptido-Chondroitinsulfat-Reste mit 1-2 Chondroitinsulfat-Ketten ab. Cathepsin D und G sowie eine Metallproteinase
setzen größere Bruchstücke mit 5-12 Chondroitinsulfat-Ketten
frei. Noch größere Bruchstücke werden unter der Einwirkung von
Plasmin erhalten. Cathepsin G, B und D spalten wie die Elastase
die Hyaluronatbindungsregion, Cathepsin G auch das Link-Protein.

Eine extrazelluläre Wirkung ist von den neutralen Proteinasen,
den Serinproteinasen und der Metallproteinase anzunehmen. Cathepsin B und D sind oberhalb pH 6 kaum wirksam, so daß diese
Proteinasen vor allem für einen intrazellulären lysosomalen
Abbau der Proteoglykane bedeutsam sind.

*Elastase aus Granulocyten: Konzentration und Aktivität von
Elastase-Inhibitor-Komplexen in Plasma und Synovialflüssigkeit*

Im Extrazellulärraum liegt die Elastase an die Proteinasen-
inhibitoren α_1-Proteinaseinhibitor oder α_2-Makroglobulin gebunden vor.

Die Konzentration des Elastase-α1PI-Komplexes in der Synovialflüssigkeit bei entzündlichen und nicht-entzündlichen Gelenkerkrankungen ist auf Tabelle 2 angegeben [12]. Die Bestimmung
erfolgte mit einem Enzymimmunoassay, der von Herrn NEUMANN
schon vorgestellt wurde [13]. Außerdem wurde eine Proteinasen-
aktivität gegenüber einem Tetrapeptid-p-nitronailid als spezifisches Substrat der Elastase gemessen [14].

Die Konzentration des Elastase-α1PI-Komplexes ist bei entzündlichen Gelenkerkrankungen in der Synovialflüssigkeit stark
erhöht. Der Median liegt hier bei etwa 10 000 µg/l gegenüber
nur 41 µg/l bei nicht-entzündlichen Gelenkerkrankungen. Die
Inhibitoren α1-PI und α2M, die immunologisch mit einem Laser-
Nephelometer bestimmt worden sind, und deren molare Konzentrationen in der zweiten Spalte angegeben sind, liegen in der
Synovialflüssigkeit in einem beträchtlichen Überschuß vor.
Trotzdem wurde in vielen Fällen bei entzündlichen Gelenkprozessen
eine Proteinasen-Aktivität gegenüber dem spezifischen chromogenen Substrat nachgewiesen.

In der letzten Spalte ist die Konzentration des Elastase-α1-
PI-Komplexes im Plasma angegeben. Man sieht, daß die Konzentrationen im Plasma um Größenordnungen niedriger sind als in der
Synovialflüssigkeit bei entzündlichen Gelenkprozessen. Im normalen Plasma werden maximal Konzentrationen bis über 200 µg/l
erreicht, in der Synovialflüssigkeit bei entzündlichen Gelenk-
Prozessen Konzentrationen bis 100 000 µg/l.

Es besteht also ein ausgeprägtes Konzentrationsgefälle zwischen
Synovialflüssigkeit und Blut bei entzündlichen Gelenkerkrankungen,
so daß man vermuten kann, daß der Elastase-α1-PI-Komplex aus der
Gelenkhöhle in das Blut gelangt und dort eine Konzentrationserhöhung bewirkt.

Tabelle 2. Konzentrationen des Elastase-α1-Proteinaseinhibitor-Komplexes und Aktivität des Elastase-α2-Makroglobulin-Komplexes gegenüber Methoxysuccinyl-Ala-Ala-Pro-Val-4-nitroanilid in der Synovialflüssigkeit bei entzündlichen und nicht-entzündlichen Gelenkerkrankungen. Zusätzlich angegeben sind die Konzentrationen des α1-Proteinaseinhibitors (α1-PI) und α2-Makroglobulins (α-2M) sowie die Granulocytenzahl und die normale Plasmakonzentration des Elastase-α1-Proteinaseinhibitor-Komplexe. Für die Berechnung der normalen Konzentrationen wurden folgende Molekulargewichte benutzt: Elastase-α1-PI-Komplex 80 000; α1-PI 54 000; α2M 725 000

		Gelenkerkrankungen	
		nicht-entzündlich (n = 30)	entzündlich (n = 39)
Elastase-α1-PI-Komplex	(µg/l) x̃ (100 %-Bereich) (nmol/l)	41,1 (O – 935) 0,5 (O – 11,7)	9.947 (878 – 101.800) 124 (11,O– 1.250)
Aktivität des Elastase-α2-M-Komplexes	(U/l, 37°C) (100 %-Bereich)	nicht nachweisbar	O.20 – 130 (n = 17)
α1-PI	(nmol/l) x̄ (s)	21.500 (12.100)	38.600 (25.200)
α2-M	(nmol/l) x̄ (s)	414 (492)	835 (892)
Granulozyten	(N/µl) x̃ (100 %-Bereich)	3,3 (O – 125)	4.520 (770 – 32.810)
Elastase-α1-PI-Komplex im normalem Plasma	(µg/l) x̃ (95 %-Bereich)	104 (60 – 180)	

Die Abb. 6 zeigt die Konzentrationen des Elastase-α1PI-Komplexes
in der Synovialflüssigkeit und im Plasma bei Petienten mit
verschiedenen klinisch definierten Gelenkerkrankungen [15]. Die
Bestimmung im Plasma und Synovialflüssigkeit wurde in den meisten
Fällen gleichzeitig bei demselben Patienten durchgeführt.

Bei der chronischen Polyarthritis ist die Konzentration in der
Synovialflüssigkeit bei jedem Patienten höher als im Plasma.
Im Vergleich mit den Referenzkollektiven gesunder Kontrollen
findet man bei der chronischen Polyarthritis in 89% der Fälle
erhöhte Plasmakonzentrationen des Elastase-α1-PI-Komplexes. Die
Plasmakonzentrationen bei der Osteoarthrose zeigen relativ
geringe Schwankungen und liegen im Bereich der gesunden Kontrollen, während die Konzentrationen in der Synovialflüssigkeit bei
der Osteoarthrose, z.B. bei der "aktivierten" Arthrose, stark

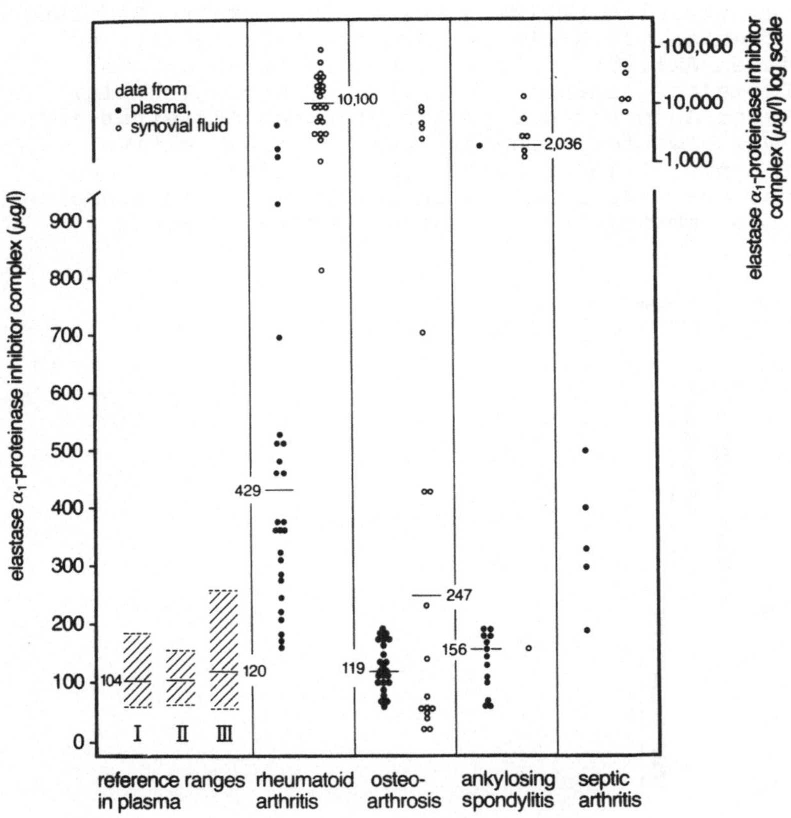

Abb. 6. Konzentration des Elastase-α₁Proteinaseinhibitor-Komplexes in
Plasma und Synovialflüssigkeit bei verschiedenen Gelenkerkrankungen.
Angegeben sind außerdem die Plasmakonzentrationen (Median und 95%-Bereich)
von 3 Referenzgruppen:
I   (72 Blutspender)   : 104 (59-184) ug/l
II (43 gesunde Werksangehörige)   : 104 (62-176) ug/l
III (140 Klinikpatienten mit ver-
     schiedenen Erkrankungen, aber
     normalem Blutbild)   : 120 (56-259) ug/l

ansteigen können, abhängig von der Entzündungsaktivität. Auch
die Plasmakonzentrationen beim Morbus Bechterew liegen bis auf
einen Fall innerhalb des Referenzbereiches gesunder Kontrollen.
Erhöhte Plasmakonzentrationen werden auch bei der septischen
Arthritis gefunden.

Nun zunächst zur Charakterisierung der Proteinasenaktivität, die
in Synovialflüssigkeiten bei entzündlichen Gelenkprozessen
nachgewiesen wurde. In Abb. 7 ist die Wirkung einiger Inhibitoren auf die proteolytische Aktivität dargestellt, gemessen
in der Synovialflüssigkeit und in einer Lösung aus isolierter
Elastase. Bei Verwendung der Serinproteinasen-Inhibitoren
Diisopropylfluorophosphat und Phenylmethansulfonylfluorid
wird die proteolytische Aktivität in der Synovialflüssigkeit
und in der Elastaselösung praktisch 100%ig gehemmt. Die in der
Synovialflüssigkeit gemessene Proteinasenaktivität ist also
bedingt durch eine Serinproteinase. EDTA und der andere Chelat-
bildner 1,10-Phenanthrolin bewirken keine signifikante Änderung
der proteolytischen Aktivität in der Synovialflüssigkeit, so
daß Metallproteasen-Aktivität nicht nachgewiesen wurde. Der
Zusatz des α1-Proteinaseinhibitors und von α2-Makroglobulin
hat ebenfalls keine Änderung der proteolytischen Aktivität zur
Folge, so daß, wie erwartet, eine freie katalytisch aktive
Elastase in der Synovialflüssigkeit nicht gefunden wird. Nach
Präzipitation des α2-Makroglobulins in der Synovialflüssigkeit
durch spezifisches Immunglobulin G ist die proteolytische

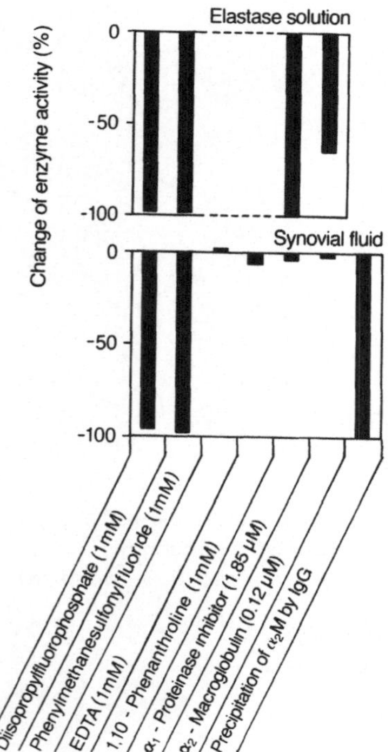

Abb. 7. Hydrolyse von Methoxysuccinyl-Ala-
Ala-Pro-Val-4-nitroanilid in Synovialflüssigkeit und isolierter Elastaselösung
bei Anwesenheit von Proteinaseinhibitoren
und nach Präzipitation von α2-Makroglobulin
durch spezifisches IgG

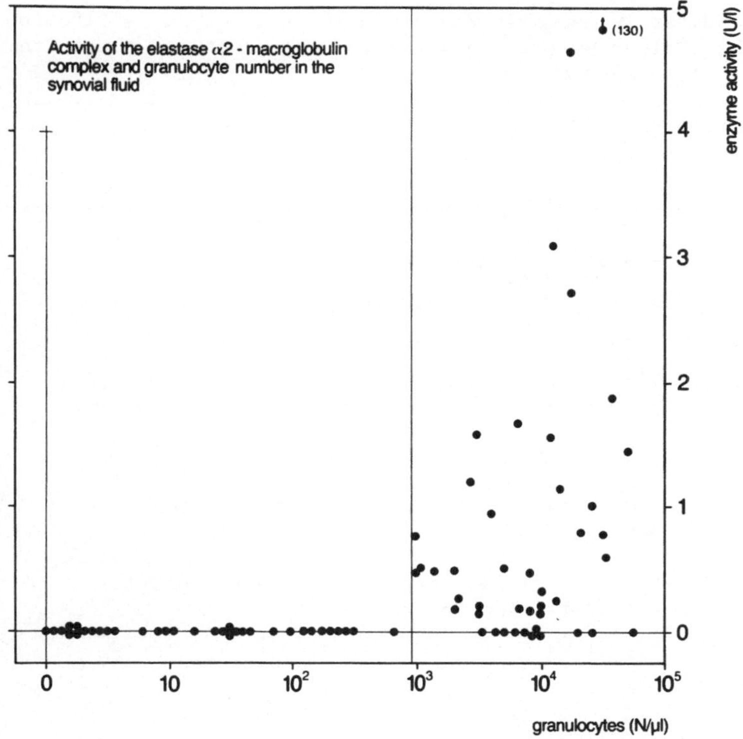

<u>Abb. 8.</u> Aktivität von Elastase-α_2-Makroglobulin-Komplexen gegenüber Methoxy-succinyl-Ala-Ala-Pro-Val-4-nitroanilid in Synovialflüssigkeiten (n = 79) mit verschiedenen Granulocytenzahlen

Aktivität vollständig beseitigt. Insgesamt zeigen diese Ergebnisse, daß die in der Synovialflüssigkeit nachgewiesene Proteinasenaktivität nicht auf eine freie Elastase zurückzuführen ist, sondern auf katalytisch wirksame Komplexe der Elastase mit dem α2-Makroglobulin.

In der Abb. 8 ist die Granulocytenzahl gegen die enzymatische Aktivität des Elastase-α2M-Komplexes aufgetragen. Bei Granulocytenzahlen über etwa 1000/µl ist es möglich, in der Synovialflüssigkeit eine proteolytische Aktivität des Elastase-α2M-Komplexes nachzuweisen, allerdings auch bei höheren Granulocytenzahlen über 10 000/µl nicht in jedem Falle.

Lysosomale Enzyme in der Synovialflüssigkeit

Am Abbau der Proteoglykane bei entzündlichen Gelenkerkrankungen sind auch Glykosidasen und Sulfatasen beteiligt. Auch hier läßt sich nachweisen, daß die Aktivitäten der β-N-Acetylglucosaminidase, β-Glucoronidase, α-Mannosidase und Arylsulfatase in der Synovialflüssigkeit bei der chronischen Polyarthritis erhöht sind (Tabelle 3) [16]. Im Vergleich dazu sind die lysosomalen Enzymaktivitäten bei degenerativen Gelenkerkrankungen deutlich niedriger und entsprechen denen des Blutserums.

214

Tabelle 3. Verteilungsmuster lysosomaler Enzyme (U/l) in der Synovialflüssigkeit bei der chronischen Polyarthritis und Arthrose. Angegeben ist das arithmetische Mittel und der 100%-Bereich

	Chronische Polyarthritis (n = 76)	Osteoarthose (n = 9)	Gicht (n=4)
N-Acetyl-β-D-Glucosaminidase	16,5(3,1-49,4)	7,4(3,9-9,7)	6,0 (3,7-7,1)
β-Glucuronidase	1,5(0,25-0,5)	0,41(0,19-0,96)	0,80 (0,63-1,0)
α-Mannosidase	1,12(0,25-3,6)	0,50(0,23-1,08)	0,64 (0,20-1,05)
Arylsulfatase	0,83(0,05-3,7)	0,26(0,005-0,58	0,29 (0,04-0,51)

Tabelle 4. Verteilungsmuster lysosomaler Enzyme im Synoviazellsediment und in der Synovialflüssigkeit

	Synovialflüssigkeit U/l	Zellextrakt U/10^9 Zellen	Zellverteilung (%)	
N-Acetyl-β-D Glucosaminidase	106	408	Granulocyten	87,0
			Monocyten	9,0
α-Mannosidase	12,9	58,7	Lymphocyten	3,8
β-Glucuronidase	12,5	56,7	Retikulum-zellen	0,2
β-Galaktosidase	5,7	25,9		
α-Glucosidase	0,71	3,3	Zellzahl:	11000/µl
Arylsulfatase	0,62	2,9		

Als Hauptquelle der lysosomalen Enzyme in der Synovialflüssigkeit kommen die Granulocyten in Betracht, wie die Ähnlichkeit des Verteilungsmusters dieser Enzyme im Synoviazellsediment und in der Synovialflüssigkeit bei Patienten mit chronischer Polyarthritis zeigt (Tabelle 4) [17]. Der Anteil der Granulocyten an den Gesamtzellen beträgt 87%. Als Ursprung der N-Acetylglucosaminidase und β-Galaktosidase kommen auch Makrophagen in Frage.

Vorstellungen über die Pathogenese der enzymatischen Knorpeldestruktion

Für die glykolytischen Enzyme mit saurem pH-Optimum gilt dasselbe, was bei den sauren Proteinasen gesagt wurde: Eine extrazelluläre Wirkung beim Proteoglykanabbau ist umstritten. Allerdings sprechen experimentelle Untersuchungen dafür, daß sich Granulocyten an nicht phagocytierbare, mit Immunkomplexen bedeckte Oberflächen, z.B. Gelenkknorpel, derart anheften können, daß ein abgeschlossener Raum entsteht, in den der Granualinhalt abgegeben wird, und wo eine hohe Wasserstoffionen- und Enzymkonzentration aufrecht erhalten werden kann [18, 19]. Auch ist es wahrscheinlich, daß sich bei diesem Prozeß der sogenannten frustranen Phagocytose das Gleichgewicht zwischen Proteinasen- und Proteinaseinhibitor-Aktivität zugunsten einer Proteinasen-Aktivität verschiebt.

In Abb. 9 sind weitere Mechanismen, die zu einer enzymatischen Knorpeldestruktion führen können, aufgeführt.

Cytochemisch und elektronenmikroskopsiche Untersuchungen zeigen bei der chronischen Polyarthritis an der Knorpel-Pannus-Grenze Granulocyten in Resorptionslagunen in unmittelbarer Nachbarschaft des Knorpelgewebes [20]. Auch in solchen Fällen ist es möglich, daß in der näheren Umgebung des Granulocyten ein Milieu entsteht, in dem die Matrixbestandteile abgebaut werden können.

Die Kollagenfasern sind für die Collagenase aus rheumatiodem Synovialgewebe besser zugänglich, wenn die Proteoglykan-Hyaluronat-Komplexe in der Grundsubstanz gelockert und herausgelöst werden. Die Collagenase spaltet native Kollagenmoleküle an einer spezifischen Stelle der helikalen Struktur [21]. Die so gebildeten TCA- und TCB-Bruchstücke denaturieren rasch und können durch unspezifische Proteinasen extra- oder intrazellulär abgebaut werden.

Eine kombinierte Wirkung von Collagenase und Elastase begünstigt den Kollagenabbau [22]. Die Elastase spaltet die nicht-helikalen

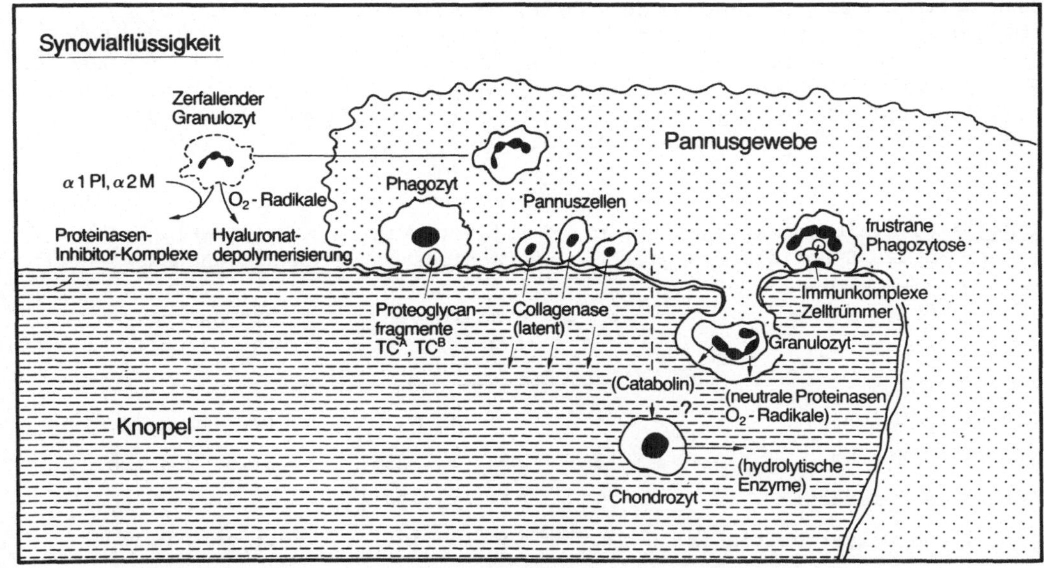

<u>Abb. 9.</u> Destruktion der Bindegewebskomponenten im synovialen System bei der chronischen Polyarthritis. Schematische Darstellung verschiedener pathogenetischer Mechanismen

terminalen Peptide und löst die crosslinks. Das so modifizierte
Tropokollagen wird durch Collagenase schneller abgebaut.

Die Collagenase kommt zum größten Teil in latenter Form vor und
kann durch verschiedene Proteinasen, vor allem Plasmin, aktiviert
werden. Der Mechanismus der Freisetzung und Aktivierung der
latenten Collagenase ist weitgehend unklar.

Von DINGLE wird ein Faktor, Catabolin, beschrieben, der noch
nicht näher charakterisiert ist, im weichen Synovialgewebe
gebildet wird und im Knorpelgewebe einen Abbau der Matrix bewirken soll, und zwar durch Freisetzung hydrolytischer Enzyme [23].

Die Enzyme der Synovialflüssigkeit entstammen bei entzündlichen
Gelenkerkrankungen in erster Linie zerfallenden Granulocyten.
Eine Beteiligung der proteolytischen und glykolytischen Enzyme
der Synovialflüssigkeit an dem Knorpelabbau wird heute allgemein
verneint. Bei der chronischen Polyarthritis wird die Bildung
des Pannus-Gewebes als der entscheidende Prozeß angesehen, von
dem die Knorpeldestruktion ausgeht.

Abbau des Hyaluronats

Die Viskositätserniedrigung der Synovialflüssigkeit bei entzündlichen Gelenkerkrankungen ist ein typischer Befund. Vor
allem die Depolymerisierung des Hyaluronats, in geringem Maße
auch die Konzentrationsverminderung bewirken das Absinken der
Viskosität bei der chronischen Polyarthritis. Die Konzentration
des Hyaluronats und die sog. relative Viskosität, gemessen mit
einem Kapillarviskosimeter, bei verschiedenen chronischen Gelenkerkrankungen, ist in Tabelle 5 angegeben [24]. Die Hyaluronatkonzentration liegt bei der Arthrose im Mittel über
200 mg/dl. Bei entzündlichen Gelenkerkrankungen sinkt sie,
abhängig vom Entzündungsgrad, unter diesen Wert und erreicht
bei der chronischen Polyarthritis Konzentrationen unter 50 mg/dl.
Die Gesamtmenge des Hyaluronats kann jedoch bei gleichzeitiger
Volumenzunahme der Synovialflüssigkeit ansteigen. Relative
Viskositäten über 50 sprechen für degenerative Gelenkerkrankungen.

Tabelle 5. Hyaluronatkonzentration und relative Viskosität (Osswald-Viskosi-
meter) in der Synovialflüssigkeit bei verschiedenen Gelenkerkrankungen

	N	Hyaluronat (mg/dl)	Viskosität (η_{rel}, 25°C)
Arthritis urica	4	119 (45,6-164)	13,3 (2,8-24,8)
Morbus Bechterew	13	200 (138-255)	33,6 (8,4-126)
Arthrosis deformans	19	223 (133-361)	83,9 (14,3-504)
chronische Polyarthritis (♀)	36	108 (33-187)	11,2 (3,0-32,3)
chronische Polyarthritis (♂)	37	115 (30-202)	14,4 (3,4-47,0)

Die Werte bei der chronischen Polyarthritis liegen im Mittel
zwischen 10 und 15.

Die Abnahme der Viskosität bei entzündlichen Prozessen ist auf
eine Bildung kleinerer Hyaluronatketten zurückzuführen. Die
Abb. 10 zeigt die relative und kumulative Häufigkeit der
mittleren Molekulargewichte des Hyaluronats in der Synovialflüssigkeit bei entzündlichen und nicht-entzündlichen Gelenkerkrankungen. Die Molekulargewichte insgesamt liegen zwischen
180 000 und 6,7 Mill. Der Median der Molekulargewichte bei
nicht-entzündlichen Gelenkerkrankungen liegt bei 2,2 Mill.
Bei entzündlichen Gelenkerkrankungen findet man eine Verschiebung der Molekulargewichte zu niedrigeren Werten hin. Der
Median liegt hier bei 1,5 Mill.

Welche Faktoren bewirken Veränderungen des Hyaluronatstoff-
wechsels bei chronisch entzündlichen Gelenkerkrankungen? Das
normalerweise bestehende Gleichgewicht zwischen Synthese und
Abbau des Hyaluronats ist bei entzündlichen Gelenkprozessen zugunsten eines gesteigerten Abbaus gestört. Allerdings wird auch
die Synthese beeinflußt. Die starke Zunahme der Entzündungszellen
führt zu einer gesteigerten aeroben und anaeroben Glykolyse,
d.h. zu einer Abnahme der Glucose und Zunahme der Lactatkonzen-
tration in der Synovialflüssigkeit. Das verminderte Energie-
aufkommen, d.h. die Abnahme der Konzentration der Präkursoren

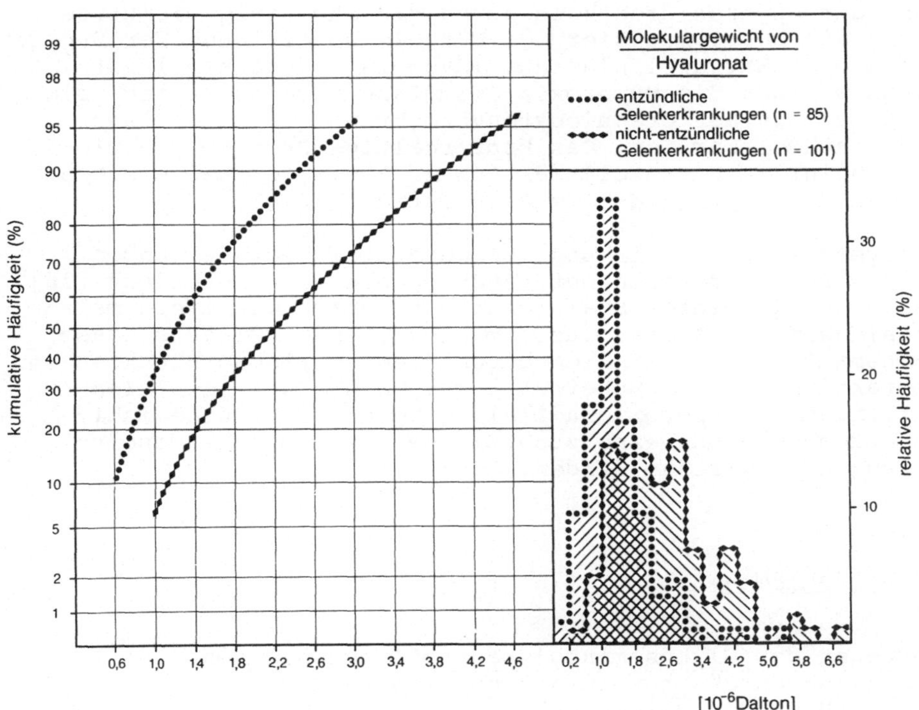

Abb. 10. Mittleres Molekulargewicht des Hyaluronats in der Synovialflüssigkeit bei entzündlichen und nicht-entzündlichen Gelenkerkrankungen

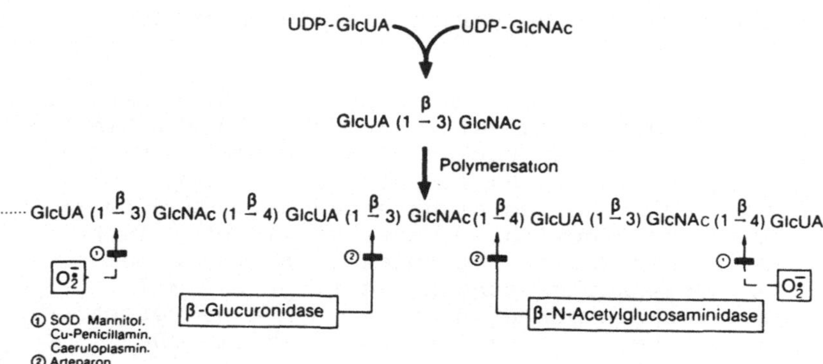

Abb. 11. Depolymerisierung des Hyaluronats in der Synovialflüssigkeit bei entzündlichen Gelenkprozessen

UDP-Glucuronsäure und UDP-β-N-Acetylglucosamin ist als Ursache einer gestörten Hyaluronatsynthese anzusehen.

Superoxidradikale, die aus Entzündungszellen freigesetzt werden, sind in erster Linie verantwortlich für die Depolymerisierung des Hyaluronats in der Synovialflüssigkeit (Abb. 11) [25]. Die Reaktion von Superoxid und Wasserstoffperoxid führt zur Bildung von freien Hydroxylradikalen, die wahrscheinlich die eigentliche Spaltung der glykosidischen Bindung bewirken. Die enzymatische Umsetzung der Superoxidradikale durch die Superoxid-Dismutase verhindert die Depolymerisierung. Für die Beseitigung der Superoxidradikale in Extrazellulärraum (Synovialflüssigkeit) ist allerdings weniger die Superoxid-Dismutase verantwortlich, die dort auch bei starker Granulocytenvermehrung nur in geringer Aktivität nachweisbar ist. Das kupferhaltige Protein Caeruloplasmin scheint im Extrazellulärraum in ähnlicher Weise wirksam zu sein wie die Superoxid-Dismutase intrazellulär.

Die depolymerisierende Wirkung von Sauerstoff-entstammenden Radikalen wurde in neueren Untersuchungen eindeutig belegt [26]. Intaktes hochmolekulares Hyaluronat wird durch die lysosomalen Exoglykosidasen β-N-Acetylglucosaminidase und β-Glucuronidase nicht abgebaut, wahrscheinlich durch eine sterische Blockierung der Interaktion mit dem Substrat. Erst nach einer initialen Degradation durch Superoxidradikale wird die sterische Inhibierung aufgehoben und eine zusätzliche enzymatische Depolymerisierung kann wirksam werden.

Anabole Mechanismen

Veränderungen des Glykosaminoglykanstoffwechsels von Synovialzellen durch Proteinasehinhibitoren und Elastase-α2-Makroglobulin-Komplexe

Die bisherigen Ausführungen behandeln katabole Mechanismen, im folgenden soll noch auf einige anabole, reparative Mechanismen eingegangen werden.

Es wurde gezeigt, daß in den meisten entzündlichen Synovialflüssigkeiten enzymatisch aktive Elastase-α2M-Komplexe nachweisbar sind. Wir haben daraufhin die Wirkung dieser Elastase-
Inhibitor-Komplexe auf den Glykosaminoglykanstoffwechsel
kultivierter Synovialfibroblasten untersucht.

Die humanen Synovialfibroblasten wurden aus der Synovialmembran
des Kniegelenkes angezüchtet. Gemessen wurde der Einbau von
^{3}H-Glucosamin in die Glykosaminoglykane der Zelle, des Peri-
zellulärraums und Extrazellulärraums [27]. Die Inkubation
während des Versuchs erfolgte in einem serumfreien Medium mit
Zusatz eines Wachstumsfaktors aus Thrombocyten.

Zunächst zur Wirkung der Proteinaseinhibitoren α2M und α1-PI
allein (Abb. 12). Die Anwesenheit von α2M zeigt keinen Effekt

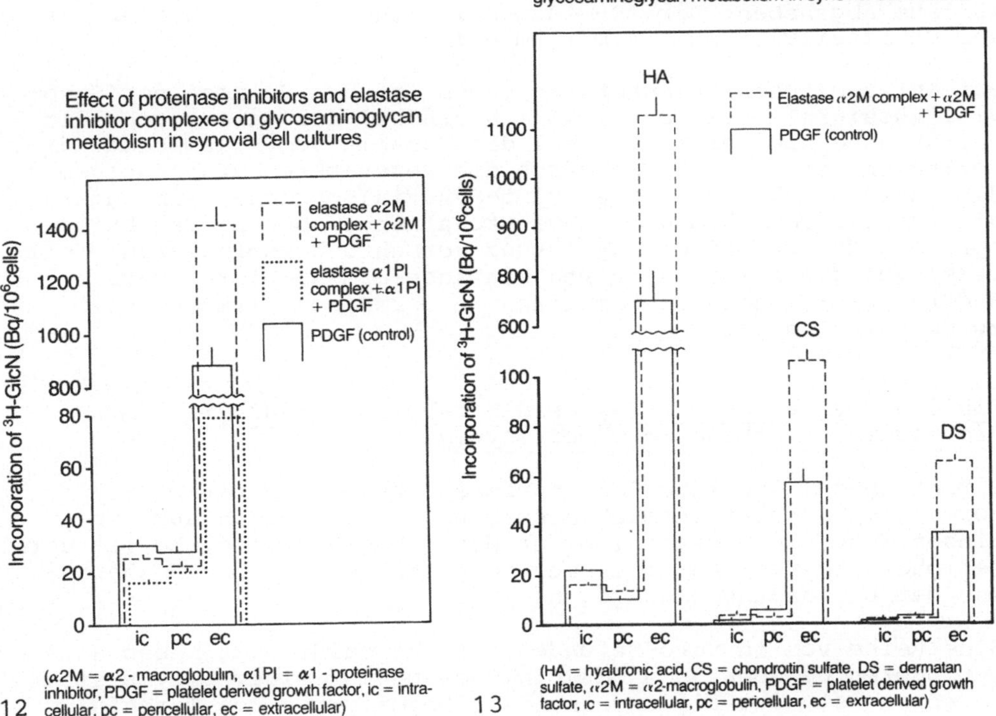

Abb. 12. Einfluß des α₂-Makroglobulins und α₁-Proteinaseinhibitors auf
den Glykosaminoglykanstoffwechsel kultivierter Synoviafibroblasten

Abb. 13. Einfluß des Elastase-α₂-Makroglobulin-Komplexes auf den Glykosaminoglykanstoffwechsel kultivierter Synovialfibroblasten. Die Zellen wurden
mit einem Gemisch aus Elastase-α₂-Makroglobulin-Komplexen und α₂-Makro-
globulin inkubiert. Gemessen wurde der ^{3}H-Glucosamin (^{3}H-GlcN) in die Glykosaminoglykantypen Hyaluronat, Chondroitinsulfat und Dermatansulfat, die
aus den intra-, peri- und extrazellulären Kompartimenten der Zellkultur
isoliert wurden

auf den Glykosaminoglykan-Stoffwechsel. α1-PI dagegen hat bei
einer Konzentration von 85 mg/l, also unterhalb der Konzentration im normalen Plasma, eine stark hemmende Wirkung auf die
Glykosaminoglykan-Synthese, d.h. vor allem auf die Synthese des
Hyaluronats und die Sekretion des Hyaluronats in den Extrazellulärraum. 80-90% der Glykosaminoglykane, die von diesen
Zellen synthetisiert werden, sind Hyaluronat.

In einem weiteren Versuch haben wir α2M im Überschuß vorher
mit der Elastase reagieren lassen und die Synovialzellen mit
einem Gemisch aus Elastase-α2M-Komplexen und α2M inkubiert
(Abb. 13). Freie Elastase war im Kulturmedium nicht nachweisbar.
Diese Abbildung zeigt die Wirkung auf den Stoffwechsel einzelner
Glykosaminoglykantypen. Die Hauptmenge der synthetisierten
Glykosaminoglykane bildet das Hyaluronat. Der Anteil des Chon-
droitinsulfats beträgt etwa 10%, der Anteil des Dermatansulfats
weniger als 5%. Unter dem Einfluß der Elastase-αM-Komplexe ist
die Synthese aller drei Glykosaminoglykan-Typen gesteigert. Vor
allem das Hyaluronat wird in größeren Mengen in den Extrazellulärraum abgegeben. Der ^{3}H-Glucosamin-Einbau in das Hyaluronat
des Extrazellulärraums nimmt um 65% zu.

Bei entzündlichen Gelenkerkrankungen ist das Volumen der Synovialflüssigkeit z.T. beträchtlich erhöht, das Gelenk schwillt
an. Ursache hierfür ist einmal die Zunahme von Plasmabestand-
teilen in der Gelenkhöhle durch die verstärkte Durchlässigkeit
der entzündlich veränderten Blut-Synovia-Schranke, zum anderen
eine starke Vermehrung der Hyaluronatmenge. Unsere Ergebnisse
sprechen dafür, daß die Hyaluronatvermehrung zumindestens teilweise auf die Anwesenheit von Elastase-α2M-Komplexen oder
anderen Proteinase-α2M-Komplexen in der Synovialflüssigkeit
zurückzuführen ist.

Einfluß des peripheren Thyroxin-Metabolismus auf die Proteoglykansynthese in Chondrocyten

Chronisch-entzündliche Gelenkprozesse verändern periphere
hormonelle Regulationsmechanismen und beeinflussen auch auf
diesem Wege die Biosynthese der Matrixbestandteile. So ist der
periphere Thyroxinmetabolismus in pathobiochemische Mechanismen der Entzündung einbezogen.

Eine Reihe von in vivo-Befunden spricht dafür, daß neben anderen
peripheren Geweben auch das Bindegewebe mit einem Enzymsystem
versehen ist, das die sequentielle Dejodierung von Tyrosin
katalysiert, wobei Thyroxinmetabolite entstehen, die keine
oder nur eine geringe thyromimetische Wirkung besitzen, aber
die T4-Konversion in Richtung des metabolisch aktiven T3 inhibieren. Wie Abb. 14 zeigt, kann die periphere Konversion von
T4 grundsätzlich in zwei verschiedene Richtungen erfolgen:
Einmal über den metabolisch aktiven Weg durch Bildung von T3,
zum anderen über den regulatorischen Weg durch Bildung von
reverse-T3 und 3', 5'-T2. Die rT3-Konzentration wird von uns
in der Synovialflüssigkeit etwa doppelt so hoch gefunden wie
im Blutserum [28]. Sie steigt bei entzündlichen Gelenkprozessen,

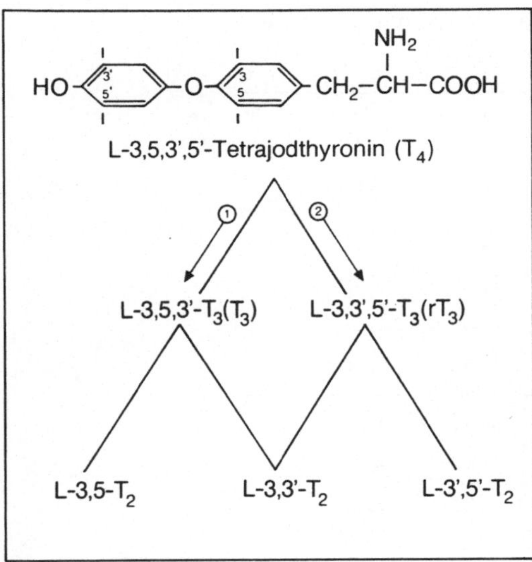

Abb. 14. Enzymatische Dejodierung von Tyroxin im peripheren Gewebe. *1* Stoffwechselaktiver Weg *2* regulatorischer Weg

z.B. der chronischen Polyarthritis, weiter an. Auch eine hohe 3', 5'-T2-Konzentration wurde von uns in der Synovialflüssigkeit bei Verschiebung der T4-Konversion in Richtung des regulatorischen Stoffwechselweges gemessen.

rT3 und 3', 5'-T2 werden als metabolisch inaktiv betrachtet, besitzen aber eine inhibitorische Wirkung auf die T4-Konversion nach T3 [29].

In Zellkulturversuchen mit bovinen Chondrocyten wurde von uns die Frage untersucht, in welchem Maße die Proteoglykansynthese durch Jodthyronine und ihre Wechselwirkungen im peripheren Regulationssystem beeinflußt wird.

Mit Hilfe einer Doppelmarkierungstechnik wurde der Einbau von ^{14}C-Serin in das Proteincore und von ^{3}H-GlcN in die Glykosaminoglykankette gemessen. Nach zwei Tagen Präinkubation der Chondrocytenkultur mit serumhaltigem, allerdings Jodthyronin-freiem Medium führt die Inkubation der Chondrocytenkultur mit T4 zu einer parallelen Steigerung der spezifischen Aktivität von Hexosamin und Serin mit einem Wirkungsmaximum bei etwa 64 nmol/l (Tabelle 6). Bei Inkubation der Condrocyten mit T4 und 3', 5'-T2 zusammen geht die spezifische Aktivität von Serin und Hexosamin zurück. Neben diesen quantitativen Veränderungen werden qualitative Veränderungen des Chondroitinsulfat-Keratansulfat-Verteilungsmuster in den Proteoglykanen gefunden. Bei Jodthyroninfreier Inkubation fällt der GalN/GlcN-Quotient auf Werte um 0,5 ab. Unter T4-Wirkung allein steigt der Quotient auf über 2 an, um bei gleichzeitiger Inkubation von T4 und 3', 5'-T2 wieder auf Werte <1 abzufallen.

Auch zwischen T3 und rT3 ist eine Interaktion nachweisbar (Tabelle 7). Die Wirkung von T3 allein hat einen Anstieg der

Tabelle 6. Wirkung von T_4 und 3',5'-T_2 auf die Proteoglykan-Synthese in kultivierten bovinen Chondrocyten

T_4 [nmol/l]	3',5'-T_2	spezifische Aktivität [Bq/nmol]		GalN
		Ges. HexN.	Ser.	GlcN
–	–	8,2	0,58	0,27
26	–	12,8	1,70	1,70
64	–	16,4	2,36	2,36
193	–	11,1	1,40	1,40
64	0,096	9,7	0,96	0,51
64	0,287	7,6	0,64	0,33
64	2,87	7,6	0,52	0,28

Tabelle 7. Wirkung von T_3 und rT_3 auf die Proteo-glykansynthese in kultivierten bovinen Chondrocyten

T_3 [nmol/l]	rT_3	spezifische Aktivität [Bq/nmol]		GalN
		Ges. HexN.	Ser.	GlcN
–	–	29,6	7,9	0,51
–	–	29,9	8,7	0,47
0,05	–	28,6	7,2	0,98
0,1	–	38,2	12,2	1,92
0,2	–	60,0	20,8	2,15
0,4	–	46,0	11,9	1,23
0,8	–	32,9	8,3	0,72
0,4	0,2	34,9	10,9	1,02
0,4	0,4	32,4	8,7	0,74
0,4	0,8	26,8	7,1	0,89
0,4	1,6	27,3	7,2	0,84

spezifischen Aktivität von Serin und Hexosamin zur Folge, auch
der GalN/GlcN-Quotient steigt an, d.h. es wird besonders die
Proteo-Chondroitinsulfatsynthese stimuliert. Bei T3-Inkubation
zusammen mit rT3 geht die T3-Wirkung wieder zurück. Die parallele Zunahme der spezifischen Aktivität von Serin im Proteincore

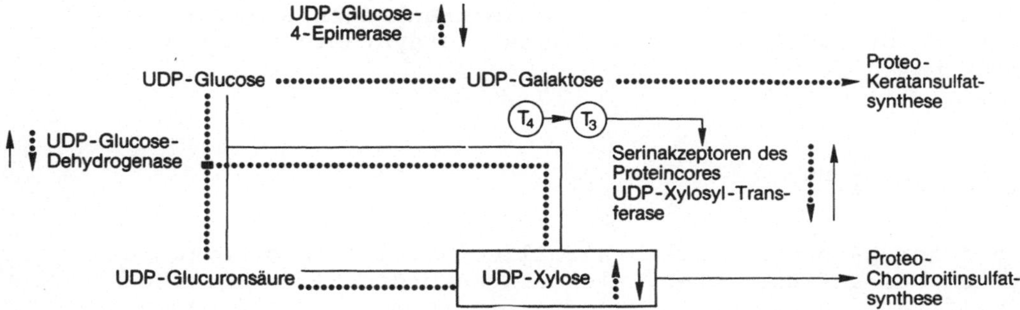

Abb. 15. Postulierter Mechanismus der Schilddrüsenhormonwirkung auf die Verteilung von Chondroitinsulfat und Keratansulfat in den Proteoglykanen des Gelenkknorpels. Stoffwechselweg unter Hormonwirkung (————) und bei Hormonmangel (-----). (↑⋮ = Zunahme, ↓⋮ = Abnahme)

und von Hexosamin in der Glykosaminoglykankette zeigt, daß T3 und T4 primär die Bildung des Proteincores stimulieren, was eine Zunahme der Serinakzeptoren für die Glykosaminoglykankette zur Folge hat und damit die Kettenneubildung initiiert. Der Hemmeffekt von 3',5'-T2 auf die T4-Wirkung spricht für das Vorkommen einer Dejodase, die die Bildung von T3 katalysiert, auch in Chondrocyten. Eine Interaktion zwischen den beiden T3-Isomeren erfolgt wahrscheinlich an solchen Stellen des Stoffwechsels, wo rezeptorvermittelte Prozesse stattfinden.

Der von uns postulierte Mechanismus der Jodthyronin-Wirkung auf die Chondroitinsulfat-Keratansulfat-Verteilung in den Proteoglykanen der Chondrocytenkultur ist in Abb. 15 schematisch dargestellt [30]. Eine entscheidende Kontrollfunktion in der Koordinierung der Proteo-Chondroitinsulfat- und Proteo-Keratansulfatsynthese besitzt der Xylosepool. Die Abnahme der Serinakzeptoren im Proteincore und der Xylosyl-Transferase-Aktivität bei mangelnder T3-Wirkung führt zu einer Akkumulation des Xylosepools und damit über einen Rückkopplungsmechanismus zu einer Hemmung der Aktivität der UDP-Glucose-Dehydrogenase, so daß weniger UDP-Glucuronsäure und schließlich UDP-Xylose, das durch Decarboxylierung aus UDP-Glucorunsäure entsteht, gebildet wird. Die Verfügbarkeit der UDP-Glucose für die UDP-Glucose-4-Epimerase, d.h. für die Bildung von UDP-Galaktose, wird bestimmt durch die Aktivität der UDP-Glucose-Dehydrogenase, deren Affinität für UDP-Glucose im Knorpel wesentlich höher ist als die der Epimerase. Die Abnahme der UDP-Glucose-Dehydrogenase-Aktivität hat eine verstärkte Bildung von UDP-Galaktose und damit eine relative Steigerung der Keratansulfatsynthese zur Folge. Unter stimulierender T3- und T4-Wirkung steigt die Zahl der Serinakzeptoren für Xylose und die Xylosyl-Transferaseaktivität an, so daß bei Verminderung der inhibitorischen Wirkung auf die UDP-Glucose-Dehydrogenase-Aktivität der Stoffwechselweg in Richtung einer Chondroitsulfat-Synthese bevorzugt wird.

Die in vitro-Befunde lassen vermuten, daß die Zunahme der Thyroxinmetabolite rT3 und 3',5'-T2 in der Synovialflüssigkeit

bei chronisch-entzündlichen Gelenkerkrankungen einen hemmenden
Einfluß auf die Proteochondroitinsulfatsynthese in den Chondrocyten hat.

Zusammenfassung

Viele der pathobiochemischen Teilmechanismen im synovialen
System bei entzündlichen Gelenkerkrankungen zeigen geringe
Spezifität und können in anderen Bindegeweben und Organen in
ähnlicher Form ablaufen. Dazu gehören auch z.B. immunologische
Reaktionen, Prostaglandinstoffwechselveränderungen, Komplement-
aktivierung, Kininaktivierung und Hämosetasereaktionen.

Die organspezifischen Veränderungen bei chronisch-entzündlichen
Gelenkerkrankungen betreffen vor allem die Destruktion des
Gelenkknorpels, dessen ursprüngliche Gewebsstruktur nicht wieder
hergestellt werden kann. An erster Stelle steht hier der Abbau,
die Mobilisierung und das Herauslösen des Proteoglykan-Hyaluronat-
Gerüstes aus der Grundsubstanz des Gelenkknorpels vor allem
durch neutrale Proteinasen (Elastase, Cathepsin G) aus neutrophilen Granulocyten. Der zweite Schritt ist der enzymatische
Abbau der Kollagenfasern durch Collagenasen und unspezifische
neutrale Proteinasen.

Die Hyaluronatdepolymerisierung erfolgt vor allem durch O_2-ent-
stammende Radikale aus Granulocyten.

Als anabole, reparative Mechanismen wurde die gesteigerte Hyaluronatsynthese aufgeführt. Die Hyaluronatsynthese in den Synovialzellen wird stimuliert u.a. durch mitogene Peptide, vor allem
aus Thrombocyten, Elastase-α2M-Komplexe, wahrscheinlich auch
Collagenase-α2M-Komplexe und verschiedene Prostaglandintypen.
Der Polymerisationsgrad des neu synthetisierten Hyaluronats bei
entzündlichen Gelenkerkrankungen ist vermindert.

Über die reparative Proteoglykansynthese in Chondrocyten ist
weniger bekannt. Bekannt ist, daß Chondrocyten im entzündlich
veränderten Gelenkknorpel neben Typ II-Kollagen auch Typ I-Kolla-
gen synthetisieren. Unsere Untersuchungen lassen vermuten, daß
auch Veränderungen des peripheren Thyroxinmetabolismus die
Proteochondroitinsulfatsynthese beeinflussen.

Literatur

1. GREILING H, GRESSNER A, KLEESIEK K (1983) In: Handbuch der inneren
   Medizin. Bd. VI/2A: Rheumatologie A (MATHIES H, Hrsg.), Springer-
   Verlag, Berlin Heidelberg, S. 29
2. MUIR H (1980) In: The joints and synovial fluid, Vol. II (SOKOLOFF L
   ed.), Academic Press, London, p. 27
3. HARDINGHAM TE (1979) Biochem J 117: 237

4. INEROT SI, HEINEGARD D, ANDELL L, OLSSON SE (1978) Biochem J 169: 143
5. WEISSMANN G, DUKOR P, ZURIER RB (1971) Nature (New Biol.) 231: 131
6. GOLDBERG ND, HADDOX MK, HARTLE DK, HADDEN JW (1973) In: Pharmacology and the future of man, Vol. 5, Cellular mechanisms (ACHESON GH, ed.), Karger, Basel, p. 146
7. DUNN CJ, WILLOUGHBY DA, GIROUD JP, YAMAMOTO S (1976) Biomedicine 24: 214
8. ROUGHLEY PJ, BARRETT AJ (1977) Biochem J 167: 629
9. ROUGHLEY PJ (1977) Biochem J 167: 639
10. KEISER H, GREENWALD RA, FEINSTEIN G, JANOFF A (1976) J Clin Invest 57: 625
11. KEISER H (1980) In: The Cell biology of inflammation (WEISSMANN G, ed.), Elesevier/North-Holland, Amsterdam, p. 431
12. KLEESIEK K, NEUMANN S, GREILING H (1982) Fresenius Z Anal Chem 311: 434
13. NEUMANN S, HENNRICH N, GUNZER G, LANG H (1984) In: Proteases: Potential Role in Health and Disease (HÖRL WH, HEIDLAND A, eds.), Plenum Press, New York, London, p. 379
14. NAKAJIMA K, POWERS JC, ASHE BM, ZIMMERMANN M (1979) J Biol Chem 254: 4027
15. KLEESIEK K, BRACKERTZ D, GREILING H (1983) Lab med 7: 122
16. EBERHARD A, LAAS U, VOJTISEK O, GREILING H (1972) Z Rheumaforschg 31: Suppl. 2, 70
17. EBERHARD A, LAAS U, VOJTISEK O, GREILING H (1972) Z Rheumaforschg 31: 105
18. ORONSKY AL, IGNARRO LJ, PERPER RJ (1973) J Exp Med 138: 461
19. IGNARRO LJ (1974) Arthritis Rheum 17: 25
20. MOHR W, ENDRES-KLEIN R, BELL B (1980) Med Welt 31: 1618
21. MILLER EJ, HARRIS EDJr, FINCH JEJr, CHUNG E, McCROSKERY PA, BUTLER WT (1976) Biochemistry 15: 787
22. STARKEY PM, BARRETT AJ, BURLEIGH MC (1977) Biochim Biophys Acta 483: 386
23. DINGLE JT, SAKLATVALA J, HEMBRY R, TYLER J, FELL HB, JUBB R (1979) Biochem J 184: 177
24. STUHLSATZ HW, EBERHARD A, KRISTIN H, VOJTISEK O, GREILING H (1976) Verh Dtsch Ges Rheumatol 4: 444
25. McCORD JJ (1974) Science 185: 529
26. GREENWALD RA, MOY WW (1980) Arthritis Rheum 23: 455
27. KLEESIEK K, GREILING H (1982) Rheumatol Int 2: 167
28. KLEESIEK K, MÜLLER KH, ROYE E, GREILING H (1980) Verh Dtsch Ges Rheumatol 6: 402
29. CHOPRA IJ (1977) Endocrinology 101: 453
30. KLEESIEK K (1981) Habilitationsschrift, Aachen

Eingeladene Diskussionsbemerkung

Interaktion von Entzündungen und der Pathogenese von Stoffwechselkrankheiten

M. Doss

Aus den Vorträgen am Freitag erwächst eine komplexe Frage zur
Interaktion von Immunologie und Klinischer Biochemie. Hämsyn-
these-Krankheiten wie akute und chronische hepatische Porphyrien [1] werden je nach Lokalisation der gestörten Enzymsequenz
zu einem großen Teil durch oder im Rahmen von Entzündungsprozessen ausgelöst. Allerdings scheint eine kausal-verbindende
und auch interpretatorische Brücke zwischen den durch den Entzündungsprozeß ausgelösten immunpathologischen Faktoren und den
sich daraus entwickelnden Effektormechanismen auf eine biochemische Dysregulation molekularer Kontrollsysteme noch zu
fehlen. Der Beitrag von Herrn FRITZ über ein lysosomales Pro-
teinasen-Modell, das die Inaktivierung von Membranen einschließt,
kann für spezielle pathobiochemische Fragen relevant sein, u.a.
für den Erkrankungsprozeß der chronischen hepatischen Porphyrien im Rahmen eines chronisch-entzündlichen Leberschadens.
Haben Entzündungsprozesse durch pH-Veränderungen (zur sauren
Seite, unter pH 6,8) negative Auswirkungen auf die Enzymaktivitäten?

Insgesamt zeigte jedoch die Diskussion, daß Erkenntnisse, praktische und theoretische Modelle und Hypothesen zur Konversion
immunpathogenetischer Prozesse in metabolisch-pathogenetische
Prozesse noch nicht vorhanden oder auch noch nicht möglich sind.
Welche Modelle zur immunpathogenetischen-stoffwechsel-patho-
genetischen Interaktion werden vorgestellt? Wo kann die Interferenz zwischen beiden Prozessen angesetzt bzw. lokalisiert
werden? Wie können Infektionskrankheiten viraler oder mikro-
bieller Genese eine Dekompensation von genetisch alterierten,
aber biochemisch voll kompensierten Regulationssystemen - wie
z.B. das Kontrollsystem von Häm auf die δ-Aminolävulinsäure-
Synthase - auslösen und somit zur Auslösung pathobiochemischer
Prozesse und zur klinischen Expression hereditär determinierter
Störungen in Krankheiten führen? Ein entzündliches Geschehen
ist ein Aktivator oder Manifestationsfaktor für eine stumme
hereditäre Störung. Diese Erkenntnis ergibt sich aus klinischen
Beobachtungen. Inzwischen konnte die präzipitierende metabolische
Bedeutung entzündlicher Prozesse auch klinisch-biochemisch bestätigt werden. So stellt sich die Frage nach "Mediator-Sub-
stanzen" der Entzündung auch für die Induktion der δ-Aminolävulinsäure-Synthase, da eine akute Porphyrie in etwa 10 bis
20% der Fälle durch Infektionen ausgelöst wird. Hier sollten
die immunpathogenetischen Mechanismen durch metabolisch-pathogenetische Mechanismen komplementiert bzw. solchen zugeordnet
werden: Beide Mechanismen bedürfen einer experimentellen Ver-
verknüpfung.

So wie die Induktion der hepatischen δ-Aminolävulinsäure-Synthase
bei den akuten hepatischen Porphyrien einerseits durch Arznei-
mittel hervorgerufen wird (pharmakogenetische Erkrankungen) [1],
so kann bei dem nicht-genetischen Typ der chronischen hepatischen
Porphyrie eine Antikörper-vermittelte perpetuierende Reaktion
die Stoffwechselstörung [2] bedingen und unterhalten. Eine
durch die Entzündung hervorgerufene "zelluläre Interaktion"
könnte zum pathogenetischen Konzept für die chronische hepatische
Porphyrie avancieren, in dem die Faktoren Leberschaden, Alkohol
und erniedrigte Aktivität der Urophorphyrinogen-Decarboxylase
eine wechselseitige und auch gemeinsame Rolle spielen.

<u>Literatur</u>

1. DOSS M (1982) Hepatic porphyrias: Pathobiochemical, diagnostic, and
   therapeutic implications. In: POPPER H, SCHAFFNER F (eds.) Progress in
   Liver Diseases. Grune & Stratton, New York, pp 573-597
2. BARAVALLE E, PRIETO J (1983) Serum antibodies against porphyric hepato-
   cytes in patients with porphyria cutanea tarda and liver disease. Gastro-
   enterol 84: 1483-1491

Diskussion

KLEINE:
Gestern haben wir gehört, daß der Elastase-α1-Proteinasehini-
bitor-Komplex im BLut eine relativ lange Halbwertszeit von etwa
60 Minuten hat und der Elastase-α2-Makroglobulin-Komplex eine
kurze Halbwertszeit von etwa 10 Minuten. Sie finden aber in
der Synovialflüssigkeit viel mehr Elastase-α2-Makroglobulin-
Komplexe als Elastase-α1-Proteinaseinhibitor-Komplex, stimmt das?

KLEESIEK:
Nein, das ist so nicht ganz richtig. Wir finden in der Synovial-
flüssigkeit sehr hohe Konzentrationen des Elastase-α1-Proteinase-
inhibitor-Komplexes, gemessen mit dem Enzymimmunoassay. Bei dem
Elastase-α1-Proteinaseinhibitor-Komplex ist das Enzym kovalent
an den Inhibitor gebunden, der Komplex ist enzymatisch inaktiv.
Etwa 80 bis 90% der extrazellulären Elastase werden in dieser
Form gebunden.

KLEINE:
Auch in der Synovialflüssigkeit?

KLEESIEK:
Auch in der Synovialflüssigkeit, überhaupt im gesamten extrazellulären Raum. Ein Teil der extrazellulären Elastase, etwa
10 bis 20%, bindet an α2-Makroglobulin. Die Reaktion der Proteinase mit dem Makroglobulin führt zur Ausbildung einer kova-
lenten Bindung ohne Beteiligung des aktiven Zentrums und ist
begleitet von einer Konformationsänderung, wobei das Enzym ein-
geschlossen wird. Der Zugang zum aktiven Zentrum der Proteinase
ist für Makromoleküle erschwert, so daß hochmolekulare Proteine
durch solche enzymatisch aktiven Komplexe nicht mehr umgesetzt
werden. Proteine mit einem Molekulargewicht unter ca. 10 000
haben jedoch Zugang zum aktiven Zentrum der eingeschlossenen
Proteinase und können umgesetzt werden. Man kann diese Komplexe
deswegen mit Hilfe eines chromogen Substrates über die Enzym-
aktivität messen. Die Bestimmungen des Elastase-α1-Proteinase-
inhibitor-Komplexes und der Elastase-α2-Makroglobulin-Komplexe
erfolgen also mit zwei verschiedenen Methoden.

Warum die Elastase-α2-Makroglobulin-Komplexe in der Synovialflüssigkeit in relativ hoher Aktivität nachweisbar sind, ist
klar: Die Clearance in der Gelenkhöhle ist im Vergleich mit der
in der Blutzirkulation wesentlich verlangsamt. Im Blut liegen
die Aktivitäten des Komplexes bisher unterhalb der Nachweisgrenze der Methode. In der Synovialflüssigkeit reichert sich
dieser Komplex in größerer Menge an und hat möglicherweise auch
einen Effekt auf die Hyaluronatsynthese.

FRITZ:
Darf ich dazu etwas sagen? Man hat es in der Synovialflüssigkeit
mit einem isolierten Kompartiment zu tun. Solange der α1-Pro-
teinaseinhibitor voll aktiv ist, hat er einen gewissen Vorrang
und wird primär die Elastase hemmen, bevor das α2-Makroglobulin
zum Zuge kommt. Herr KLEESIEK zeigte auch, daß jede Menge α1-
Proteinaseinhibitor-Elastase-Komplex vorliegt; daraus folgt
aber auch, daß der lysosomale Inhalt aus den Granulocyten freigesetzt worden ist. Dies bedeutet, daß die Phagocytose stimuliert worden ist. D.h. ein großer Teil des α1-Proteinaseinhi-
bitors und - das ist der springende Punkt - ist am Methionin
im reaktiven Hemmzentrum des Moleküls oxidiert. Die Hemmwirkung
gegen die Elastase wird dadurch drastisch reduziert und nun
hat in diesem Kompartiment das α2-Makroglobulin die Chance, alles
das, was an Elastase übrig ist, zu hemmen.

Dies ist im Plasma nicht der Fall, da dort ein sehr großer
Überschuß an nativen Hemmstoffen vorhanden ist. Das ist in der
Synovialflüssigkeit voraussichtlich anders, wo u.U. der größte
Teil des α1-Proteinaseinhibitors durch oxidative Mechanismen
inaktiviert worden ist.

VONDERSCHMITT:
Viele der chronisch entzündlichen Gelenkerkrankungen, wie auch
der chronisch entzündlichen Krankheiten des ZNS, laufen ausgesprochen schubweise ab. Gibt es in diesem pathobiochemischen
Modell irgendwelche Ansätze, die den schubweisen Verlauf der
akuten Phasen erklären könnten?

KLEESIEK:
Diese Frage berührt die Ätiologie chronischer Gelenkerkrankungen.
Da die Ätiologie vieler Gelenkerkrankungen unbekannt ist, können
wir auch den unterschiedlichen Verlauf nicht erklären. Pathobiochemische Modelle helfen uns, pathogenetische Teilmechanismen
zu verstehen. Eine Erklärung für den schubweisen Verlauf akuter
Phasen geben sie allerdings nicht.

Was wir feststellen ist, daß die Konzentration des Elastase-α1-
Proteinaseinhibitor-Komplexes in der Synovialflüssigkeit und
im Plasma zwischen akuten Phasen, z.B. während einer antiphlogistischen Therapie, auf Werte absinkt, die man bei nicht-
entzündlichen, degenativen Gelenkerkrankungen oder normalerweise findet,

TRAUTSCHOLD:
Ich finde es schön, daß Sie eine Verbindung zum Hormonsystem
hergestellt haben. Ihre Befunde, die zeigen, daß bei chronisch-
entzündlichen Gelenkerkrankungen die T_4-Konversion bevorzugt in
Richtung einer rT_3-Bildung abläuft, hat mich auf eine Frage
gebracht:
Es gibt eine Arbeit, die in diesem Zusammenhang das Fibronectin
erwähnt, und zeigt, daß Fibronectin auch die T_4-Konversion nach
rT_3 stimulieren kann. Wir haben eigentlich gestern vergessen,
diese Substanz in unsere Diskussion mit einzubeziehen. Kennen
Sie Untersuchungen über die Fibronectinkonzentration in der
Synovialflüssigkeit? Ist die Konzentration bei chronisch-entzündlichen Gelenkerkrankungen erhöht?

230

KLEESIEK:
Es gibt Untersuchungen von Herrn GRESSNER, Aachen, die zeigen,
daß Fibronectin bei chronisch-entzündlichen Gelenkerkrankungen
in erhöhter Konzentration in der Synovialflüssigkeit gefunden
wird. Gleichzeitige Messungen in Blut und Synovialflüssigkeit
haben ergeben, daß die Blutkonzentration höher oder zumindest
gleich hoch ist, so daß als Quelle des Fibronectins in der
Synovialflüssigkeit wohl in erster Linie das Blutplasma in Frage
kommt. Das Protein gelangt aufgrund erhöhter Durchlässigkeit
der entzündlich veränderten Blut-Synovia-Schranke in die Gelenkhöhle. Eine verstärkte lokale Synthese bei entzündlichen
Gelenkprozessen wurde bisher nicht nachgewiesen. Es ist sicherlich eine interessante Parallele, daß bei chronisch entzündlichen Gelenkerkrankungen die Konzentration des Fibronectins in
der Synovialflüssigkeit ansteigt und gleichzeitig die T_4-Kon-
version nach rT_3 verschoben ist. Möglicherweise besteht ein
Zusammenhang zwischen beiden Prozessen.

KEPPLER:
Konnten Sie die These zur Wirkung von Schilddrüsenhormonen auf
den Chondrocytenstoffwechsel schon dadurch erhärten, daß Sie den
Anstieg der UDP-Xylose sowie die Veränderungen des UDP-Glucu-
ronats und des UDP-Galaktose-Gehaltes in den Zellen messen
konnten?

KLEESIEK:
Diese Untersuchungen haben wir bisher noch nicht durchgeführt.
Messungen der Xylosyltransferase-Aktivität und der UDP-Xylose-
Konzentration in Condrocyten unter dem Einfluß der Thyroxin-
metabolite sind vorgesehen.

REIBER:
Wie stehen Sie zu dem therapeutischen Konzept, im Gelenk Chon-
droitinsulfat oder Superoxid-Dismutase (SOD) zu injizieren?
Sie haben gezeigt, daß die SOD intrazellulär lokalisiert ist.
Dorthin kann das ins Gelenk injizierte Enzym ja nicht gelangen.

KLEESIEK:
Eine große Bedeutung bei der Destruktion der Knorpelgrundsubstanz,
d.h. bei der Spaltung des Coreproteins, der Proteoglykane und
des Kollagens, haben die neutralen Proteinasen. Medikamente,
die diese Proteinasen-Aktivität inhibieren, greifen in einen entscheidenden pathobiochemischen Mechanismus ein.

Die intraartikuläre Applikation der SOD erfolgt unter der Vorstellung, daß extrazelluläre Superoxid-Radikale inaktiviert
werden. Ein therapeutischer Effekt ist allenfalls bei kurz-
dauernden granulocytären Infiltrationen denkbar, z.B. während
der akuten Phase degenerativer Gelenkerkrankungen.

Polysulfatierte Chondroitinsulfate werden deshalb intraartikulär,
z.T. sogar intramuskulär injiziert, weil ihnen eine sog. chon-
droprotektive Wirkung zugeschrieben wird. Zweifelsfreie Beweise
dieses therapeutischen Effektes liegen allerdings bisher noch
nicht vor.

GREILING:
Man muß folgendes unterscheiden: Die neueren Erkenntnisse der
Klinik sowie die klinisch-chemische Diagnostik und Pathobiochemie haben deutlich gezeigt, daß zwischen degenerativen und
entzündlichen Gelenkerkrankungen unterschieden werden muß. Danach
richtet sich die therapeutische Anwendung. Sehr oft wird jedoch unkritisch die entzündungshemmende Therapie sowohl bei
degenerativen als auch bei entzündlichen Gelenkerkrankungen durchgeführt. Bei degenerativen Erkrankungen ohne einen Entzündungsschub ist die antiphlogistische Therapie kontraindiziert, da
die sog. nichtsteroidalen Antiphlogistika, z.B. Indometazin
und andere Prostaglandinsynthese-Inhibitoren, die Biosynthese
der Matrixbestandteile des Gelenkknorpels hemmen. Bei degenerativen Gelenkerkrankungen sollte man jedoch gerade die Biosynthese des Kollagens und der Proteoglykane im Gelenkknorpel
stimulieren.

DENGLER:
Meine Frage geht in die gleiche Richtung: Ich meine, die Ver-
abreichung von SOD führt zweifellos bei der Arthrose, insbesondere bei der aktivierten Arthrose - das ist in guten Versuchen gesichert - zu einer langfristigen Besserung der Ge-
lenkentzündung. Man weiß aber, daß die Halbwertszeit der SOD
im Gelenk sehr kurz ist. Daher meine Frage: Gibt Ihre Theorie
eine Erlärungsmöglichkeit, warum der therapeutische Effekt die
Anwesenheit der SOD im Gelenk überdauert?

KLEESIEK:
Superoxid-Radikale werden in der entzündlichen Synovialflüssigkeit hauptsächlich aus zerfallenden Granulocyten freigesetzt.
Bei der chronischen Polyarthritis ist aus dem Pannusgewebe ein
permanenter Nachschub von Granulocyten gegeben, so daß ein therapeutischer Effekt durch die SOD nicht wahrscheinlich ist.
Anders bei der aktivierten Arthrose. Hier mag während eines
entzündlichen Schubs die SOD wirksam sein. Auf solch einen
Schub folgt häufig eine entzündungsfreie Phase, auch spontan,
so daß vielleicht deshalb klinisch der Eindruck eines lang-
andauernden Effektes entsteht.

GREILING:
Meiner Ansicht nach ist es nicht sinnvoll, die Superoxid-Dismutase intraartikulär bei degenerativen Gelenkerkrankungen zu
geben, wenn kein Entzündungsschub vorhanden ist. Ich würde das
sogar als kontraindiziert bezeichnen, weil für den physiologischen Ablauf im Gelenk wahrscheinlich die Superoxid-Radikale
notwendig sind. Der therapeutische Effekt, der die Anwesenheit
der SOD im Gelenk überdauert, wird möglicherweise durch die
physiologische Konzentration von Coeruloplasmin, das auch in
der Synovialflüssigkeit vorhanden ist, ausgeglichen. Coeruloplasmin hat ebenfalls eine Superoxid-Dismutase-ähnliche Wirkung
in der Beseitigung von Superoxid-Radikalen. Eine weitere hypo-
thetische Interpretation ist, daß die Tertiärstruktur der Superoxid-Dismutase durch das in der Synovialflüssigkeit vorhandene
Hyaluronat stabilisiert wird.

DENGLER:
Ich meine, so sehr wir Ihre präzisen Untersuchungen zur Kenntnis
nehmen, so sehr muß man m.E. auch das Ergebnis guter klinischer
Studien akzeptieren. Es ist klar, daß man bei der rheumatoiden
Arthritis keine SOD verwenden soll. Aber bei anderen Formen -
das ist alles ausführlich beschrieben - ist ein eindeutiger
Effekt vorhanden. Es kann sich nicht um eine Stabilisierung der
SOD handeln, denn deren Aktivität nimmt nachweisbar in 2 bis 3
Stunden ab, während der Effekt, erkennbar an der Granulocytenzahl und anderen Entzündungsparametern des Gelenks, länger
anhält. Könnte es sein, daß z.B. die Oxidation des Methionins
verhindert wird und daß dadurch die inhibitorische Wirkung auf
die Proteinasen-Aktivität verstärkt wird?

TRAUTSCHOLD:
Das ist eine Erklärungsmöglichkeit. Eine andere ist, daß wir
einen autokatalytischen Zerstörungsprozeß durch die Sauerstoff-
Radikale vor uns haben, d.h. daß Sauerstoff-Radikale die Makrophagen und Polymorphkernige zerstören. Es könnte sein, daß durch
die SOD dieser circulus vitiosus unterbrochen und längerfristig
der Nachschub von Sauerstoff-Radikalen verhindert werden kann.
So ist es denkbar, daß der therapeutische Effekt auch dann noch
andauert, wenn die SOD nicht mehr anwesend ist.

DELBRÜCK:
Meine Frage ist sowohl an Herrn KLEESIEK als auch an Herrn FRITZ
gerichtet. Es wurde gesagt, daß die Elastase-Aktivität in der
Synovialflüssigkeit an den Elastase-α2M-Komplex gebunden ist.
Außerdem wurde gesagt, daß von diesem Komplex nur niedermolekulare Substrate mit einem Molekulargewicht von 10 000 und
kleiner gespalten werden können. Weiterhin wurde gezeigt, daß
die Elastase das Coreprotein der Proteoglykane und das Link-
Protein spaltet, d.h. Moleküle, die z.T. ein Molekulargewicht
von mehreren Millionen besitzen. Dieser Abbau ist nur durch
eine freie Elastase denkbar. Elastase, die an Inhibitoren gebunden ist, kann ja eigentlich nicht mehr viel anrichten. Sie
könnte kleine Proteine, die übrigbleiben, abräumen, aber eine
Beteiligung am Abbau der Struktursubstanz ist schwer vorstellbar.

KLEESIEK:
Es ist sicher richtig, daß Elastase-α2M-Komplexe Proteoglykane
und andere höhermolekulare Substrate nicht umsetzen. Die Ela-
stase-α2M-Komplexe werden allerdings über ihre enzymatische
Aktivität gemessen, weil niedermolekulare chromogene Substrate
zum aktiven Zentrum der Proteinase gelangen können. Die pathobiochemischen Modelle über den Abbau der bindegewebigen Grundsubstanz beziehen sich nur auf die freie Elastase.

Einige Vorstellungen, wie die freie Elastase im synovialen
System wirksam sein kann, habe ich in meinem Referat erwähnt.
So können bei der frustranen Phagocytose so hohe Elastase-
Konzentrationen erreicht werden, daß das Gleichgewicht zwischen
Proteinase und Inhibitoren zugunsten der freien, aktiven Pro-
teinase verschoben wird. Während der Phagocytose wird außerdem
eine Myeloperoxidase freigesetzt, die Methionin im α1-Proteinase-
Inhibitor oxidiert, so daß auf diesem Wege der Inhibitor in-

aktiviert werden kann. In unmittelbarer Nähe der Granulocyten
können also hohe Aktivitäten der freien Elastase entstehen, die
destruierend wirken.

DELBRÜCK:
Mir scheint, daß aus dem Messen der Aktivität des Elastase-α2M-
Komplexes nicht auf dessen Wirksamkeit im Gelenk geschlossen
werden kann. Besteht vielleicht ein zufälliger oder indirekter
Zusammenhang zwischen den meßbaren Aktivitäten des Elastase-α2M-
Komplexes und dem pathobiochemischen Vorgang der Knorpelde-
struktion?

KLEESIEK:
Wir haben dadurch, daß wir die Aktivität von Elastase-α2M-Kom-
plexen in der Synovialflüssigkeit messen, natürlich nicht direkt
den pathobiochemischen Mechanismus der Knorpeldestruktion nachgewiesen. Das war auch nicht die Fragestellung. Es sollte vielmehr die diagnostische Validität dieses Parameters bei chronischen
Gelenkerkrankungen geprüft werden. Allerdings zeigt eine hohe
Aktivität des Elastase-α2M-Komplexes in der Synovialflüssigkeit
auch, daß größere Mengen der Elastase aus Granulocyten in den
Extrazellulärraum freigesetzt wurden.

Nicht die Knorpeldestruktion, aber wahrscheinlich andere pathobiochemische Prozesse werden durch Elastase-α2M-Komplexe stimuliert. Unsere Zellkulturversuche weisen darauf hin, daß Elastase-
α2M-Komplexe einen Effekt auf die Hyaluronatsynthese haben. Aus
der Blutzirkulation werden solche Komplexe durch Aufnahme in
spezialisierten Makrophagen des RES eliminiert. Zellkinetische
Untersuchungen haben gezeigt, daß spezialisierte Makrophagen
wahrscheinlich auch in der synovialen Membran vorkommen. Es
ist daher denkbar, daß Elastase-α2M-Komplexe von solchen Zellen
phagocytiert wurden, und durch eine gleichzeitige Freisetzung
von Prostaglandinen die Hyaluronatsynthese stimuliert wird.

FRITZ:
Ich glaube, die Frage von Herrn DELBRÜCK ist: Kann Elastase am
Knorpel in aktiver Form überhaupt wirksam werden? Wenn man
alle Informationen zusammennimmt, kann man sagen, sie kann
wirken, und zwar aus folgendem Grund: Bei der frustierten Phagocytose ist es ja so, daß der phagosomale und der lysosomale
Inhalt zu der Knorpelsubstanz im Kontaktbereich Phagocyt-Knorpel-
gewebe direkt Zugang hat. Lassen wir mal die Synovialflüssigkeit,
die außen herum ist, im Moment außer acht: die Elastase ist in
voll aktiver Form vorgebildet. Sie hat eine ausgesprochen hohe
Affinität zum Elastin. Diese ist so hoch, daß an der Elastase,
die an das Elastin gebunden ist, der native α1-Proteinase-
inhibitor keinen Zugang zum aktiven Zentrum der Elastase mehr
hat, d.h. die Elastase kann Elastin ungehemmt abbauen. Dies hat
Herr BAICI, Zürich, sehr schön gezeigt. Er hat Elastase-Aktivität in Abhängigkeit von der Tiefe des Eindringens der Elastase
in die Knorpelsubstanz nachweisen können.

Nun zum zweiten Punkt:
Wenn die Phagocytose stimuliert wird, laufen ja die oxidativen
Prozesse ab und somit wird auch der Methioninrest im reaktiven

Zentrum des α1-Proteinaseinhibitors oxidiert. Dieser oxidierte
α1-Proteinaseinhibitor hat praktisch keine Schutzfunktion mehr.
Jetzt kann vorhandenes α2-Makroglobulin die Elastase übernehmen.
Zusätzlich kann folgendes passieren, das hat Herr TSCHESCHE in
Bielefeld klar gezeigt: Die Kollagenase kommt in den lysosomalen
Granula als Kollagenase-Inhibitor-Komplex vor. Mit dem Hexose-
Monophosphat-Shunt wird oxidiertes Glutathion gebildet. Dieses
oxidierte Glutathion setzt die Kollagenase frei. Damit ist die
Kollagenase aktiv und kann Kollagene ebenfalls anbauen. Das
Hemmpotential für die Kollagenase ist in der Synovia relativ
gering, so daß dieses Enzym am Knorpel direkt abbauend arbeiten
kann. Ich könnte mir nun gut vorstellen, daß, wenn man die
Superoxid-Dismutase appliziert, die Oxidation des Methioninrestes im α1-Proteinaseinhibitor verhindert oder sogar rück-
gängig gemacht werden kann.

NEUMANN:
Man muß einen Unterschied machen in den mechanistischen Vorstellungen, ob man von den Vorgängen an der festen Faser am
Pannusgewebe spricht oder von dem, was in der Synovialflüssigkeit abläuft. Ich möchte nur an die Befunde von Herrn MENNINGER
erinnern, der immunhistologisch nachgewiesen hat, daß sich
Elastase an der Grenzschicht des Pannusgewebes anreichert, sie
ist dort immunhistochemisch sehr intensiv nachzuweisen.

DELBRÜCK:
Sie ist nicht nur da nachweisbar, sondern sie geht auch an die
Chondrocytenoberfläche ran. Es ist nur die Frage, Herr MENNINGER
hat das mit der Immunfluoreszenz-Technik nachgewiesen, in welcher
Form liegt das Enzym dann vor?

FRITZ:
Herr BAICI hat es dort in aktiver Form nachgewiesen. Es ist voll
aktiv, das hat auch Herr SCHNEBLI bestätigt. Er hat weiter versucht, diese so an Elastin gebundene Elastase mit α1-Proteinase-
inhibitor zu hemmen, das geht nicht. Nur kleine Hemmstoffmoleküle
können die Elastin-gebundene Elastase inhibieren.

TRAUTSCHOLD:
Nur kurz zu diesen MENNINGER-Versuchen. Es ist nicht nachgewiesen, daß das Enzym aktiv ist. Aber Herr FRITZ, würden Sie
nicht einen ganz einfachen Mechanismus akzeptieren: Wir alle
wissen doch, wenn wir mit Inhibitoren arbeiten, erreichen wir
Hemmwerte von 90 bis 95%, wenn es gut geht. Es gibt Inhibitoren,
mit denen erreicht man nur 80% Hemmung im Gleichgewicht (äquimolare Mengen von Enzym und Inhibitor). Der Komplex ist ja
immer dissoziierbar. Das Verhältnis gebunden/frei reicht ja aus,
wenn z.B. die Arzneimittelwirkung verglichen wird, z.B. 99%
gebundener, 1% freier Wirkstoff-oder wenn wir Rezeptoren, hormonelle Faktoren betrachten. Es ist ein biologisches
Prinzip, daß bei chronischen Prozessen 1% freier Wirkstoff auf
die Dauer völlig ausreicht, um pathologisch wirksam werden zu
können. Das ist eine Frage der Umsatzgeschwindigkeit und der
Randbedingungen.

FRITZ:
Das mag richtig sein. Wenn man aber noch zusätzlich den Proteinaseinhibitor so geschädigt hat, daß er praktisch nur noch sehr
schwach hemmt, dann kann ja das pathologische Geschehen voll
ablaufen.

TRAUTSCHOLD:
Ein bißchen möchte ich davor warnen, zu sagen, wenn Sauerstoff-
Radikale da sind, wird bevorzugt dieser α1-Proteinaseinhibitor
oxidiert. Ich meine, es sind ja so viele Oxidationsmöglichkeiten
gegeben, daß nun nicht nur der α1-PI umgesetzt werden wird.

FRITZ:
Sicherlich, aber die weitgehende Oxidation des α1-PI in der
Lungenlavage bei ARDS und starken Rauchern ist inzwischen von
einigen Autoren nachgewiesen worden.

GREILING:
Das Proteoglycan-Molekül kann nicht so leicht einfach am Poly-
peptidcore angegriffen werden; d.h. ehe die Elastase hier heran-
kommt, muß zuerst das aggregierende Hyaluronat gespalten werden.
Für den ersten Schritt sind deshalb ebenfalls Superoxid-Radikale
oder lysosomale Glykosidasen notwendig, um das Hyaluronat zu
depolymerisieren. Erst dann kann das Proteincore durch Elastase
gespalten werden. Es handelt sich also hier um ein multifakto-
rielles Ereignis, bei dem die Elastase nur ein Enzym, vielleicht
das geschwindigkeitsbestimmende, in einem Multienzymkomplex ist.

FRITZ:
Ist das nicht die ideale Ergänzung? Ich sage ja auch, die Sauerstoff-Radikale inaktivieren den α1-Proteinaseinhibitor primär.
Das paßt doch gut zu Ihrer Vorstellung. Auch beim Hyaluronat
setzen die Sauerstoff-Radikale die primäre Noxe, dann erst
kann die Elastase wirken. Der Proteinaseinhibitor wird zuerst
oxidativ inaktiviert und nun kann die Elastase wirken.

GUDER:
Ich verfolge mit Spannung, wie hier ein neues Gebiet für die
klinisch-chemische Diagnostik eröffnet wird. Ich würde aber
noch gerne mit nach Hause nehmen Herrn KLEESIEKS und Herrn
GREILINGS letzte Ergebnisse über Indikation und Minimalprogramm
der Diagnostik, wie sie von Herrn REIBER und Herrn FELGENHAUER
für die Liquordiagnostik sehr schön gezeigt wurden. Die Fragestellung von der Klinik ist ja nicht Arthrose oder Arthritis;
die Frage ist vielmehr innerhalb der Arthritis: Welche Form muß
ich antibiotisch behandeln, welche nicht? Können Sie dazu noch
etwas sagen? Bei welchen Fragestellungen führen Sie welches
klinisch-chemische Programm durch?

KLEESIEK:
Die Frage, welche Gelenkerkrankungen antibiotisch behandelt
werden müssen, ist noch relativ einfach zu beantworten: auf jeden
Fall solche Erkrankungen, bei denen in der Synovialflüssigkeit
Bakterien nachgewiesen wurden, was aber selten möglich ist
(ein positiver Nachweis auf etwa 10 000 Untersuchungen). Hier
ist auch die Ätiologie klar. Insgesamt ist aber die Diagnostik

der chronischen Gelenkerkrankungen schwierig. Die Parameter die
man im Blut bestimmen kann, sind bis auf wenige Ausnahmen unspezifisch. Zu diesen Ausnahmen gehört z.B. der Nachweis von
Autoantikörpern gegen native DNA beim Lupus erythematodes. An-
sonsten zeigen die Veränderungen klinisch-chemischer Parameter,
die man bei chronisch entzündlichen Gelenkerkrankungen im Blut
finden kann, wie z.B. Erhöhung der Akute-Phase-Proteine, Abnahme der Eisenkonzentration, Zunahme der Kupferkonzentration
im Serum und die hypochrome Anämie, allgemein einen entzündlichen Prozeß ohne krankheitsspezifischen Charakter. Sobald
aber die Möglichkeit besteht, Synovialflüssigkeit zu gewinnen,
die leider nach der Punktion meist verworfen wird, kann man die
diagnostischen Möglichkeiten wesentlich erweitern. Wir haben
die differentialdiagnostische Validität von 20 verschiedenen
Parametern, die simultan in über 2000 Synovialflüssigkeiten bestimmt wurden, untersucht und festgestellt, daß die Granulocytenzahl die größte diskriminatorische Potenz zur Unterscheidung zwischen entzündlichen und nicht-entzündlichen Gelenkerkrankungen gibt. Bei der klinisch häufig schwierigen Differentialdiagnose zwischen Polyarthrose und chronischer Polyarthritis oder
zwischen traumatischer Arthropathie und der juvenilen chronischen
Polyarthritis ergibt die Untersuchung der Synovialflüssigkeit
wichtige Informationen. Bei der unbehandelten chronischen Polyarthritis werden in der Regel sehr hohe Granulocytenzahlen gefunden. Eine normale Granulocytenzahl in der Synovialflüssigkeit
schließt eine chronische Polyarthritis mit hoher Wahrscheinlichkeit aus.

Es ist methodisch einfacher, die Granulocytenzahl in der Synovialflüssigkeit zu bestimmen, als die Konzentration des Elastase-
α1-Proteinaseinhibitor-Komplexes. Die Bestimmung der Granulocytenzahl ist auch zu empfehlen, wenn man die Synovialflüssigkeit allein untersucht. Unsere Untersuchungen haben aber gezeigt, daß bei der chronischen Polyarthritis auch im *Plasma*
eine Konzentrationserhöhung des Elastase-α1-Proteinaseinhibitor-
Komplexes nachweisbar ist. Damit wird meiner Ansicht nach erst-
mals ein organspezifisches Signal des entzündlichen Gelenk-
prozesses im Plasma sichtbar. D.h., von Bedeutung für die Diagnostik chronischer Gelenkerkrankungen ist die Bestimmung des
Elastase-α1-Proteinaseinhibitor-Komplexes im Plasma und nicht
in der Synovialflüssigkeit.

REIBER:
Gibt es im Gelenk eine lokale Antikörpersynthese? Wenn ja, dann
wäre es möglich, daß solch ein Befund, ähnlich wie in der Liquordiagnostik, zur Diagnostik chronischer Gelenkerkrankungen herangezogen wird.

KLEESIEK:
Bei der chronischen Polyarthritis werden im Pannusgewebe Plasmazellen gefunden und sicherlich werden bei dieser Erkrankung
auch im Gelenk Antikörper gebildet. Durch die gleichzeitige
Bestimmung der Immunglobuline im Plasma und in der Synovialflüssigkeit könnte man versuchen, eine lokale Antikörpersynthese
nachzuweisen. Da aber das Volumen der Synovialflüssigkeit innerhalb weiter Grenzen schwanken kann, kommt man mit diesem Para-

meter nach meinen Erfahrungen diagnostisch nicht wesentlich
weiter.

NEUMEIER:
Es gibt Untersuchungen von JOHNSON u. WATTS, die darauf hinweisen,
daß die Elastase beim Lungenemphysem weniger für akute Veränderungen verantwortlich sind, sondern mehr für die später
auftretenden chronischen Veränderungen. Man sollte vielleicht
das Hauptaugenmerk nicht zu sehr auf die Elastase als den akuten
Entzündungsparameter richten. Möglicherweise sind solche Patienten, die bei rheumatischen Erkrankungen hohe Elastasekonzen-
trationen zeigen, diejenigen, die später in eine schwere Form
der Erkrankung übergehen, also eine schlechtere Prognose haben.

KLEESIEK:
Aus der Höhe der Plasmakonzentration des Elastase-α1-Proteinase-
inhibitor-Komplexes auf die Verlaufsform der chronischen Polyarthritis zu schließen, ist wahrscheinlich nicht möglich, da
diese Erkrankung in Phasen unterschiedlicher Entzündungsaktivität verläuft und außerdem häufig unter einer antirheumatischen
Therapie steht. Eine hohe Plasmakonzentration des Komplexes zeigt
sicherlich einen momentanen entzündlichen Schub.

Da organspezifische klinisch-chemische Befunde des Blutes bei
chronisch-entzündlichen Gelenkerkrankungen in der Regel nicht
nachweisbar sind, werden in der klinischen Diagnostik häufig
unspezifische Entzündungsparameter herangezogen. Unsere Korre-
lationsberechnungen zwischen dem Elastase-α1-Proteinaseinhibitor-
Komplex und verschiedenen Akute-Phase-Proteinen ergaben niedrige
Korrelationskoeffizienten, ähnlich wie sie von Herrn NEUMEIER
berichtet wurden. Erfahrungsgemäß ist aber eine Übereinstimmung
zwischen krankheitsunspezifischen Veränderungen, z.B. Akute-
Phase-Reaktionen, verschiedenen klinischen Befunden und Befind-
lichkeiten, und objektiven Daten, wie klinisch-chemischen Syno-
vialbefunde und Ausmaß der Knorpeldestruktion, nur zufällig
gegeben. Auch zwischen den Akute-Phase-Proteinen selbst konnten
wir keine signifikanten Korrelationen nachweisen. Das kann z.T.
darauf zurückgeführt werden, daß unter einer antirheumatischen
Therapie die Freisetzung solcher inflammatorischer Mediatoren,
wie Interleukin 1 und Prostaglandinen, die in den Hepatocyten
die Synthese von Akute-Phase-Proteinen stimulieren, unterdrückt
wird.

Zusammenfassung

H. Greiling

Ich will versuchen, die vielen neuen immunologischen und pathobiochemischen Ergebnisse dieses Symposiums kritisch zusammen-
zufassen.

Herr KALDEN hat in seinem klinisch-experimentellen Referat besonders die zellulären Komponenten der Entzündungen herausgestellt und gezeigt, daß die Erregerpersistenz, besonders im
gelenkumgebenden Gewebe, bei der chronischen Polyarthritis eine
Entzündungsreaktion mit Phänomenen wie Immunkomplexformation,
Komplementaktivierung, Stimulierung von polymorphkernigen Granulocyten und die Freisetzung lysosomaler Enzyme initiiert und
spezifisch an der Unterhaltung der chronischen Entzündungs-
mechanismen beteiligt ist. Er hat besonders die Bedeutung der
B-Zell-Proliferation für die Bildung von Antikörpern und Antiglobulinen hervorgehoben. Für die Entzündungsreaktion allgemein
erscheint die Mitreaktion von Makrophagen und Lymphocyten
nicht nur für den Beginn, sondern auch für die chronisch perpetuierende Entzündungsreaktion von zentraler Bedeutung zu sein.
Er konnte zeigen, daß am Ort der Entzündungsreaktion eine
Störung immunregulatorischer Mechanismen besteht, weil als
Ursache eine defiziente immunregulatorische Funktion von T-
lymphocyten sowie eine gesteigerte unspezifische cytotoxische
Aktivität angenommen wird. Versuche in Richtung einer klinisch-
chemischen Diagnostik mit monoklonalen Antikörpern haben auf diesem
Gebiet bisher noch keinen entscheidenden Durchbruch gebracht.

Frau ROTHER gelang es, auf der Basis zellulärer, immunologischer
Grundlagenforschung den Mechanismus der immunologischen Zerstörung von Zellen bei der Entzündung, z.B. bei der Bakterizi-
die, körpereigenen Zellen, bei Autoaggression und Tumorzellen
aufzuklären, wobei besonders die Einwirkung des Serumkomplements
(C-System) eine entscheidende Rolle spielt. Sie hat ganz eindeutig gezeigt, daß die Aktivierung des Komplementsystems zum
Entzündungsprozeß korreliert ist. Frau ROTHER zeigte dann, daß
das C5-Spaltprodukt C5a anaphylatoxische Eigenschaften besitzt.
Außerdem konnte sie experimentelle Hinweise bringen, daß dieses
C5a ebenfalls selektiv in der Lage ist, lysosomale Enzyme aus
den Granulocyten freizusetzen.

Herr BRUNE hat es unternommen, die pharmakologische Bedeutung der
Arachidonsäuremetaboliten, der Prostaglandine, Thromboxane, des
Prostacyclins und der Leukotriene als Entzündungsmediatoren
kritisch herauszustellen und viele Untersuchungsergebnisse verschiedener Arbeitsgruppen in Frage gestellt. Die sog.
nicht-steroidalen, entzündungshemmenden Medikamente sind in der

Regel Inhibitoren der Prostaglandinsynthese bzw. Cylooxygenase.
Es wurde eindeutig dargestellt, daß wir z.Zt. zwischen Prosta-
landin-abhängigen und Prostaglandin-unabhängigen Entzündungsvorgängen unterscheiden können.

Ebenfalls wurde die etablierte Meinung, daß die Prostaglandin-
E-Gruppe entzündungsfördernd, die Prostaglandin-F-Gruppe entzündungshemmend ist, in Frage gestellt. Die Frage, ob radio-
immunologische Prostaglandinbestimmungen Vorteile für die
Diagnostik, Differentialdiagnostik und therapeutische Verlaufskontrolle bringen, wurde zum jetzigen Zeitpunkt verneint.

Die Bedeutung der katabolen lysosomalen Enzymsysteme am Entzündungsprozeß wurde von mehreren Vorträgen angesprochen. Es gibt
zwei Typen von Phagocyten, die neutrophilen Leukocyten und Makrophagen, die reich an Proteinasen sind. Für die Gewebezerstörung
stehen besonders die Serinproteasen im Vordergrund.

Herr FRITZ hat besonders die Bedeutung der Plasmaproteinase-
Inhibitoren im Regulationsgeschehen der Entzündung beim Trauma
und beim Schock herausgearbeitet.

Herr NEUMANN stellte uns eine neue enzymimmunologische Methode
für den Elastase-α1-Antiproteinasekomplex vor und konnte zeigen,
daß 90% im Serum als Elastase-α1-Antitrypsinkomplex und nur 10%
als Elastase-α2-M-Komplex vorliegen. Es scheint eine Differenzierung zwischen entzündlichen und nicht-entzündlichen Erkrankungen in Zukunft möglich zu sein.

Frau WITT hat besonders die Bedeutung der Hämostase bei der Entzündung angesprochen, wobei das proteolytische Entzündungs-
potential maßgeblich beteiligt ist. Sie hat jedoch auch gezeigt,
daß einige Gerinnungsenzyme Entzündungsindikatoren sein können.
So spaltet, um wieder an die Untersuchung von Herrn FRITZ an-
zubinden, die Elastase das Antithrombin III, das Antiplasmin
und das Präkallikrein. Sie konnte deutlich machen, daß das
aktivierte Hämostasesystem mit gewissen Entzündungsvorgängen
korreliert ist. Die Synthese von Gerinnungsfaktoren in der Leber
wird besonders durch entzündliche Noxen stimuliert.

Von mehreren Arbeitsgruppen, Herrn KLEESIEK und Herrn NEUMANN,
wurde die Bedeutung der Elastase sowohl für den Abbau des
Kollagens als auch der Proteoglykane im Bindegewebe in der katabolen Phase der Entzündung hervorgehoben. Hierbei sind besonders
das Kathepsin G und die in den azurophilen Granula lokalisierte
Kollagenase von Bedeutung. Auslöst wird dieser Vorgang durch
Aufnahme von Partikeln durch die Phagocyten. Dabei kommt es
besonders zur Freisetzung der Enzyme im Bereich der Plasmamembran, die, wie BAGGIOLINI gezeigt hat, zur Membran der phago-
cytischen Vakuole wird.

Am Beispiel der Kristallsynovitis durch Mononatriumurat-Kristalle
bei der Gicht möchte ich die Bedeutung der Phagocytose patho-
biochemisch darstellen (Abb. 1). Bei einem Gichtanfall kommt es
zur Auskristallisation von Mononatriumurat-Kristallen, die von
neutrophilen Granulocyten phagocytiert werden. Die Phagocytose

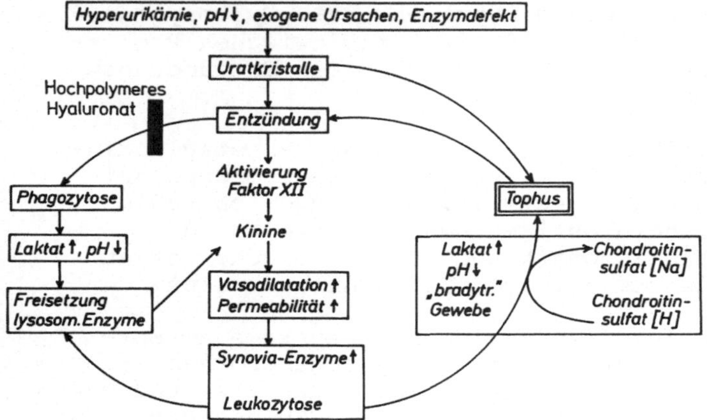

Abb. 1. Pathobiochemische Mechanismen, die zur Entzündung und Auskristallisation von Mononatriumurat und Tophusbildung im Bindegewebe führen (Nach GREILING et al.) [1]

führt, wie man in der Synovialflüssigkeit zeigen kann, zur intensiven Freisetzung lysosomaler Enzyme. Gleichzeitig kommt es zur gesteigerten Glykolyse, und die dabei einsetzende Laktazidose führt zur pH-Verminderung, ein weiterer Stimulus zur Entstehung von unlöslichen Mononatriumurat-Kristallen. Gleiche Entzündungsphänomene findet man auch bei der durch Calciumpyrophosphat-Partikel induzierten Pseudogicht oder auch durch medikamentöse Einwirkung z.B. durch eine iatrogen verursachte Synovitis nach intraartikulärer Injektion von Kristallsuspensionen von Cortisonderivaten.

Nicht nur die lysosomalen Enzyme, sondern auch die Hydroxylradikale haben im Destruktionsprozeß eine große Bedeutung, in dem sie die Hauptbestandteile der Bindegewebsmatrix: die Proteoglykane und das Kollagen, abbauen können. Wir haben bisher vorwiegend von der katabolen Phase der Entzündung gesprochen, die ja auch diagnostisch interessant ist und zur Entdeckung neuer Entzündungsparameter geführt hat.

Von großer Bedeutung ist jedoch auch die anabole Phase der Entzündung, deren metabolische Bedeutung in der Abb. 2 dargestellt ist. Von mehreren Autoren sind in letzter Zeit Peptide (Molekulargewicht 11 000 bis 15 000 Dalton) meist thrombocytären Ursprungs beschrieben worden, die durch Aktivierung des Stoffwechsels der Bindegewebszellen reparative Prozesse in Gang setzen sollen. Dazu gehören der connective tissue activating peptide (CTAP), "low affinity platelet factor", β-Thromboglobulin, serum growth factor, "platelet derived growth factor" und "fibroblast-growth factor". Diese Faktoren führen zur verstärkten Zellproliferation, z.B. bei einer Synoviazelle zu einer gesteigerten Hyaluronatsynthese. Diese Vorgänge sind schließlich auch mit am enzymatischen Umbau bei der Narbenbildung beteiligt. Die Bedeutung dieser mitogenen Peptide ist noch stark umstritten. Ich sehe aber hier die Möglichkeit, daß eines Tages auch aus diesen neuen Erkenntnissen klinisch-chemische Parameter entwickelt werden, die für die Verlaufskontrolle der anabolen Phase der Entzündung von Bedeutung sein können.

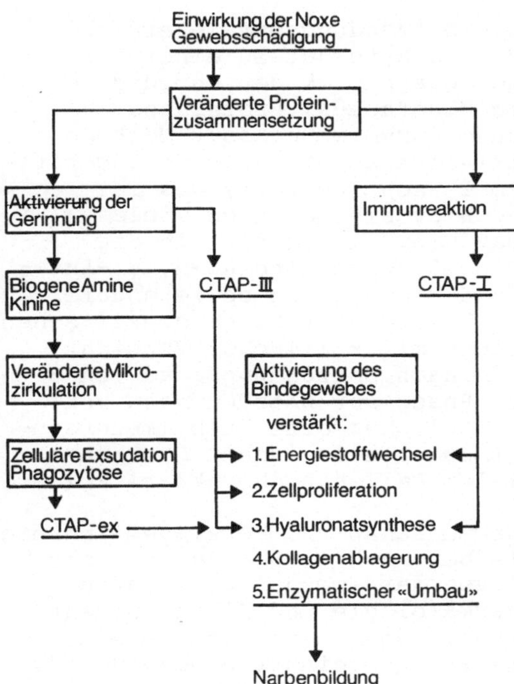

Abb. 2. Postulierte Wirkung des "connective tissue activating peptide (*CTAP*)" im entzündlichen Prozeß (Modifiziert nach CASTOR et al.) [2]

Das Referat von Herrn RIEDE hat gezeigt, daß man ausgehend von pathologischen Ergebnissen die Entzündungsprozesse in der formalen Pathogenese von Lungenfibrosen darstellen kann. Möglicherweise erfolgt auch hier in der anabolen Phase der Entzündung eine gesteigerte Biosynthese von Makromolekülen, wie Kollagen und Proteoglykane im lungenfibrotischen Gewebe. Er konnte zeigen, daß bei verschiedenen Stadien der Alveolitis exsudativ und sklerosierend noch unbekannte Mechanismen vorhanden sind, wobei besonders die Proliferationssteigerung durch Fibrinspaltprodukte hervorgehoben wurde. Allerdings müssen die experimentellen Ergebnisse, z.B. die durch Prostaglandin-induzierte Freisetzung von sog. M-Matrix-Lysosomen noch in Frage gestellt werden.

Die Bedeutung der Liquordiagnostik im Hinblick auf die Entzündungsdiagnostik neurologischer Erkrankungen wurde von den Herren REIBER, KLEINE und FELGENHAUER dargestellt. Liquor ist in der Lage, die pathobiochemischen Ereignisse bei akuten und chronisch-entzündlichen Erkrankungen des zentralen Nervensystems am besten zu reflektieren, und Herr REIBER und Herr KLEINE konnten zeigen, wie klinisch-chemische Befundmuster beim Liquor eine verbesserte Diagnose ermöglichen können. Von Herrn FELGENHAUER wurden überzeugende experimentelle Ergebnisse gebracht, daß es durch gleichzeitige Messung von spezifischen Proteinen sowohl im Plasma als auch im Liquor möglich ist, die Blut-Liquor-Schranken-Permeabilität und damit auch die Entzündungsaktivität im Liquorraum zu beurteilen.

Die kritische Evaluation von neuen Entzündungsparametern und
das Verständnis pathobiochemischer Abläufe hat zu einer Be-
reicherung der klinisch-chemischen Diagnostik der Entzündung
geführt. Durch die Bestimmung des Elastase-α1-Proteinase-
inhibitor-Komplexes mit einer neuen Enzymimmunoassay-Methode
zur Bestimmung der Entzündungsaktivität scheint ein Fortschritt
erzielt worden zu sein. Es wird mit Recht gefragt, was ist
eigentlich Entzündungsaktivität - hier bleiben noch viele
Fragen offen. Aber ich glaube, daß hier ein Schritt in die
richtige Richtung getan wurde. Die Glykoproteine α2-M, α1-Anti-
trypsin, das C-reaktive Protein und Fibronectin sowie andere
Akute-Phase-Proteine sind wie die Tumormarker keine spezifischen
Entzündungsmarker. Sie können jedoch mit kritischer Vorsicht
auch für die Verlaufskontrollen je nach Entzündungsgrad von Bedeutung sein. Diese in der akuten Phase der Entzündungen vermehrt produzierten Proteine sind möglicherweise auch Immunregu-
latoren und spielen im gesamten immunpathologischen Geschehen
eine entscheidende, jedoch in vielen Fällen noch unklare Rolle.

Meine Damen und Herren, jede Zusammenschau und Verallgemeinerung
der Entzündung muß lückenhaft bleiben. Ich glaube jedoch, daß
unser Symposium gezeigt hat, daß von der Immunologie, Pathobiochemie, Klinischen Chemie, Pharmakologie und Klinik wesentliche Impulse in den letzten Jahren ausgegangen sind, die zur
Entwicklung von neuen Entzündungsmarkern geführt haben und für
die klinisch-chemische Diagnostik von Bedeutung sein können.

Ich hoffe, daß unser Symposium allen neue Impulse gegeben hat
und möchte hier allen Moderatoren, Rednern und Diskussionsteil-
nehmern, besonders aber dem Organisator dieser Tagung, Herrn
LANG, herzlich danken.

Literatur

1. GREILING H, GRESSNER A, KLEESIEK K (1983) Pathobiochemie und Pathophysio-
   logie des Bindegewebes. In: Handbuch der Inneren Medizin Bd. VI/2A:
   Rheumatologie A, S. 29-171 Springer Verlag, Berlin Heidelberg New York
   Tokio
2. CASTOR CW, RITCHIE JC, WILLIAMS CH, SCOTT ME, WHITNEY SL, MYERS SL,
   SLOAN TB, ANDERSON BE (1979) Arthritis Rheum 22: 260

Strategien für den Einsatz klinisch-chemischer Untersuchungen

Deutsche Gesellschaft für Klinische Chemie Merck-Symposium 1981

Herausgeber: **H. Lang, W. Rick, H. Büttner**

1982. 67 Abbildungen, 47 Tabellen. XII, 202 Seiten
(9 Seiten in Englisch). (Zusammenarbeit von Klinik und
Klinischer Chemie). DM 59,-. ISBN 3-540-11531-5

Inhaltsübersicht: Einführung. – Kosten und Nutzen
klinisch-chemischer Untersuchungen: Grundlagen von
Kosten-Nutzen-Untersuchungen im medizinischen Laboratorium. Nutzen von Untersuchungsmaßnahmen in der
klinischen Betreuung von Patienten mit dem Versuch
spezieller Berücksichtigung von Labordaten. – Entschei-
dungsanalyse und Strategiewahl: Einige Grundlagen der
medizinischen Entscheidungstheorie. Anwendung
entscheidungstheoretischer Methoden. A Strategy for
Panel Testing in Clinical Chemistry. – Beispiele aus dem
klinischen Einsatz: Modell Nutzen: Die hochdosierte
Methotrexat-Therapie als Behandlungskonzept. Modelle
Strategien: Strategie zur Diagnose des Herzinfarkts mittels
Aktivitätsbestimmung der Creatinkinase und der CK-B-
Untereinheit; Strategie-Probleme bei der Diagnostik von
Leberkrankheiten; Möglichkeiten der Entwicklung einer
Diagnose-Strategie am Beispiel der Schilddrüse. – Zusam-
menfassung.

In diesem Buch diskutieren Kliniker und klinische
Chemiker, auf welche Weise Strategien zur Erstellung
und Verwertung valider Laborbefunde erarbeitet werden
können. Der erste Teil setzt sich mit der Frage nach
Kosten und Nutzen klinisch-chemischer Daten ausein-
ander. Im zweiten Teil werden die zur Strategiewahl geeigneten entscheidungs-theoretischen Methoden und praktische Ansätze zur Aufstellung von Untersuchungsstrate-
gien dargestellt. Der dritte Teil des Berichtes versucht, die
diskutierten Möglichkeiten und Modelle anhand von
aktuellen Beispielen aus der Patientenversorgung zu
verdeutlichen.

Springer-Verlag
Berlin
Heidelberg
New York
Tokyo

Validität klinisch-chemischer Befunde

Deutsche Gesellschaft für Klinische Chemie
Merck-Symposium 1979

Herausgeber: **H. Lang, W. Rick, H. Büttner**

1980. 72 Abbildungen, 72 Tabellen.
XII, 246 Seiten (Zusammenarbeit von
Klinik und Klinischer Chemie)
DM 59,-. ISBN 3-540-09961-1

Inhaltsübersicht: Einleitung. – Validität
klinisch-chemischer Befunde. – Anwendung
von Bewertungsverfahren: Modell Leber-
Erkrankungen. Modell Schilddrüsen-Erkran-
kungen. Modell Herz-Kreislauf-Erkran-
kungen. – Die Problematik der ungezielten
Mehrfachanalyse. – Zusammenfassung.

Das Thema **Validität klinisch-chemischer
Befunde** beschäftigt in zunehmendem Maße
die gesamte Medizin. Und dies nicht nur
aus ökonomischen Gründen, sondern auch
wegen der Problematik, die die Handha-
bung großer Datenmengen für die Arbeit
am Krankenbett mit sich bringt.
In diesem Buch beschäftigen sich Kliniker
und klinische Chemiker mit der Möglichkeit,
die Wertigkeit von Laborbefunden zu ermit-
teln und diese im Rahmen von Diagnose
und Therapiekontrolle einzuordnen.
Verschiedene methodische Ansätze zur
quantitativen Berechnung der Validität
werden vorgestellt und deren Anwendung
an mehreren Modellen aus der medizinischen Praxis diskutiert.

Springer-Verlag
Berlin
Heidelberg
New York
Tokyo